"十四五"职业教育国家规划教材

"十四五"职业教育河南省规划教材

无机化学基础

第二版

陈君丽　李丹娜　主编
郭军利　梁士钰　副主编

化学工业出版社
·北　京·

内 容 简 介

《无机化学基础》以“必需和够用”为原则编写，由浅入深，加强实用性，把知识的传授和培养学生分析问题及解决问题的能力结合起来，注重习题的实践性，思考题体现了对学生综合素质、环境意识和安全意识的培养，具有职业教育特色。课程思政元素有机融入专业知识和技能，培养学生的家国情怀和工匠精神。主要内容包括绪论、物质结构、元素周期律和元素周期表、化学基本量和化学计算、化学反应速率和化学平衡、电解质溶液、卤素、其他重要的非金属元素、碱金属和碱土金属元素、其他重要的金属元素、配位化合物简介、学生实验。其中，带 * 的部分作为选择性学习内容，以适应学生的个性化、多样化学习。

本教材可作为高职高专院校化工、医药、制药、食品等专业的教材和中等职业学校化工类及相关专业的教学用书或参考书，也可作为复习高中阶段化学基础知识的参考用书，对从事化学专业的工作者也可起到一定的参考作用。

图书在版编目（CIP）数据

无机化学基础/陈君丽，李丹娜主编. —2 版. —北京：化学工业出版社，2021.10（2024.11重印）
高等职业教育规划教材
ISBN 978-7-122-39500-9

Ⅰ.①无… Ⅱ.①陈…②李… Ⅲ.①无机化学-高等职业教育-教材 Ⅳ.①O61

中国版本图书馆 CIP 数据核字（2021）第 135534 号

责任编辑：旷英姿　刘心怡　　　装帧设计：李子姮
责任校对：边　涛

出版发行：化学工业出版社（北京市东城区青年湖南街 13 号　邮政编码 100011）
印　　装：大厂回族自治县聚鑫印刷有限责任公司
787mm×1092mm　1/16　印张 12¼　彩插 1　字数 252 千字　　2024年11月北京第 2 版第 5 次印刷

购书咨询：010-64518888　　　售后服务：010-64518899
网　　址：http://www.cip.com.cn
凡购买本书，如有缺损质量问题，本社销售中心负责调换。

定　　价：38.00 元

前　言

本次修订保持了第一版的基本内容和风格，教材紧扣高等职业教育化工类专业培养高素质技术技能人才的目标，整体规划，系统安排，突出产教融合，结合编者多年教学经验和教学改革实践的体会编写，可作为中、高职院校化工类及相关专业的教材或课外参考。

教材编写力求以学生为主体，充分调动学生的学习主动性和积极性，语言通俗易懂，内容简单易学；做到用演示实验引领理论教学，来增强学生的感性认识，启迪学生的科学思维；坚持以应用为主，充分做到理论和实践的有机结合。

教材内容以“必需和够用”为原则，由浅入深，加强实用性，把知识的传授和培养学生分析问题及解决问题的能力结合起来，注重习题的实践性，思考题体现了对学生综合素质、环境意识和安全意识的培养，具有职业教育特色；每章配有“学习目标”和“本章小结”，能够让学生清晰认知，利于启发思维，引导应用；每章后面精心设计和穿插了“新视野”“知识窗”等栏目，拓宽学生的视野，同时将思想政治教育渗透到具体的教学活动中，通过典型事例来弘扬科学家艰苦奋斗、团结协作的精神及对科学真理不懈探索、严谨求实的科学态度。同时，教材内容将新思想、新理念与专业知识、技能有机融合，充分体现了党的二十大报告提出的“深入推进环境污染防治”“积极稳妥推进碳达峰碳中和”等理念。通过思政元素的渗透，培养学生严谨的治学态度、工匠精神和创新精神，树立社会主义核心价值观。书中带*的部分为选学内容。

本教材利用信息化手段，开展新形态教材的建设，同步配套开发了丰富的教学资源。每章的课件和习题答案通过扫描书中相应二维码可直接获得；每章配有在线自测试题，学生扫描相应二维码完成自测后可查看自测结果，方便了学生对知识的巩固和培养学生课后自学的能力；为了方便老师教学和学生的自学，编者团队精心制作了大量演示实验的视频和动画，增强了课程的直观性，有利于学生掌握课程相关知识的技能。

本教材由河南应用技术职业学院陈君丽、李丹娜主编，河南应用技术职业学院郭军利、中山市技师学院梁士钰副主编。陈君丽修订第二、四、十章，李丹娜修订第三、五、九章，郭军利修订第一、六章及实验二，梁士钰修订绪论、第七章及实验一、四，河南轻工职业学院孙荣欣修订第八章、附录及实验三、五，全书由陈君丽统稿。

本教材从框架确定到初稿完成，走访调研了企业相关专家和一线技术人员，特别感谢濮阳联众兴业化工有限公司工程师张文生在编写过程中提出的宝贵意见。本书还得到化学工业出版社的大力支持和帮助，在此一并表示感谢。本书内容汲取了其他优秀教材的精华，对此向所有相关作者表示感谢。

限于编者水平，时间又比较仓促，书中不足之处在所难免，恳请读者和教育界同仁予以批评指正。

编　者

第一版前言

本教材是根据教育部有关高职高专“十一五”规划教材建设精神，按照2006年7月全国高等职业教育基础化学类教材改革研讨会上确定的《无机化学基础教学大纲》编写的，是为中、高职院校化工类专业学生所开设的一门强化与复习高中阶段化学基础知识的指导类课程。

在编写本教材时，力求做到以学生为主体，充分调动学生的学习主动性和积极性，语言通俗易懂，简单易学；力求做到用演示实验引导理论教学，来增强学生的感性认识，启迪学生的科学思维；坚持以应用为主，充分做到理论和实践的有机结合；针对初中毕业五年制化工类高职学生和高中毕业三年制化工类高职学生中的文科考生，做好初中毕业生化学基础知识的衔接和高中毕业生化学基础知识的强化与复习，并为他们今后课程的顺利学习打下较为坚实的基础。

教材内容以“必需和够用”为原则，由浅入深，加强实用性，把知识的传授和培养学生分析问题和解决问题的能力结合起来，注重了习题的实践性，在思考题里体现了对学生综合素质和环境意识、安全意识的培养，具有职业教育特色。全书共分十章和五个实验，实验均属随堂实验，总教学时数为40学时。

本书由陈君丽主编。陈怡编写第二、四、九章和实验五，唐利平编写第五、六、七章和实验三、四，其余部分由陈君丽编写。全书由陈君丽统稿。

本书由潘茂椿主审并参与了全书的策划工作，参加审稿的还有黄一石，在此表示感谢。

限于编者水平，时间又比较仓促，书中不足之处在所难免，恳请读者和教育界同仁予以批评指正。本书编写时参考了相关的专著和资料，在此向其作者一并致谢。

编　者

2007年4月

目 录

绪　论

一、化学的研究对象

化学是一门自然科学，自然科学是以客观存在的物质世界作为考察和研究的对象。我们周围的世界，就是一个物质的世界。这些物质，无时无刻不在变化。巨大的岩石逐渐风化变成泥土和沙砾，由于地壳变动而埋没在地下深处的古代树木变成了煤，铁器在潮湿的空气里逐渐生锈等。

人类为了生活和生产，在长期跟自然作斗争的过程里，积累了许多有关物质变化的知识。从而逐渐认识到，自然界里一切物质变化的发生都有一定的原因和条件。掌握了物质变化的原因和条件，就能进一步控制物质变化的发生，以达到利用自然和改造自然的目的。

化学就是研究物质化学运动（通常称为化学变化）的科学，它是自然科学的最基本学科之一。由于化学变化取决于物质的化学性质，而物质的化学性质又是物质的组成和结构所决定的，所以物质的组成、结构和性质必然成为化学研究的对象。不仅如此，物质的化学变化还同外界条件有关，因此研究物质的化学变化，一定要同时研究变化发生的外界条件。另外在化学变化过程中常伴有物理变化（如光、热、电等），这样一来在研究物质化学变化的同时还必须注意研究相关的物理变化。

综上所述，化学是研究物质的组成、结构、性质及其变化规律和变化过程中能量关系的科学。

二、化学和社会

化学成为一门独立的学科约有三百年的历史，虽然时间不长，但作为一门实用的技术，早在史前就得到了具体的应用。据历史记载，中国、埃及、印度等国家早在公元前就利用了不少化学知识，如公元前8000～公元前6000年我国已制造陶器，公元前4000～公元前3000年我国已会酿造酒，3000多年前我国已利用天然染料染色，还有与化学有关的造纸、火药、印染、制造玻璃、冶炼金属等。化学起源于人类的生产劳动，化学的发展经历了古代、近代和现代不同的时期，人类在长期的实践中积累了许多有关物质的组成及其变化的知识，这些知识在生产斗争和科学实验中不断发展，逐步形成了今天化学这门学科。

人类的进化和发展离不开周围环境的变化。人类与自然环境有着某种内在的、最本质的联系，这种联系的纽带就是化学元素，人体本身就是由化学元素组成的，人体本身的变化是一连串非常复杂、彼此制约、彼此协调的化学物质变化过程，在这些由多种元素构成的化学物质中，由碳、氢、氧、氮形成的有机物和水占人体质量的96%，其余4%是由磷、硫、钙、氯、镁、铁、铜、碘、钴等元素组成的无机物，它们在人体内时刻都在进行着化学反应。发生在人体内并由整个人体所调控的动态化学过程是生命的基础，生命过程本身就是无数化学反应的综合表现，生命活动从根本上讲是复杂的化学反应。例如人们吃饭、喝水，从食物进入试管、胃部，到被胃酸消化，被毛细血管吸收，到最后的残渣被排出体外，每一个过程都要发生化学反应。

在我们的生活中，几乎处处都存在化学的影子。说到饮食，人们吃粮食是因为粮食有营养，而营养从何而来？植物接受阳光照射，然后经过光合作用，水分和无机盐便成了淀粉储藏于粮食中。而在今天，粮食从地里种出就少不了营养液和肥料。各种氮肥、磷肥、钾肥和复合肥料的使用，使粮食的产量和质量都提高了。在虫害季节，农药也必不可少。加上人们医病的药品，这些都是化学为人类带来的利处。生活中的一些小常识也和化学紧密相连。例如吃水果可以解酒。这是因为，水果里含有机酸，而酒里的主要成分是乙醇，有机酸能与乙醇相互作用而形成酯类物质从而达到解酒的目的。还有，打开碳酸饮料的瓶子会有气泡冒出。原因是，人们在制汽水时常用小苏打（碳酸氢钠）和柠檬酸配制，当把小苏打与柠檬酸混溶于水中后它们之间发生反应，生成二氧化碳气体，而瓶子已塞紧，二氧化碳被压在水中，当瓶塞打开后，外面压力小了，二氧化碳气体便从水中逸出，形成气泡翻腾的景象。

人类要生存和发展，就需要不断地通过新陈代谢与周围环境不断进行着物质和能量的交换，不但要接触自然环境中的阳光、空气、水、土壤、食物等，而且还要接触到化学物质。化学贯穿于人类活动与环境的相互作用之中，许多化学元素反复进行着环境—生物—人—环境这样的循环。在正常情况下，环境物质与人体之间保持着的动态平衡，使人能够正常生存。但是，如果环境中某些有害物质（如废气、废水、废渣等）增加，轻则影响人的生活质量，重则危及人类生存。

科技进步可以促进生产的发展，例如现代社会中，化学家和化学工程师运用自己的智慧，借助于化学工业创造出数不胜数的化学产品，这些化学制品和化学物质几乎渗透到人类生产和生活的各个方面，使人类的生活更加丰富，更加方便，人类生活得到前所未有的提高，但也会引发各种公害以及破坏自然环境的问题。那些为人类做出贡献的化学物质，如塑料、合成纤维、合成橡胶、洗涤剂、化肥、农药、有机溶剂、装饰材料等，在使用后被排到环境中，然后在环境中发生一系列的迁移或转化过程，有的转化成各种元素，再次进入循环，再次被人类利用，但也有的不发生变化，直接进入环境或变成有害物质进入环境，造成环境污染；有的通过各种途径进入人体，危害人类健康。

在相当长的时期里，人们只知道一味地向自然索取，过度消耗资源，因而遭到大自然报复，结果是资源日趋枯竭，环境严重污染，引起全球的许多严峻环境问题，如空气污染、气候异常、臭氧层损耗、淡水资源枯竭、水污染、水土流失、沙漠化、物种灭绝、生物多样性锐减等。如果这些问题不能及时解决，任其发展的话，那将会影响人类的可持续性发展，人类会走到生存的尽头。

化学家较早地意识到在严峻的环境问题中，尤其是造成污染的各种因素中，化学工业生产排放的废物及废弃化学品对环境造成影响最大。现在化学家们也在积极参与环境污染问题的研究和治理。

可以说，无论是过去还是将来，化学与人类的生存和发展始终紧密地联系在一起。同时，人们也逐渐认识到，环境问题的最终解决，还需要依靠科技进步，很多环境污染的防治要依靠化学方法。

三、无机化学基础课程的任务和学习方法

无机化学基础是为中、高职院校化工类专业学生所开设的一门强化与复习高中阶段化学基础知识的指导类课程。它的任务是使学生在学习初中化学知识的基础上，做好初中毕业生化学基础知识的衔接和高中毕业生化学基础知识的强化与复习，进一步学习、掌握本专业必需的无机化学基础知识和基本技能，同时对化学中的物质结构、化学平衡、电解质溶液、氧化还原等重要理论和某些重要的元素及其化合物的性质，典型的重要化学反应有所了解。通过课堂演示实验和随堂实验，增强感性认识，启迪科学的思维，提高分析问题和解决问题的能力，并为后续课程的顺利学习打下较为坚实的基础。

学习无机化学基础，首先要准确、牢固地掌握化学基本概念、基本知识，逐步学会运用所学的理论知识去分析物质的性质、物质的转化及其内在联系，从而更深入地认识物质及其变化规律，并能联系实际加以正确运用；经过课前预习，学会带着问题学习；善于观察，认真分析实验现象，认识所学知识的本质；通过理解加深记忆并在此基础上归纳、总结、分析、比较，不断提高学习效果。

第一章

物质结构

学习目标

第一章 PPT

掌握原子的组成以及核电荷数、质子数、中子数、核外电子数之间的关系；理解同位素的概念；了解电子云的概念；初步掌握核外电子的运动状态和核外电子的排布规律；理解离子键和共价键；了解共价键的特征；理解极性分子和非极性分子；掌握分子作用力、氢键的初步知识；了解晶体的基本知识。

种类繁多的物质，其性质各不相同。物质在性质上的差异性是因物质的组成和结构不同所致。为了了解和掌握物质的性质，尤其是化学性质及其变化规律，首先要学习物质内部的结构。

第一节　原子的组成

公元前 5 世纪，古希腊哲学家德谟克利特提出：万物都是由极小的不可分割的微粒结合起来的，他把这个微粒叫做“原子”，意思就是不可再分的原始粒子。由于当时生产力低下，不具备实验为基础的科学研究，因此认为，原子不可再分。随着科学的进展，人们对客观世界的认识世界也不断深入。到 19 世纪末，科学实验证明了原子虽小，但仍能再分。

一、原子的组成

19 世纪末，物理学家在研究阴极射线管的放电现象中发现了电子。有一个两端封接了金属电极的真空管，若在两电极之间通入几千伏特的高压直流电，发现从阴极发出一种射线，称为阴极射线。该射线具有动能，且在外电场或磁场中能向阳极偏转，证明阴极射线是一束高速运动着的带负电的微粒流，这种极小的带负电的微粒，称为电子。科学家又通过实验证明，用各种不同的金属作电极，都能产生阴极射线，说明在一切元素的原子中都含有电子，证明原子是可以再分的。

经实验测定，电子的质量约为氢原子质量的$\frac{1}{1840}$；电子的电荷等于 1.602×10^{-19}C。由于电子所带的电荷是当时知道的一切带电物体电量的最小单位，称为“单位电荷”，那么一个电子就称带一个单位负电荷。

通过实验证明电子是原子的一个组成部分，是带负电荷的微粒，但整个原子是电中性的，因此在原子内肯定还存在着某种带正电荷的组成部分，而且这个组成部分所带的电荷的电量必定与原子中电子所带的负电荷总量相等。电子和带正电的部分是如何结合成原子的呢？1911 年英国物理学家卢瑟福通过 α 粒子散射实验证明了这个带正电部分的存在。α 粒子散射实验室是利用很高速度的 α 粒子去穿透金属薄片。当一束平行的 α 粒子射向一金属薄片时，大多数 α 粒子穿过薄片直线前进，只有极少数（约万分之一）的 α 粒子发生了偏移，甚至有的被反射回来（见图 1-1）。说明原子内大部分是空的。至于 α 粒子发生偏移或反射，是由于 α 粒子在行进中遇到了体积小、质量和正电荷都很集中的部分，在相互排斥的作用下，引起 α 粒子的散射。原子中这个带正电荷的部分就是原子核。在 α 粒子散射实验的基础上，卢瑟福提出了行星式的原子模型：原子是由位于原子中心带正电荷的原子核和核外带负电荷的电子组成的，原子核集中了原子中全部的正电荷和几乎全部的质量；带负电的电子在核外空间绕原子核做高速运动。

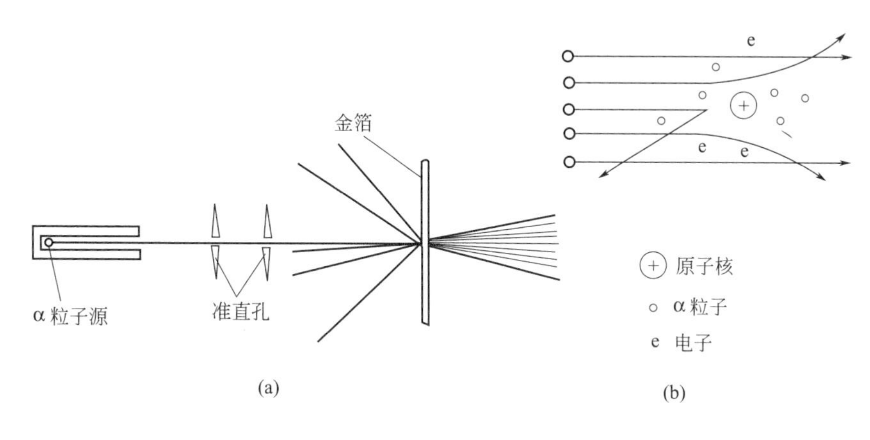

图 1-1　α 粒子的散射

二、原子核

原子核发现以后，科学家又进一步证明，原子核还可以再分，它是由更小的微粒质子和中子组成。一个质子带一个单位正电荷，中子不带电，原子核所带的正电荷数等于核内质子数。由于原子显中性，所以核电荷数等于质子数，也等于核外电子数。即表示为：

$$核电荷数(Z)=质子数=核外电子数$$

质子数确定原子的种类。质子数不同，则表示不是同种原子。核外电子数决定着元素的化学性质。

原子核由质子和中子组成，原子核的质量就应该是质子和中子质量的总和。质子、中子、电子的物理性质见表 1-1。

表 1-1 质子、中子、电子的物理性质

原子的组成		电量 (1.6×10^{-19}C)	质量	
			绝对质量/kg	相对质量(以^{12}C原子质量的1/12为标准)
原子核	质子	+1	1.6726×10^{-27}	1.0072
	中子	0	1.6748×10^{-27}	1.0086
电子		−1	9.1095×10^{-31}	1/1840

由于质子和中子的质量非常小（质子质量是 1.6726×10^{-27}kg，中子质量是 1.6749×10^{-27}kg），使用起来很不方便，因此通常使用相对质量。相对质量是以^{12}C 的质量（1.993×10^{-26}kg）的$\frac{1}{12}$为标准，并用质子、中子质量与^{12}C 的$\frac{1}{12}$相比的比值作为相对质量。由于是比值，所以相对质量没有单位。质子、中子的相对质量为 1.0072 和 1.0086，取整数，近似值都为 1。

由于电子质量约为质子质量的$\frac{1}{1840}$，所以电子的质量可忽略不计。将质子和中子的相对质量之和称为质量数，通常用 A 表示，质子数用 Z 表示，中子数用 N 表示，则：

$$质量数(A)=质子数(Z)+中子数(N) \tag{1-1}$$

或

$$质子数(Z)=质量数(A)-中子数(N) \tag{1-2}$$

已知上述三个数值中的任意两个，就可以推算出另一个数值来。

表示某种原子，一般是将元素的质子数写在元素符号的左下角，将质量数写在左上角，这种表示方法称为原子标记法。例如：

$$^{12}_{6}\mathrm{C} \quad ^{16}_{8}\mathrm{O} \quad ^{23}_{11}\mathrm{Na} \quad ^{35}_{17}\mathrm{Cl}$$

根据式(1-1) 可以求出以上四个原子的中子数 N。

$^{12}_{6}$C 的中子数 $N=12-6=6$　　$^{16}_{8}$O 的中子数 $N=16-8=8$

$^{23}_{11}$Na 的中子数 $N=23-11=12$　　$^{35}_{17}$Cl 的中子数 $N=35-17=18$

若以 X 表示某一元素的原子，则构成原子的粒子间的关系式表示如下：

$$原子(^{A}_{Z}\mathrm{X})\begin{cases}原子核\begin{cases}质子 & Z个\\ 中子 & (A-Z)个\end{cases}\\ 核外电子 \quad Z个\end{cases}$$

三、同位素

在研究原子核的组成时，人们逐渐发现有的原子虽然质子数相同，但是它们的中子数却不一定相同。如氢元素的原子都含有一个质子，但存在含中子数分别为 0、1、2 的三种不同的原子。它们的质子数相同，但中子数不同，质量数也不相同（见表 1-2）。

表 1-2　氢的同位素

同位素	原子标记法	符号	名称	质子数	中子数	质量数	电子数
氢	${}_{1}^{1}H$	H	氕	1	0	1	1
重氢	${}_{1}^{2}H$	D	氘	1	1	2	1
超重氢	${}_{1}^{3}H$	T	氚	1	2	3	1

这种具有相同的质子数，而中子数不同的同种元素的不同原子互称为同位素。

同一元素的各种同位素的质量数虽然不同，物质性质有差异，但核电荷数和核外电子数相同，所以化学性质几乎完全相同，因此，元素是质子数相同的一类原子的总称。如${}_{17}^{35}Cl$和${}_{17}^{36}Cl$是两种原子，但都属于氯元素。目前人类已发现 118 种元素，而同位素却高达 2500 种以上。

天然存在的某种元素，不论是游离态还是化合态，各种同位素的原子所占的质量分数是不变的，这个质量分数叫做“丰度”。我们平时用的原子量，是按各种天然同位素的丰度求出的平均值，所以绝大多数元素的原子量是小数而不是整数。例如，银元素是${}_{47}^{107}Ag$和${}_{47}^{109}Ag$两种同位素的混合物，它们的丰度分别为 51.35%和 48.65%，则天然银元素的原子量是：

$$107\times51.35\%+109\times48.65\%=107.973$$

即银元素的原子量是 107.973。

第二节　原子核外电子的排布

我们已经知道，原子是由原子核和核外电子组成的。在化学反应中，原子核是不发生变化的，发生变化的只是核外电子。因此研究化学反应，主要讨论核外电子的运动状态和排布规律。掌握了这些知识，才能认识物质的微观世界和化学反应的本质。

一、原子核外电子的运动状态

*1. 电子云

电子是质量小、体积小、带负电荷的微观粒子，在直径约为 10^{-10}m 的原子空间内做高速运动（有的电子运动速度为 10^{6}m/s），它的运动规律肯定与宏观物体的运动规律有所不同，因而不能用通常的宏观物体的运动规律来描述，它有自己特殊的运动方式。

宏观物体如火车在铁轨上行驶，轮船在江海中航行，卫星绕地球运行等，都有一定的运动轨迹，根据牛顿力学方程可以计算出它们在某一时刻的运动速度和所在位置。而电子是微观粒子，其运动规律跟一般物体不同，它们没有确定的运动轨迹。因此，人们不可能像用牛顿力学定律那样准确地测定出电子在某一时刻所处的位置和运动速度，也不能描述它的运动轨迹。因此，人们运用统计学的方法，表示电子在一定时间内在核外空间各处出现机会的多少，统计学上把“机会”称为概率，把单位体积出现的概率称为概率密度。

现以氢原子为例，对它核外一个电子的运动状态加以讨论。为了便于讨论这个问题，我们假设有一架特殊的照相机，能够给氢原子照相。首先给氢原子拍五张照片，如图 1-2 得到五张不同的图像。图中⊕表示原子核，小黑点表示某一瞬间核外电子的位置。

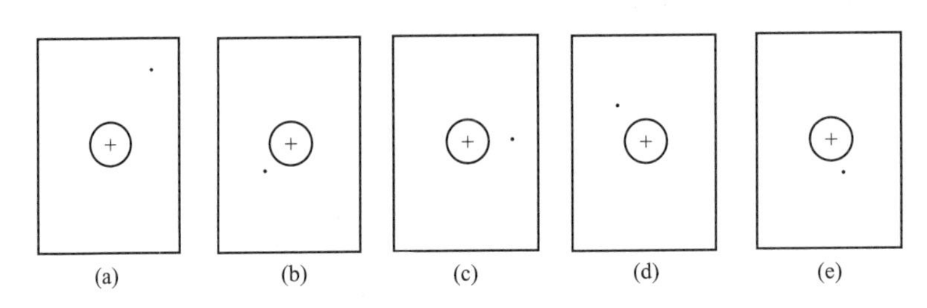

图 1-2　氢原子的五张不同瞬间的照片

显然，每一瞬间电子在核外空间的位置以及距核的远近都不相同。如果继续给氢原子拍上成千上万张照片，并仔细把这些照片一张一张地观察，会发现：核外电子一会儿在这里出现，一会儿在那里出现，电子的运动似乎是毫无规律。如果我们将这些照片叠印在一起，就会得到如图 1-3(d) 所示的图像。

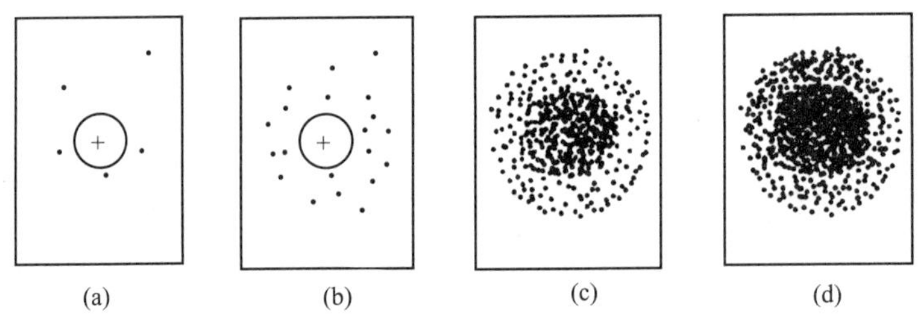

图 1-3　多张氢原子不同瞬间照片叠印的结果

由图 1-3 可以看出，这些密密麻麻的小黑点像一层带负电的“云雾”一样，将原子核包围起来，所以，形象化地称它为电子云。图 1-3(d) 就是氢原子核外电子的电子云示意图，它呈球形对称。离核较近的区域小黑点较密，表明电子在核外空间这个区域出现的机会较多，电子云较密集，即电子云的概率密度大；离核较远的区域小黑点较稀疏，表明电子在核外空间这个区域出现的机会较少，电子云较稀疏，即电子云的概率密度小。因此，电子云是电子在核外空间出现概率密度分布的一种形象化描述。

应当注意，图 1-3(d) 中的许多小黑点只是形象化地表明氢原子核外仅有的一个电子在核外空间出现的统计情况，并非代表核外有许多个电子。

将电子云密度相同的各点连成一个曲面来表示电子云形状的图称为电子云的界面图。图 1-4(a) 用线标出的就是氢原子的球形电子云界面图。在界面内电子出现的概率很大（大于 95%），在界面外电子出现的概率很小（小于 5%）。为了方便，常将界面图中的小黑点略去，见图 1-4(b)。

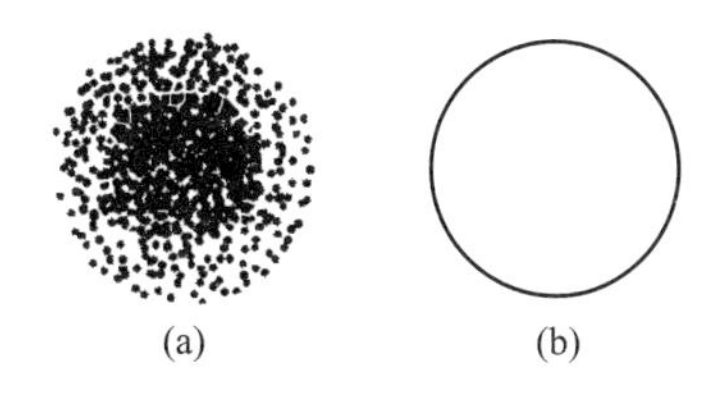

图 1-4　氢原子球形电子云的界面图

2. 核外电子的运动状态

氢原子核外只有一个电子，这个电子在核外空间的球形区域内运动。那么在含有多个电子的原子里，电子是否都是在核外空间的球形区域内运动呢？如果不是，又怎样来描述核外电子的运动状态呢？根据量子力学研究，核外电子的运动状态需要从四个方面来描述，即电子层、电子亚层和电子云的形状、电子云的伸展方向和电子的自旋。

（1）电子层　科学实验证明，原子核外运动的电子能量是不相同的。能量低的电子在离核较近的区域运动，能量高的电子在离核较远的区域内运动。根据电子能量的高低和运动区域离核的远近，把原子核外空间分成若干个层，这样的层称为电子层。

电子层用 n 表示，并用 $n=1$、2、3、4、5、6、7 等数字表示，也可表示为 K、L、M、N、O、P、Q 电子层。n 值越大说明电子离核越远，能量也就越高。所以，电子层是决定电子能量高低的主要因素。

（2）电子亚层和电子云的形状　科学实验证明，在同一个电子层中，电子的能量还稍有差别，电子云的形状也有所不同。根据能量的高低，可把同一电子层分为不同的电子亚层。所以，一个电子层又分为若干亚层。这些电子亚层通常用 s、p、d、f 表示。s 亚层的电子云呈球形对称（如图 1-5），p 亚层的电子云呈无柄哑铃形（如图 1-6），d 亚层和 f 亚层的电子云形状比较复杂，这里不再讨论。

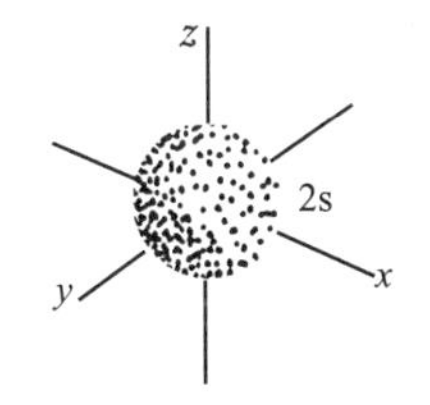

图 1-5　s 亚层电子云示意图

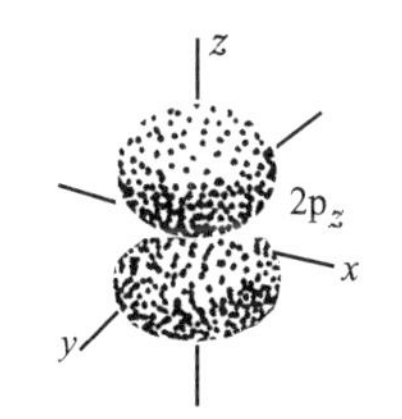

图 1-6　p 亚层电子云示意图

K 层（$n=1$）只有一个电子亚层，即 s 亚层，表示为 1s，处在 1s 电子云区域内运动的电子叫做 1s 电子；L 层（$n=2$）包含 s、p 两个亚层，表示为 2s、2p，处在 2s、2p 电子云区域内运动的电子分别叫做 2s 电子和 2p 电子；M 层（$n=3$）包含 s、p、d 三个亚层，表示为 3s、3p、3d，处在 3s、3p、3d 电子云区域内运动的电子分别叫做 3s、3p、3d 电子；N 层（$n=4$）包含 s、p、d、f 四个亚层，表示为 4s、4p、4d、4f，处在 4s、4p、4d、4f 电子云区域内运动的电子分别叫做 4s、4p、4d、4f 电子。

同一电子层中，各亚层的能量是按 s、p、d、f 的顺序依次递增的，即 $E_{2s}<E_{2p}$、$E_{3s}<E_{3p}<E_{3d}$、$E_{4s}<E_{4p}<E_{4d}<E_{4f}$，所以电子亚层是决定电子能量高低的次要因素。由于各亚层的能量像阶梯一样，是一级一级的，所以，一个亚层又称为一个能级。例如 4s、3d 等都是原子的一个能级。

(3) 电子云的伸展方向　电子云不仅有确定的形状，而且在空中还有一定的伸展方向。经研究获知：s 亚层电子云是球形对称的，在空间各个方向伸展的程度都相同，所以在空间只有 1 个伸展方向。p 亚层电子云呈无柄哑铃形，在三维空间分别沿着 x、y、z 3 个相互垂直的坐标轴方向伸展（图 1-7），因此 p 电子云有 3 种伸展方向。d 亚层电子云有 5 种伸展方向，f 亚层电子云有 7 种伸展方向。

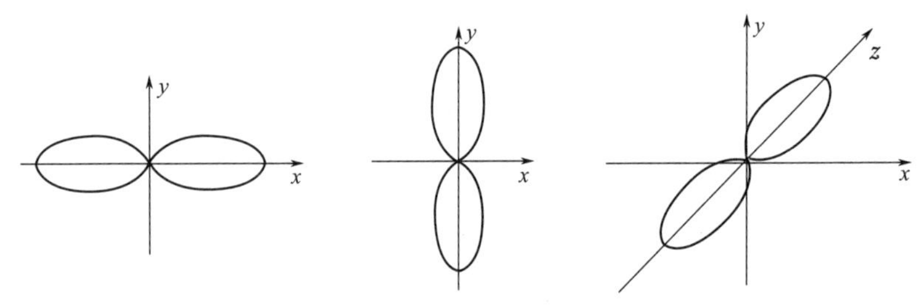

图 1-7　p 亚层电子云在空间的三种伸展方向

具有一定形状和伸展方向的电子云所占有的原子空间称为原子轨道，简称轨道。因此，s、p、d、f 电子亚层分别有 1、3、5、7 个轨道。把空间伸展方向不同但能量相等的同一电子亚层轨道称为等价轨道，所以 p、d、f 电子亚层分别有 3、5、7 个等价轨道（见表 1-3）。

表 1-3　电子层与轨道数之间的关系

电子层	$n=1$	$n=2$		$n=3$			$n=4$			
	K	L		M			N			
电子亚层	1s	2s	2p	3s	3p	3d	4s	4p	4d	4f
各亚层的轨道数	1	1	3	1	3	5	1	3	5	7
每层轨道数(n^2)	1	4		9			16			

(4) 电子的自旋　原子中的电子不仅绕核做高速运动，而且电子本身也在旋转，电子的这种运动称为自旋。电子自旋的方向有两种：顺时针旋转和逆时针旋转，通常用“↑”和“↓”表示两种自旋方向。

综上所述，为了描述核外电子的运动状态，应指明电子所处的电子层、电子亚层和电子云形状、电子云的伸展方向和电子的自旋方向。

二、原子核外电子的排布

核外电子的运动状态研究的是核外某一个电子的运动情况，那么，在含有多个电子的原子中，这些电子在核外是怎样排布的呢？近代原子结构理论认为，根据各电子层上的轨道数，可以知道各电子层最多所容纳的电子数是 $2n^2$ 个（见表 1-4）。

表 1-4 各电子层中电子的最大容纳量

电子层	n=1	n=2		n=3			n=4			
	K	L		M			N			
电子亚层	1s	2s	2p	3s	3p	3d	4s	4p	4d	4f
各亚层的轨道数	1	2	3	1	3	5	1	3	5	7
亚层中的电子数	2	2	6	2	6	10	2	6	10	14
表示符号	$1s^2$	$2s^2$	$2p^6$	$3s^2$	$3p^6$	$3d^{10}$	$4s^2$	$4p^6$	$4d^{10}$	$4f^{14}$
各电子层可容纳电子的最大数目 $2n^2$	2	8		18			32			

此外，核外电子总是尽先排布在能量较低的轨道，然后依次排到能量较高的轨道。即最先在 1s 轨道上排布两个电子，表示成 $1s^2$（轨道右上方的数字表示轨道内的电子数），当 1s 排满后，再排 2s，2p，再依次进入 3s、3p、3d、4s、4p、4d、4f 等。

根据以上所学的内容，将 1～20 号元素的原子核外电子排布情况列在表 1-5。

表 1-5 核电荷数 1～20 号的元素原子的核外电子排布

核电荷数	元素符号	核外电子排布式	各电子层的电子数			
			K	L	M	N
1	H	$1s^1$	1			
2	He	$1s^2$	2			
3	Li	$1s^2 2s^1$	2	1		
4	Be	$1s^2 2s^2$	2	2		
5	B	$1s^2 2s^2 2p^1$	2	3		
6	C	$1s^2 2s^2 2p^2$	2	4		
7	N	$1s^2 2s^2 2p^3$	2	5		
8	O	$1s^2 2s^2 2p^4$	2	6		
9	F	$1s^2 2s^2 2p^5$	2	7		
10	Ne	$1s^2 2s^2 2p^6$	2	8		
11	Na	$1s^2 2s^2 2p^6 3s^1$	2	8	1	
12	Mg	$1s^2 2s^2 2p^6 3s^2$	2	8	2	
13	Al	$1s^2 2s^2 2p^6 3s^2 3p^1$	2	8	3	
14	Si	$1s^2 2s^2 2p^6 3s^2 3p^2$	2	8	4	
15	P	$1s^2 2s^2 2p^6 3s^2 3p^3$	2	8	5	
16	S	$1s^2 2s^2 2p^6 3s^2 3p^4$	2	8	6	
17	Cl	$1s^2 2s^2 2p^6 3s^2 3p^5$	2	8	7	
18	Ar	$1s^2 2s^2 2p^6 3s^2 3p^6$	2	8	8	
19	K	$1s^2 2s^2 2p^6 3s^2 3p^6 4s^1$	2	8	8	1
20	Ca	$1s^2 2s^2 2p^6 3s^2 3p^6 4s^2$	2	8	8	2

在电子较多的原子中，由于电子之间的相互影响，致使某些轨道能级相互交替，即产生了低层轨道的能级高于高层轨道的能级的现象，使得 $E_{3d} > E_{4s}$，因此，按照核外电子总是尽先排布在能量较低的轨道原则，核外电子先填 4s，4s 填满后再进入 3d 轨道。如表 2-5 中 19 和 20 号元素的排列就是如此。

思考题

试讨论核电荷数为 21 和 28 号元素原子核外电子的排布的情况。

第三节 化 学 键

化学键是指分子或晶体中相邻的两个或多个原子之间强烈的相互作用，它对分子的性质有着决定性的影响。化学键的主要类型有离子键、共价键和金属键。

一、离子键

初中学过，金属钠在氯气中燃烧，生成氯化钠：

$$2Na+Cl_2 \longrightarrow 2NaCl$$

为什么上述反应能够发生？用钠和氯的原子结构来解释离子键的形成过程：

钠的电子排布式是：$1s^2 2s^2 2p^6 3s^1$

氯的电子排布式是：$1s^2 2s^2 2p^6 3s^2 2p^5$

从电子排布式可以看出，钠原子的最外层只有 1 个电子，容易失去，使最外层达到 8 个电子的稳定结构，形成带一个单位正电荷的钠离子（Na^+）。氯原子的最外层有 7 个电子，容易得到 1 个电子，使最外层达到 8 电子的稳定结构，形成带一个单位负电荷的氯离子（Cl^-）。钠离子和氯离子之间依靠静电吸引而相互靠近，同时，它们的电子与电子、原子核与原子核之间由于相互靠拢而产生了排斥力，当吸引力和排斥力达到平衡时，钠离子与氯离子之间就形成了稳定的化学键。

反应式如下：

$$2Na+Cl_2 \longrightarrow 2NaCl$$

氯化钠形成的过程可表示如下：

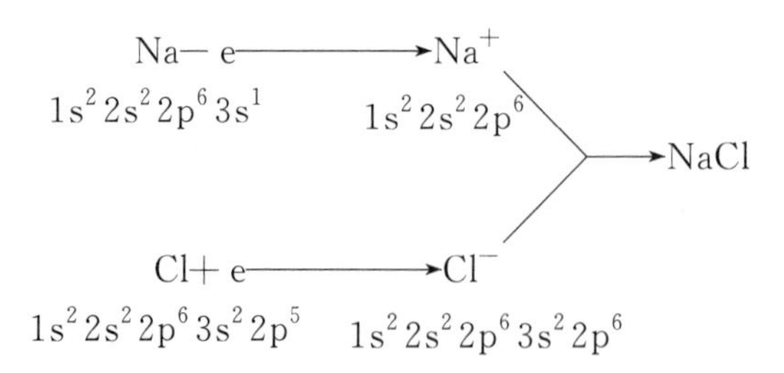

氯化钠的形成过程

像氯化钠这样，凡由阴、阳离子间通过静电作用所形成的化学键称为离子键。以离子键结合形成的化合物称为离子化合物。活泼金属（如钾、钠、钙、镁等）和活泼非金属（如氟、氯、溴、氧等）形成的化合物几乎都是离子化合物，如绝大多数的盐、碱和金属氧化物等。

由于化学反应一般是原子的最外层电子发生变化，所以，为了简便起见，在元素符号的

周围常用小黑点（或×）来表示原子的最外层电子，这种式子叫做电子式。例如

H·　:Cl:　×Ca×　:S:　K×

离子化合物的形成过程可用电子式表示如下：

CaO　　×Ca× + :O: ⟶ Ca^{2+}[×:O:×]$^{2-}$

$MgCl_2$　　:Cl· + ×Mg× + ·Cl: ⟶ [:Cl:×]$^-$$Mg^{2+}$[×:Cl:]$^-$

二、共价键

1. 共价键的形成

活泼金属与非活泼金属之间，通过电子的得失形成阴、阳离子，以离子键相结合形成离子型化合物。对于非金属单质和非金属元素形成的化合物如 H_2、Cl_2、HCl、CO_2 等，由于都是非金属，显然不可能有电子的得失，因此不能用离子键理论来说明它们的形成，这类分子的形成要用共价键理论来解释。

以 H_2 分子为例来说明共价键的形成：

当两个氢原子相互靠拢时，由于它们吸引电子的能力相等，所以，它们的 1s 电子不是从一个氢原子转移到另一个氢原子上，而是两个氢原子各提供一个电子，形成共用电子对。这两个共用的电子在两个原子核周围运动，使每个氢原子的 1s 轨道都好像具有类似氦原子的稳定结构。由于共用电子对受到两个氢原子核的吸引作用，使两个氢原子形成了 H_2 分子。

用电子式表示 H_2 分子的形成：

H· + ×H ⟶ H:H

像这种原子之间通过共用电子对所形成的化学键，叫做共价键。以共价键形成的化合物叫做共价化合物。由同种或不同种非金属元素形成的分子，都是通过共价键形成的，称为共价分子，它包括单质分子和化合物分子。如 Cl_2、HCl、O_2、CH_4、C_2H_5OH 等。它们的形成过程也可用电子式表示：

H× + ·Cl: ⟶ H×Cl:

:O: + ×O× ⟶ O::O

在化学上常用一根短线表示一对共用电子，因此，分子的结构式可表示为：

H—H　　H—Cl　　O═O

2. 共价键的极性

H_2、HCl 两分子虽然都是由共价键形成的分子，但这两个分子中的共价键是有区别的。H_2 分子是由同种元素的原子形成的共价化合物，由于两个原子吸引电子的能力相同，共用电子对不偏向任何一个原子，因此成键原子不显电性。这样的共价键叫做非极性共价键，简称非极性键。如 Cl_2、O_2、N_2 等是由非极性键形成的分子。

而 HCl 分子中的共用电子对，由于两个元素原子的不同，吸引电子的能力也不相同，共用电子对必然会偏向吸引电子能力较强的 Cl 原子一方，而偏离吸引电子能力较弱的 H 原

子。从而使 Cl 原子相应地显负电性，H 原子相应地显正电性。这种因共用电子对发生偏移的共价键叫做极性共价键，简称极性键。如 CO_2、NH_3、H_2O 等都是极性共价键形成的分子。

*3 共价键的特征

（1）具有饱和性　根据电子配对原理，原子间形成的共价键数，受未成对电子数限制，这称为共价键的饱和性。例如，H 原子仅有一个电子，因此 H_2 分子只能以单键结合；N 原子有三个未成对电子，N_2 分子为三键，而稀有气体 He，Ne，Ar 等没有未成对电子，故其单质为单原子分子。

（2）具有方向性　按最大重叠原理，形成共价键时，原子轨道将尽可能沿电子云密度最大的方向进行同号重叠，以使系统能量处于最低状态，这称为共价键的方向性。除球形对称的 s 轨道外，p，d，f 轨道在空中均有一定的伸展方向，因此除 H_2 分子形成外，其它化学键的形成均有方向性限制。

三、金属键

金属（除汞外）在常温下都是晶状固体。金属都有金属光泽、导电性、导热性以及良好的机械加工性能。金属具有这些共性，是由于金属有相似的内部结构。

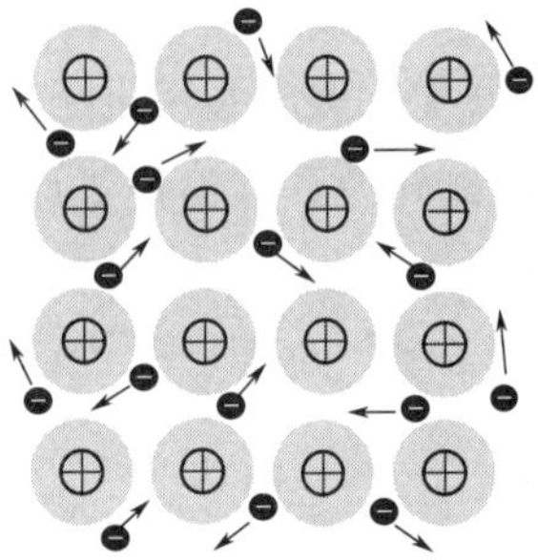

金属原子的特征是最外层电子比较少，金属原子容易失去外层电子形成金属阳离子。所以，在金属晶体中，排列着金属原子、金属阳离子以及从金属原子上脱落下来的电子。这些电子不是固定在某一金属离子的附近，而是能够在晶体中自由地运动，所以叫“自由电子”（如图 1-8）。

图 1-8　金属的内部结构

金属晶体中，自由电子不停地运动着，它时而在这一离子附近，时而又在另一离子附近，这种依靠自由电子的运动将金属原子和金属阳离子相互联结在一起的化学键叫金属键。金属中的自由电子，几乎均匀地分布在整个晶体中，所以也可以把金属键看成是许多原子共用许多电子的一种特殊形式的共价键。金属单质的化学式通常用元素符号来表示，如 Fe、Zn、Na 等。不能根据此书写形式认为金属是单原子分子，这只能说明在金属单质中只有一种元素。

第四节　分子间作用力

一、分子的极性

分子的极性主要是由于键的极性引起的。如由离子键形成的气态 NaCl 分子（见图 1-9）中有带正电荷的 Na^+ 和带负电荷的 Cl^-，显然，NaCl 分子是有极性的。那么，由共价键形成的分子是否有极性呢？这就取决于分子中正电荷重心与负电荷重心是否重合。

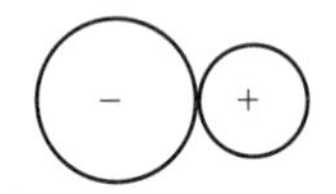

图 1-9　离子型分子 NaCl

通过对原子结构、分子结构的学习，我们知道在任何一个分子中，都有带正电荷的原子核和带负电荷的电子，它们的电量相等，符号相反。假设分子中所有电子的负电荷集中于一点，代表整个分子负电荷的重心。同样原子核所带的正电荷也集中于一点，表示正电荷的重心。因此，在任何一个分子中应分别含有正电和负电两个重心。如果分子中正、负电荷的重心重合，这样的分子叫非极性分子［如图 1-10(a)］；反之分子中两个电荷的重心不重合，这样的分子叫极性分子［如图 1-10(b)］。

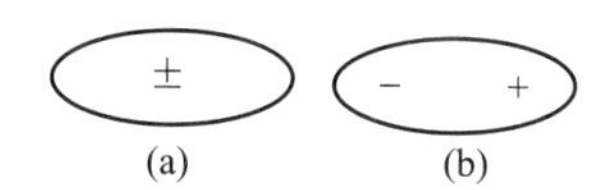

图 1-10　非极性分子和极性分子示意图

由两个相同原子形成的分子，如 H_2、Cl_2、N_2 等分子，由于共用电子对是对称分布在两个原子核之间，使得整个分子中正电荷的重心与负电荷的重心重合，所以，它们都是非极性分子。

由两个不同原子形成的分子，如 HCl 分子，由于氯原子对电子的吸引力大于氢原子，使共用电子对偏向了氯原子一方，也就是负电重心偏向氯原子，结果使氯原子一方显负电性，相当于有了一个“－”极。而正电重心偏向氢原子，使氢原子一方显正电性，相当于有了一个“＋”极。这样正、负电荷在分子中分布不均匀，即正电荷的重心与负电荷的重心不重合，形成了正负两极［见图 1-10(b)］，所以 HCl 是极性分子。

从以上分析我们可以知道，由非极性键形成的分子是非极性分子，由极性键形成的双原子分子一定是极性分子。由极性键形成的多原子分子就不一定是极性分子，它的极性取决于分子的空间构型。例如，在 CO_2 分子中，氧原子吸引共用电子对的能力比碳原子强，因此 C═O 键是极性键。但是由于 CO_2 分子的空间结构是直线型对称的（O═C═O），两个 C═O 键的极性相互抵消，使得正负电荷的重心重合，因此 CO_2 是含有极性键的非极性分子。在 H_2O 分子中，共用电子对偏向氧原子，故 H—O 键是极性键，由于两个 H—O 键之间形成 104.5°的角，其空间构型不对称，键的极性无法抵消，分子中正负电荷的重心不重合，所以 H_2O 分子是含有极性键的极性分子。SO_2、NH_3 等也都属于这类极性分子。

由此可见，共价分子的极性不仅取决于键的极性，还与分子的空间构型有关。表 1-6 给出了一些物质分子的空间构型。

表 1-6　一些物质分子的空间构型

空间构型		化学式	类别
对称	直线型	CO_2、CS_2、$BeCl_2$、C_2H_2	非极性分子
	平面正三角型	BCl_3、BF_3	
	正四面体型	CH_4、$SnCl_4$、CCl_4	
不对称	弯曲型	H_2O、SO_2、H_2S、	极性分子
	三角锥型	NH_3、NF_3	
	四面体型	$CHCl_3$、CH_3Cl	

总之，共价键是否有极性，决定于相邻两原子间共用电子对是否偏移；而分子是否有极性，决定于整个分子中正、负电荷重心是否重合。

思考题

试用已经学过的原子结构知识，来分析 H_2S 的形成过程，并解释由极性键形成的分子不一定是极性分子。

二、分子间作用力

化学键是分子内相邻原子之间存在的一种较强的相互作用。如氨分子是由 H 原子和 N 原子靠共价键构成，而处于气体状态的氨气则是由成千上万个氨分子组成，那么这些氨分子为什么会形成氨气呢？1873 年荷兰物理学家范德华发现了分子之间也存在较弱的相互作用力，这个作用力称为分子间作用力，也称为范德华力。氨气就是由无数个氨气分子依靠分子间作用力集聚在一起而形成的。这种作用力能量大约有十几或几十千焦/摩尔，比化学键的能量要小十倍或百倍。而且只有当分子间距离小于 500pm 时，分子间作用力才能起作用，它包括色散力、诱导力和取向力。

1. 色散力

在非极性分子之间［如图 1-11(a)］，由于分子内部的电子总是不停地运动着，原子核也不断地振动。要使正、负电荷重心在每一瞬间都处于重合状态是不可能的，电子云和原子核在运动中会产生瞬时的相对位移，在这一瞬间正负电荷的重心要偏移，因而产生瞬间的偶极，这个偶极称为瞬时偶极。当两个非极性分子靠的较近，距离只有几百皮米时，瞬时偶极总是采取异极相吸同极相斥的状态相互吸引［如图 1-11(b)］，这些由于非极性分子之间存在瞬时偶极而产生的作用力称为色散力。

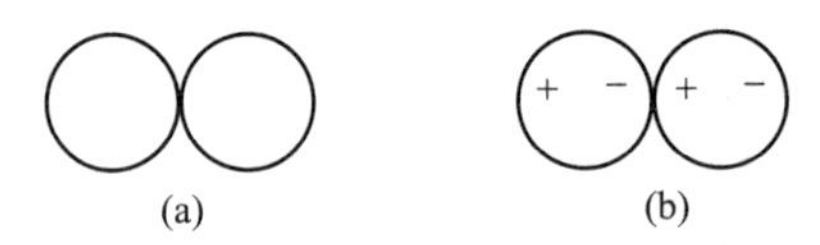

图 1-11　非极性分子相互作用的情况

虽然瞬时偶极存在的时间极短，但是上述的情况在不断地重复，分子间的色散力始终存在着，所以使得任何分子（非极性分子或极性分子）之间都存在色散力。一般情况下，分子的分子量愈大，所含的电子数愈多，色散力也愈大。

2. 诱导力

当极性分子与非极性分子相互靠近时［如图 1-12(a)］，除了存在色散力外，由于极性分子具有固有偶极（极性分子本身就具有的偶极）的影响，使非极性分子的正负电荷重心发生偏离，产生了诱导偶极［如图 1-12(b)］。这种由诱导偶极而产生的作用力叫诱导力。

在极性分子之间，由于固有偶极的相互诱导，分子的正负电荷偏离更远，偶极长度增加，从而进一步增强了它们之间的吸引。因此，极性分子之间还存在着诱导力。

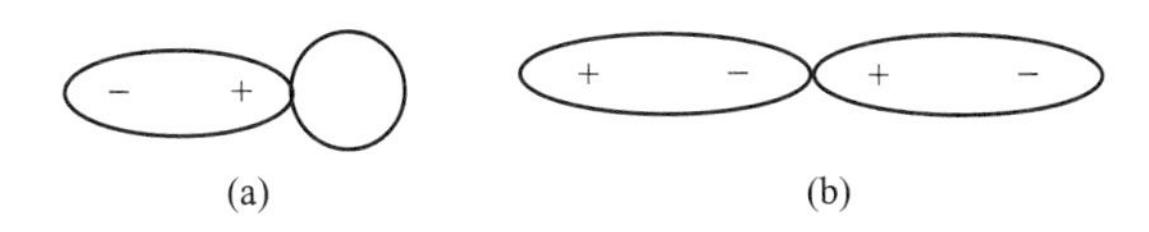

图 1-12　极性分子与非极性分子相互作用的情况

3. 取向力

当极性分子相互靠近时，由于分子固有偶极之间的同极相斥、异极相吸，使分子在空间的运动循着一定的方向，成为异极相邻的状态，这个过程称为取向［如图 1-13(a)］。在已取向的分子之间按异极相邻的状态排列，通过静电引力而相互吸引［如图 1-13(b)］。这种由于固有偶极而产生的相互作用力叫做取向力。取向力使两个极性分子更加接近，两个分子相互诱导，使每个分子的正、负电荷重心分得更开，所以它们之间还存有诱导力［图 1-13(c)］。

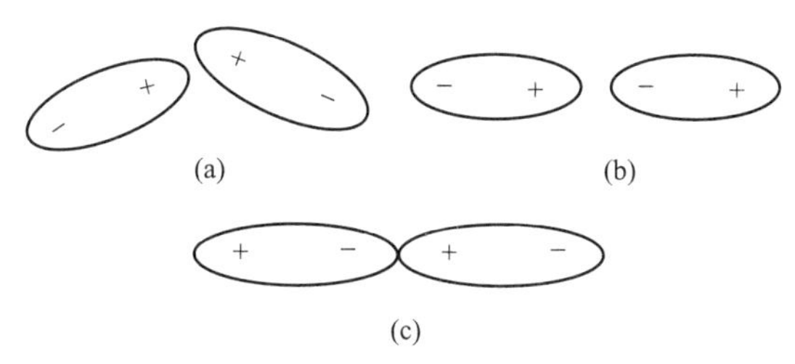

图 1-13　极性分子间相互作用的情况

综上所述，分子间的作用力有三个来源，即色散力、诱导力和取向力。它的作用范围只有 0.3～0.5nm。至于在各种情况下，这三种类型的作用力所占的比例如何，要看相互作用的分子极性的强弱。当分子极性较强时，取向力所占比例较大，但在一般分子中，色散力往往是主要的，它随着分子量的增加而增大。

分子间作用力普遍存在于各种分子之间，对物质的性质，尤其是一些物理性质如熔点、沸点、溶解度等影响很大。一般情况下，对于组成和结构相似的物质，分子量越大，分子间作用力越大，物质的熔点、沸点也越高。例如，卤素分子都是非极性分子，分子间的作用力主要是色散力。从 F_2 到 I_2 分子量逐渐增大，分子内电子的数目逐渐增多，瞬时偶极产生的相互吸引力也随着增大，因而色散力也增大，所以从 F_2 到 I_2 的熔点和沸点也相应增高（见表 1-7）。

表 1-7　卤素单质的熔点和沸点

	F_2	Cl_2	Br_2	I_2
分子量	38.0	70.9	159.8	253.8
熔点/℃	−219	−101	−7	114
沸点/℃	−188	−34	59	185

思考题

化学键与分子间作用力有何本质的区别？

三、氢键

虽然对于组成和结构相似的同类物质而言，熔点和沸点随分子量增大而升高，但在卤素氢化物中，HF 的沸点反而偏高。卤素氢化物的沸点为：

氢化物	HF	HCl	HBr	HI
沸点/℃	20	−84	−67	−35

氟化氢沸点的反常现象，说明 HF 分子之间除了有分子间作用力以外，还存在一种比分子间作用力稍强的相互作用，使得 HF 在较高的温度下才能汽化，分子之间存在的这种相互作用叫做氢键。

氢键是怎样形成的呢？现以 HF 为例加以说明。在 HF 分子中，由于氟原子吸引电子的能力远远大于氢原子，H—F 键的极性很大共用电子对强烈地偏向氟原子一边，致使氢原子几乎成为“裸露”的质子。这个半径很小、带有正电荷的氢核，与另一个 HF 分子中含有孤电子对的氟原子相互吸引，从而产生静电引力，这种静电吸引作用就是氢键。通常氢键由“…”表示，如图 1-14 所示的 HF 分子间的氢键。

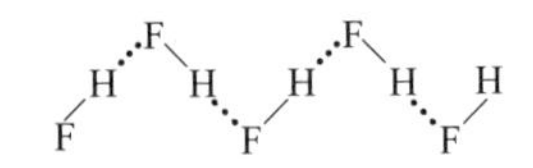

图 1-14　HF 分子间的氢键

氢键多产生于半径小，非金属性很强的原子（如 F、O、N）与氢所形成的化合物之间。除 HF 分子间有氢键，H_2O、NH_3 分子间也存在氢键。由于氢键的存在，增大了分子间的吸引力，从而使得 H_2O、NH_3 的熔点、沸点比同族氢化物的高。这是因为固体熔化或液体汽化时，除了要克服分子间作用力，还必须克服分子间的氢键，从而需要消耗较多的能量的缘故。图 1-15 为 H_2O 分子间的氢键。

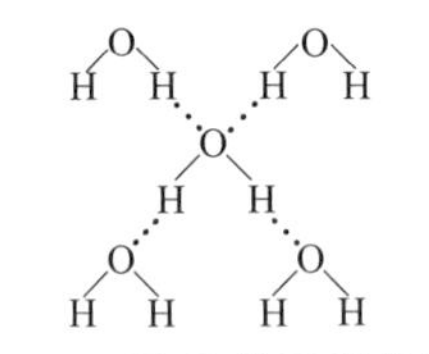

图 1-15　H_2O 分子间的氢键

氢键的本质可看成是静电引力。它比化学键弱得多，但比分子间引力稍强（其键能约在 10～40kJ/mol 之间）。氢键既可以存在于分子之间，也可以存在于同一分子内部，如邻硝基苯酚形成分子内氢键（如图 1-16）。

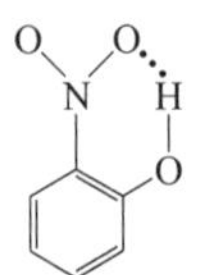

图 1-16　邻硝基苯酚结构式

思考题

氢键就是氢和其他元素间形成的化学键吗?

*第五节 晶体的基本类型

90%的元素单质和大部分无机化合物在常温下均为固体，固体物质按其内部结构分为晶体和非晶体两类。构成物质的微粒（原子、离子、分子等）在空间一定的点上做有规律的周期性排列的固体物质称为晶体。例如冬天漫天飞舞的雪花，调味用的食盐、冰糖等，固体物质中绝大多数是晶体。而像玻璃、石蜡、沥青和炉渣等物质内部的微粒是毫无规律排列的固体叫非晶体，只有极少数的固体物质是非晶体。

一、晶体的特征

晶体和非晶体都是固体，既然是固体，那么它们的可压缩性、扩散性均甚差。但是，由于内部结构的不同，晶体具备一些非晶体没有的特征，主要有以下三点。

(1) 晶体有规则的几何外形（如图 1-17） 这是指物质凝固或从溶液中结晶的自然生长过程中出现的外形。非晶体往往是溶液温度降到凝固点以下，内部的微粒还来不及排列整齐，就固化成表面圆滑的无定性体，所以非晶体就没有一定的几何外形。

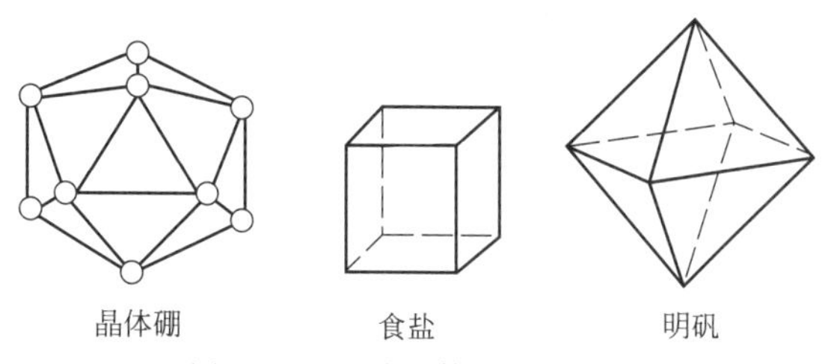

图 1-17 几种晶体的几何外形

(2) 晶体具有各向异性 即某些物理性质，如光学性质、导电性、热膨胀系数和机械强度等在不同的方向上测定时，是各不相同的。如石墨的层向导电能力高出竖向导电能力的10000 倍。非晶体的各种物理性质不随测定的方向而改变。

(3) 晶体具有固定的熔点 如固体氧化镁的熔点为 2852℃，金属铜的熔点为 1083℃。非晶体如石蜡受热渐渐软化成液体，有一段较宽的软化温度范围。

二、晶体的基本类型

根据晶格结点（每个微粒的位置）上的微粒种类及微粒之间的相互作用力不同，可将晶体分为四大类：离子晶体、分子晶体、原子晶体、金属晶体。

1. 离子晶体

离子晶体是正负离子间通过静电引力（离子键）结合在一起的一类晶体。像 NaCl、

$CsCl$、KNO_3、CaF_2 等离子化合物都是离子晶体。离子晶体的晶格上交替排列着正负离子，结点之间通过离子键相互结合。

由于离子键无方向性和饱和性，离子晶体中的正、负离子的电荷分布又是球形对称的，因此，一个离子周围总是尽可能在空间各个方向上吸引异性电荷的离子。如在 NaCl 晶体中，每个 Na^+ 同时吸引 6 个 Cl^-，每个 Cl^- 也同时吸引 6 个 Na^+，Na^+ 和 Cl^- 以离子键相结合（如图 1-18）。又如 CsCl 晶体，每个 Cs^+ 同时吸引 8 个 Cl^-，每个 Cl^- 也同时吸引 8 个 Cs^+，Cs^+ 和 Cl^- 以离子键相结合（如图 1-19）。在 NaCl 晶体或 CsCl 晶体中，正离子被若干个负离子包围，而负离子也被若干个正离子包围，这样层层包围形成了一个非常大的 NaCl 或 CsCl 分子，也就是我们所见的 NaCl 晶体或 CsCl 晶体。因此在 NaCl 晶体或 CsCl 晶体中不存在单个的 NaCl 或 CsCl 分子，但是，在这两种晶体里正、负离子的个数比都是 1∶1，所以严格地说，NaCl 或 CsCl 式子不能叫分子式，而只能叫化学式。

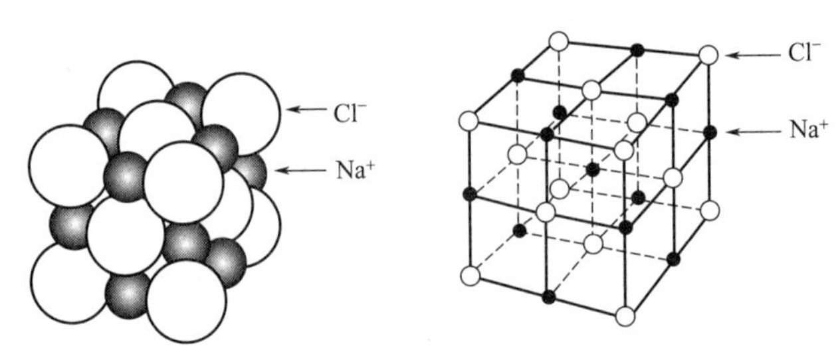

图 1-18　NaCl 晶体结构示意图

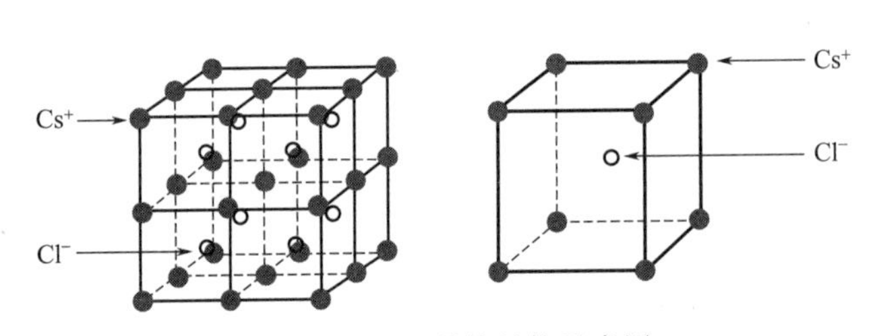

图 1-19　CsCl 晶体结构示意图

在离子晶体中，离子之间存在着较强的离子键，所以离子晶体一般具有较高的熔点、沸点和硬度。例如：

NaF	硬度 3.0	熔点 995℃
MgO	硬度 6.5	熔点 2800℃

虽然，离子晶体的硬度较大，但比较脆，延展性较差。此外，离子晶体在熔融状态或在水溶液中都具有优良的导电性能。这是因为当离子晶体受热熔化时，由于温度升高，离子的运动加剧，克服了正、负离子间的引力，产生了自由移动的正、负离子，所以熔融的离子晶体能导电；当离子晶体溶解在水里时，由于水分子的作用，正、负离子间的作用力减弱，使离子化合物电离成自由移动的水合离子，所以离子晶体的水溶液也能导电。但在固体状态时，由于离子被限制在晶体的一定位置上做有规则的振动，不能自由移动，因而不能导电。

2. 分子晶体

分子晶体是分子之间以分子间作用力相结合而形成的一类晶体。即晶格结点上排列着中性分子，中性分子相互之间靠分子间作用力集聚在一起，形成分子晶体。如冰、干冰、单质碘等。图 1-20 为干冰晶体结构模型。

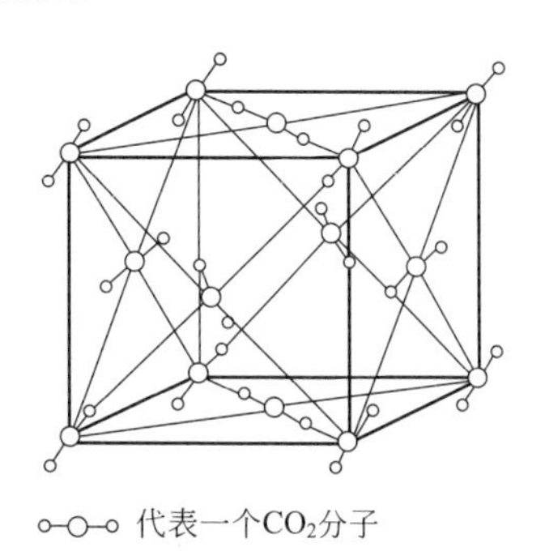

图 1-20 干冰晶体结构模型

在 CO_2 分子晶体中存在单个的 CO_2 分子，每个 CO_2 分子内部 C 与 O 原子之间是通过共价键结合的，但 CO_2 分子之间的作用力是分子间力。由于分子间作用力较共价键、离子键弱，只需较少的能量就能破坏其晶体结构，比较容易使分子晶体变成液体或气体，所以，分子晶体一般具有较低的熔点、沸点和较小的硬度，如 CO_2 的熔点为－56.6℃。

由于分子晶体是由分子构成的，所以，这类固体一般不导电，熔化时也不导电，只有那些像 HCl 一样极性很强的分子型晶体溶解在水溶液中，由于水分子的作用发生电离而导电。

3. 原子晶体

我们知道 C 和 Si 在周期表中都是第ⅣA 族，它们的氧化物 CO_2 和 SiO_2 也都是共价化合物，那么，它们的一些物理性质是否是相似的呢？

	状态（常温）	熔点	硬度
CO_2	气态	－56.6℃	小
SiO_2	固态	1723℃	大

通过比较 CO_2 和 SiO_2 在物理性质上存在很大的差异，说明这两种氧化物的结构明显不同，肯定不属于同一类晶体，既然 CO_2 是分子晶体，那么，SiO_2 又是什么晶体呢？

经研究发现，在 SiO_2 晶体中，一个 Si 原子的周围有 4 个 O 原子，Si 原子与 O 原子之间形成 4 个共价键；同样，一个 O 原子和 2 个 Si 原子之间也形成 2 个共价键。就这样，Si 原子和 O 原子按 1∶2 的比例，在空间各个方向上靠共价键相连接，形成立体的网状结构（如图 1-21），我们把这种相邻原子之间以共价键相结合而形成空间网状结构的晶体叫原子晶体。

原子晶体的晶格结点上排列着的是原子，原子之间通过共价键相互结合在一起。例如金刚石也是一个原子晶体，每个 C 原子都与相邻的 4 个 C 原子以共价键相结合，形成一个正四面体结构，由于正四面体向空间发展，构成彼此联结的立体网状晶体（如图 1-22）。因此这类晶体，不存在独立的小分子，而只能把整个晶体看成是一个大分子，晶体有多大，分子也就有多大，没有确定的分子量。这类晶体是以较强的共价键结合的网状结构，要拆开这种原子晶体中的共价键需要较大的能量，所以原子晶体一般具有较高的熔点、沸点和硬度。金刚石的熔点为3570℃，沸点4827℃，硬度为10，是自然界存在的最硬物质。原子晶体通常情况下不导电，也是热的不良导体，熔化时也不导电。但硅、碳化硅等具有半导体的性质，可以有条件地导电。

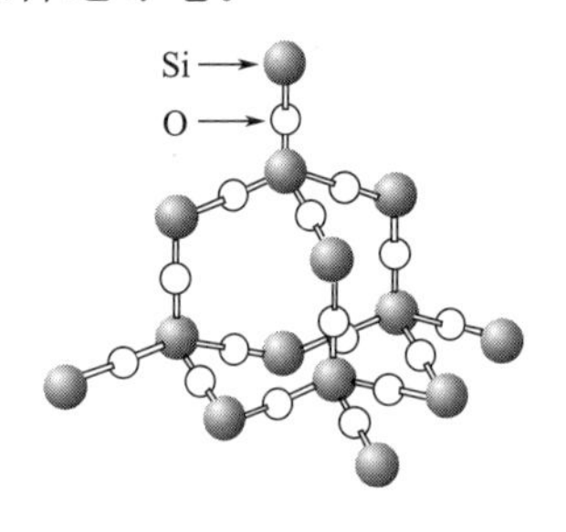

图 1-21　SiO_2 晶体的晶体结构示意图

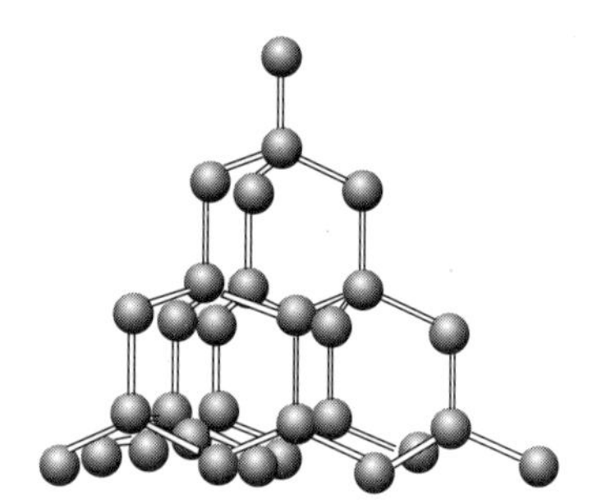

图 1-22　金刚石结构示意图

思考题

在稀有气体物质的晶体中，晶格结点上排列的是原子，稀有气体是否是原子晶体？解释之。

4. 金属晶体

金属一般都是晶体。金属晶体是金属原子或金属离子彼此靠金属键结合而成。在金属晶体的晶格结点上排列着金属原子和金属阳离子，结点之间靠金属键相结合（见图1-8和图1-23）。这种结合力是比较大的，所以金属晶体有较高的熔点、沸点。由于金属晶体内有自由电子的存在，在外电场的作用下，自由电子就沿着外加电场定向流动而形成电流，显出良好的导电性。金属晶体内的原子和离子不是静止的，而是在晶格结点上做一定幅度的振动，这种振动对电子的流动起着阻碍的作用，加上阳离子对电子的吸引构成了金属的电阻。加热时原子和离子的振动加剧，电子的运动便受到更多的阻力，故金属的导电性随温度升高而减小。金属的导热性是指当金属的某一部分受热后，获得能量的自由电子在高速的运动中将热能传递给邻近的原子和离子，使热运动扩展开来，很快使金属整体的温度均一化。金属晶体

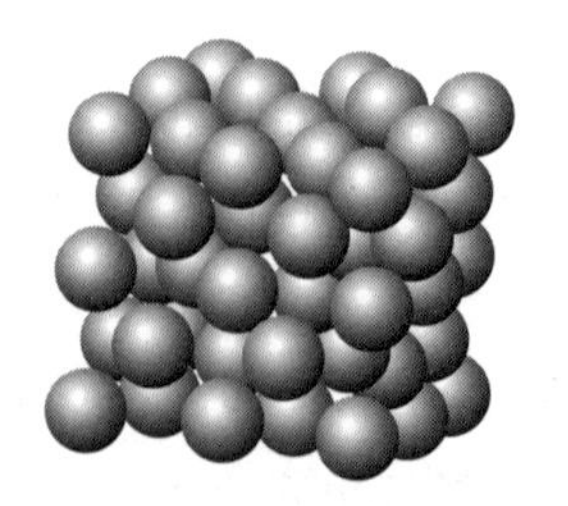

图 1-23　金属晶体示意图

内的自由电子不属于某一特定原子所有，而是为整个金属所共有，正是由于自由电子的这种胶合作用，当金属受到机械外力时，金属离子间容易滑动而不破坏金属键，表现出良好的延展性，因此可以将金属加工成细丝或薄片。

思考题

根据以上讨论，金属晶体中的自由电子决定了金属的哪些物理性质？

虽然金属晶体有许多共性，但这些共性中也存在较大的差异性，如钾、钙、铁都是同一周期的金属，它们的熔点和硬度如下：

	钾	钙	铁
熔点/℃	63.7	843	1535
硬度（莫氏硬度）	0.5	2	4.5

这主要是受金属原子半径大小、参与成键的价电子多少等因素的影响，导致构成金属晶体的金属键有强有弱。由于钾、钙、铁这三种同周期的金属中，钾的原子半径最大，价电子数最少，因而晶体中金属键较弱，金属的熔点低，硬度也最小；而铁的原子半径比钾和钙的都小，价电子数也增多，因此形成的金属键较强，金属的熔点高，硬度也大。

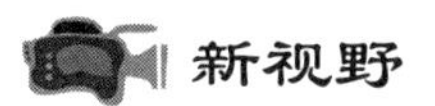
新视野

扫描隧道显微镜（STM）

原子的存在及其结构是历代不少科学家们倾注心血终身探索的核心问题之一。直接观察原子，曾是人们的梦想。

1981 年，IBM 公司瑞士苏黎世实验室的葛宾宁和海·罗雷尔两位博士共同研制成功了世界第一台扫描隧道显微镜（Scanning Tunneling Microscope，简称 STM）。它的问世，使人们梦想成真。人们能够适时地观察到原子在物质表面的排列状态，得知与表面电子行为有关的物理性质、化学性质，它对表面化学、材料科学、生命科学和信息科学的研究有着重大的意义并具有广阔的应用前景。为此，1986 年，瑞典皇家科学院把本年度代表科学研究最高荣誉的诺贝尔物理学奖授予了这两位杰出的科学家。

扫描隧道显微镜的基本原理是基于量子的隧道效应。当具有电势差的两个导体之间的距离小到一定程度时，电子将存在一定的概率去穿透两导体之间的势垒，从一端向另一端跃迁。这种电子跃迁的现象在量子力学中被称为隧道效应，而跃迁形成的电流称为隧道电流。隧道电流有一种特殊的性质，即对两导体之间的距离非常敏感，如果把距离减少 0.1 纳米，隧道电流就会增大一个数量级。

现在我们把两个导体换成尖锐的金属探针和平坦的导电样品，在探针和样品之间加上偏置电压。当我们移动探针逼近样品并在反馈电路的控制下使二者之间的距离保持在小于 1nm 的范围时，根据前面描述的隧道效应现象，探针和样品之间产生了隧道电流。因此，用压电陶瓷材料控制针尖在样品表面扫描，利用电子反馈线路控制隧道电流恒定（说明两电极之间的距离不变），则探针在垂直于样品方向上高低的变化就反映了样品表面的起伏。当移动探针在水平方向有规律地运动时，探针下面有原子的地方隧道电流就强，而无原子的地方电流就相对弱一些。把隧道电流的这个变化记录下来，再输入到计算机进行处理和显示，就可以得到样品表面原子级分辨率的图像。

利用STM技术，科学家们观察到硅、石墨的表面原子排列，研究了配合物在晶体表面的吸附和扩散。总之，STM的应用领域非常宽广，无论是物理、化学、生物、医学等基础学科，还是材料、微电子等应用学科都有它的用武之地。它的问世，为现代科技在微观领域的突破提供了必要的工具，为纳米科技的兴起创造了条件。

本章小结

一、原子结构

1. 构成原子的粒子间的关系

$$原子({}^{A}_{Z}X)\begin{cases}原子核\begin{cases}质子 & Z个\\中子 & (A-Z)个\end{cases}\\核外电子 \quad Z个\end{cases}$$

$$质子数=核电荷数=核外电子数=原子序数$$

$$质量数(A)=质子数(Z)+中子数(N)$$

2. 质子数相同而中子数不同的同种元素的不同原子互称为同位素。

3. 电子云　电子在核外空间出现概率密度分布的形象化描述。

4. 核外电子的运动状态由四个方面决定。

(1) 电子层　根据电子能量的差别和通常运动的区域离核远近的不同，核外电子处于不同的电子层。它是决定电子能量高低的主要因素。

(2) 电子亚层　在同一电子层中，根据电子能量的差别和电子云形状的不同，可以分为s、p、d、f等几个亚层。它是决定电子能量高低的次要因素。

(3) 电子云的伸展方向　s电子云是球形对称的，只有一个伸展方向，p电子云是无柄哑铃形，有3个伸展方向，d电子云有5个伸展方向，f电子云有7个伸展方向。

把在一定的电子层上，具有一定形状和伸展方向的电子云所占有的原子空间成为“原子轨道”。轨道数是由电子云的伸展方向决定的。

(4) 电子的自旋　电子自旋有顺时针和逆时针两种状态。它决定轨道中容纳电子的数目。

5. 核外电子排布规律

核外电子总是尽先占有能量较低的轨道，然后才依次占有能量较高的轨道。一个轨道最多只能容纳两个自旋方向完全的电子。

二、化学键

化学键是指分子或晶体中相邻的两个或多个原子之间强烈的相互作用。化学键的主要类型有离子键、共价键和金属键。

1. 离子键　阴、阳离子间通过静电作用所形成的化学键叫做离子键。由离子键结合形成的化合物叫做离子化合物。

2. 共价键 原子间通过共用电子对所形成的化学键叫做共价键。由共价键结合的化合物叫做共价化合物。

(1) 非极性共价键 由同种元素的原子形成的共价键，其共用电子对不偏向任何一个原子，这种共价键叫做非极性共价键。

(2) 极性共价键 由不同种元素的原子形成的共价键，共用电子对偏向吸引电子能力大的原子，这种共价键叫做极性共价键。

3. 金属键 金属晶体中，依靠自由电子的运动将金属原子和金属阳离子相互联结在一起的化学键叫做金属键。

三、分子的极性

1. 非极性分子 在分子内，正、负电荷重心重合，这样的分子叫非极性分子。对于双原子分子来说，键没有极性，那么分子一定也没有极性；以极性键组成的多原子分子，如果分子空间结构对称，就是非极性分子。

2. 极性分子 分子中正、负电荷重心不重合叫做极性分子。由极性键组成的双原子分子一定是极性分子；由极性键组成的多原子分子，如果分子空间构型不对称，就是极性分子。

四、分子间作用力和氢键

1. 分子间的作用力也叫范德华力，它包括取向力、诱导力和色散力。分子间的作用力比化学键小1～2个数量级，作用范围0.3～0.5nm。它的大小对物质的熔点、沸点等物理性质有影响。

2. 氢键 氢键多产生于原子半径小，非金属性很强的原子（如F、O、N）与氢所形成的化合物之间。

五、晶体的基本类型

1. 晶体的特征 有规则的几何外形；有各向异性；有固定的熔点。

2. 根据构成晶体微粒种类以及微粒间作用力的不同，晶体一般分为离子晶体、原子晶体、分子晶体和金属晶体，它们物理性质的特点见下表。

类型比较		离子晶体	原子晶体	分子晶体	金属晶体
构成晶体微粒		阴阳离子	原子	分子	金属阳离子、金属原子、自由电子
形成晶体的作用力		离子键	共价键	范德华力	金属阳离子和自由电子间的静电作用
物理性质	熔、沸点	较高	很高	低	有高(W)有低(Hg)
	硬度	硬而脆	大	小	有大也有小
	导电性	不良，但熔融或水溶液导电	绝缘体(半导体)	不良	良导体
	传热性	不良	不良	不良	良

续表

类型比较		离子晶体	原子晶体	分子晶体	金属晶体
物理性质	延展性	不良	不良	不良	良
	溶解性	易溶于极性溶剂，难溶于有机溶剂	不溶于任何溶剂	极性分子易溶于极性溶剂，非极性分子易溶于非极性溶剂	一般不溶于溶剂，Na等可与水、醇类、酸类反应
典型实例		NaCl、NaOH、$CaCO_3$、KBr	金刚石、二氧化硅、碳化硅	白磷、干冰、硫、冰等	Na、Mg、Al、Fe、Cu

思考与练习

一、填空题

1. 有 H、D、T 三种原子，它们之间的关系是__________。在标准状况下，它们的单质的密度之比是__________。1mol 各种单质中，它们的质子数之比是__________。1g 各种单质中，它们的中子数之比是__________。在标准状况下，1L 各种单质中，它们的电子数之比是__________。

2. 金属能导电的原因是__________；离子晶体在固态时不能导电的原因是__________；但在熔化状态下或水溶液中能导电的原因是__________。

3. 在 HF、HCl、HBr、HI 中，键的极性由强到弱的顺序是__________；沸点由高到低顺序是__________。

4. 在下列各变化过程中，不发生化学键破坏的是__________；仅离子键破坏的是__________；仅共价键破坏的是__________；既发生离子键破坏、又发生共价键破坏的是__________。

(1) I_2 升华　(2) NH_4Cl 受热挥发　(3) 烧碱熔化　(4) 石英熔化

(5) NaCl 熔化　(6) HCl 溶于水　(7) Br_2 溶于 CCl_4　(8) Na_2O 溶于水

5. 在短周期中，X、Y 两元素形成的化合物中共有 38 个电子，若 XY_2 是离子化合物，其化学式是__________；若 XY_2 是共价化合物，其化学式是__________。

6. 填表

物质	晶体类型	晶格结点上的微粒	微粒之间的作用力	熔点(高或低)	导电性(好或差)	机械加工(好或差)
$NaSO_4$						
SiC						
NH_3						
Cu						
干冰						

二、选择题（每题只有一个答案）

1. 据报道，我国科学家首次合成一种新核素镅（$^{235}_{95}Am$），这种新核素同铀（$^{235}_{92}U$）比较，下列叙述正确的是（　）。

A. 互为同位素　　B. 原子核具有相同中子数

C. 具有相同的质量数　　D. 原子核外电子数相同

2. 下列各组微粒含有相同的质子数和电子数的是（　）。

A. CH_4、NH_3、Na^+　　B. OH^-、F^-、NH_3

C. H_3^+O、NH_4^+、Na^+　　D. O^{2-}、OH^-、NH_2^-

3. 某金属氧化物化学式为 M_2O_3，电子总数为 50，每个 M 离子具有 10 个电子，已知其中氧原子核内有 8 个中子，M_2O_3 的分子量为 102，M 核内的中子数是（　）。

A. 10　　B. 13　　C. 21　　D. 14

4. 下列物质的分子中，共用电子对数目最多的是（　）。

A. N_2　　B. NH_3　　C. CO_2　　D. H_2O

5. 下列关于氢键说法正确的是（　）。

A. 氢键可看成是一种电性作用力　　B. 氢键与共价键一样属于化学键

C. 含氢的化合物都能形成氢键　　D. 氢键只存在于分子之间

6. 下列物质只需克服范德华力就能沸腾的是（　）。

A. H_2O　　B. Br_2（液）　　C. HF　　D. C_2H_5OH（液）

7. 在单质晶体中，一定不存在（　）。

A. 离子键　　B. 分子间作用力　　C. 共价键　　D. 金属键

8. 决定核外电子能量高低的主要因素是（　）。

A. 电子亚层　　B. 电子云的形状　　C. 电子层　　D. 电子云的伸展方向

9. 下列分子中，既有极性键又有离子键的是（　）。

A. K_2SO_4　　B. CO_2　　C. Na_2O_2　　D. CH_4

10. 已知自然界氧的同位素有 ^{16}O、^{17}O、^{18}O，氢的同位素有 H、D、T，从水分子的原子组成来看，自然界的水一共有（　）。

A. 3 种　　B. 6 种　　C. 9 种　　D. 18 种

三、简答题

1. 原子是由哪些微粒组成的？它们之间有怎样的关系？

2. 下列各种元素的原子中，含有的质子、中子、电子数是多少？

$^{27}_{13}Al^{3+}$　　$^{16}_{8}O^{2-}$　　$^{23}_{11}Na$　　$^{39}_{19}K^{+}$　　$^{37}_{17}Cl^{-}$　　$^{13}_{6}C$

3. 什么是电子云？什么是电子云的界面图？界面图表示什么含义？

4. 原子核外电子的运动状态从哪几个方面进行描述？

5. p、2p、$2p_y^1$ 各代表什么意思？

6. 当 $n=3$ 时，该电子层中有哪几个电子亚层？共有多少不同的轨道，最多能容纳几个电子？

7. 晶体有哪些特征？怎样按晶体中微粒之间作用力来划分为晶体类型？

8. 形成氢键的条件是什么？氢键对物质的性质有哪些影响？

9. 为什么水的沸点比同族元素氢化物的高？

10. 判断下列分子间存在哪些分子间力？分子之间能形成氢键吗？

（1）H_2O 和 CO_2　　（2）CCl_4 和 Cl_2　　（3）HCl 和 I_2　　（4）HF 和 NH_3

四、以电子式表示物质的形成过程

（1）Na_2S　（2）$CaCl_2$　（3）MgO　（4）H_2O　（5）N_2　（6）CS_2

五、写出下列分子的结构式

（1）Cl_2　（2）H_2S　（3）NH_3　（4）O_2

六、下列叙述是否正确，并说明理由

（1）电子云图中的小黑点代表电子。

（2）任何分子中都存在取向力、诱导力、色散力三种分子间作用力。

（3）原子晶体只含有共价键。

（4）以极性键结合的双原子分子一定是极性分子。

（5）分子内原子之间的相互作用力叫做化学键。

（6）离子化合物中可能含有共价键。

七、计算题

1. 镁有三种天然同位素：^{24}Mg 占 78.7%，^{25}Mg 占 10.13%，^{26}Mg 占 11.17%，计算镁元素的近似原子量。

2. 某+2价的阳离子的电子排布式与氩相同，其同位素的质量数分别是40和42，试回答：该元素的原子序数是多少？写出电子排布式。

3. 氯有两种同位素是^{35}Cl、^{37}Cl，问：

（1）它们可以形成几种分子量不同的单质？

（2）在10g单质中，它们的中子数各是多少？

（3）由^{24}Mg与^{37}Cl两元素形成的29g氯化镁中有多少个中子？

4. 今有三种物质AC、B_2C、DC_2，A、B、C、D的原子序数分别为20、1、8、14。这四种元素是金属元素，还是非金属元素？形成的三种化合物的化学键是共价键，还是离子键？指出各分子的类型及晶体的类型？

第一章思考与练习参考答案

在线互测

第二章

元素周期律和元素周期表

学习目标

第二章 PPT

在原子结构理论的基础上，理解元素周期律；掌握长式元素周期表的结构；理解元素性质递变规律；了解元素周期表的应用。

第一节　元素周期律

人们在长期的生产和科学实验中，发现了各种元素之间存在着某种内在联系和一定的变化规律。为了方便，人们按核电荷数由小到大的顺序给元素编号，这种编号称为原子序数。显然原子序数在数值上与这种原子的核电荷数相等。为了认识元素间的相互联系和内在规律，现将元素按原子序数从 1～18 由小到大的顺序排列，来寻找元素性质的变化规律。

一、原子核外电子排布的周期性变化

为了认识元素间的相互联系和内在规律，现将元素按原子序数从 1～18 由小到大的顺序排列，来寻找元素性质的变化规律。

请认真观察图 2-1 并完成思考题的表格。

$_{1}H$ $1s^1$							$_{2}He$ $1s^2$
$_{3}Li$ $2s^1$	$_{4}Be$ $2s^2$	$_{5}B$ $2s^2 2p^1$	$_{6}C$ $2s^2 2p^2$	$_{7}N$ $2s^2 2p^3$	$_{8}O$ $2s^2 2p^4$	$_{9}F$ $2s^2 2p^5$	$_{10}Ne$ $2s^2 2p^6$
$_{11}Na$ $3s^1$	$_{12}Mg$ $3s^2$	$_{13}Al$ $3s^2 3p^1$	$_{14}Si$ $3s^2 3p^2$	$_{15}P$ $3s^2 3p^3$	$_{16}S$ $3s^2 3p^4$	$_{17}Cl$ $3s^2 3p^5$	$_{18}Ar$ $2s^3 3p^6$

图 2-1　原子序数为 1～18 号元素的最外层电子排布

思考题

总结图 2-1 的规律，填写下表。

原子序数	电子层数	最外层电子数	达到稳定结构时的最外层电子数
1～2	1	1～2	2
3～10			
11～18			

结论：随着原子序数的递增，元素原子的最外层排布呈现＿＿＿＿＿变化。

如果我们对 18 号以后的元素继续研究下去，也会发现类似的规律，即每隔一定数目的元素，重复出现元素的原子最外层电子从 1 个递增到 8 个，达到稳定结构的变化。即随着原子序数的递增，元素原子的最外层电子排布呈现周期性的变化。

二、原子半径的周期性变化

请认真观察图 2-2 并完成思考题的表格。

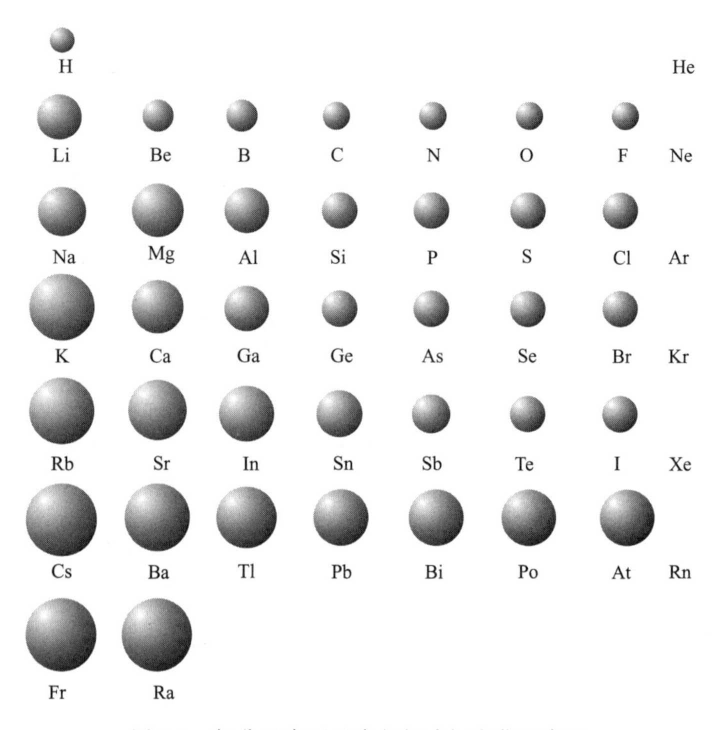

图 2-2　部分元素原子半径规律性变化示意图

思考题

总结图 2-2 的规律，填写下表。

原子序数	原子半径的变化
3～9	大——→小
11～17	
结论：随着原子序数的递增，元素原子半径呈现__________的变化。	

如果把所有的元素的原子半径按原子序数递增的顺序排列起来，将会发现随着原子序数的递增，元素的原子半径发生周期性的变化。

三、元素主要化合价的周期性变化

一种元素一定数目的原子与其他元素一定数目的原子化合的性质，叫做这种元素的化合价。元素的化合价是元素的重要性质。化合价有正价和负价。

请认真观察图 2-3 并完成思考题的表格。

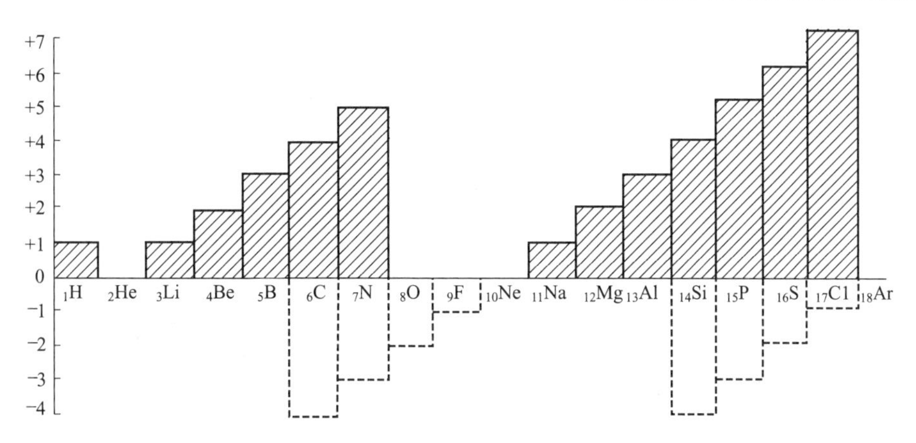

图 2-3　原子序数为 1～18 号的元素的主要化合价

思考题

总结图 2-3 的规律，填写下表。

原子序数	化合价的变化
1～2	+1 ⟶ 0
3～10	+1 ⟶ +5 −4 ⟶ −1 → 0
11～18	

结论：随着原子序数的递增，元素化合价呈现________的变化。

18 号以后的元素的化合价，同样会出现与前面元素相似的变化。也就是说，元素的化合价随着原子序数的递增而呈现周期性的变化。

综上所述，可以归纳出这样一条规律：元素的性质随着元素原子序数（核电荷数）的递增而呈周期性的变化。这个规律称为元素周期律。

这一规律是俄国化学家门捷列夫（1834—1907）在批判继承前人工作的基础上，对大量实验事实进行订正、分析和概括，于 1869 年总结出的一条规律。元素性质的周期性变化是元素原子核外电子排布的周期性变化的必然结果。元素周期律的发现，证明了元素之间由量变到质变的客观规律，揭示了自然界各种物质的内在联系。元素周期律反映出各种元素之间是相互联系的和具有内在规律的，它把庞杂的元素知识综合起来，并提高到一个新的理论高度，从而有力地推动了化学科学的迅速发展。

思考题

X 和 Y 是原子序数小于 18 的元素，X 原子比 Y 原子多 1 个电子层；X 原子的最外电子层中只有 1 个电子；Y 原子的最外电子层中有 7 个电子。这两种元素形成的化合物的化学式是________。

第二节　元素周期表

根据元素周期律，把目前已经发现的一百多种元素中电子层数目相同的各种元素，按原子序数递增的顺序从左到右排成横行，再把不同横行中最外层的电子数相同的元素按电子层数递增的顺序由上而下排成纵行，这样得到的一个表，称为元素周期表。元素周期表就是元素周期律的具体表现形式，不仅反映了元素之间相互联系的规律性，同时，为我们进一步研究和学习元素分类打下基础，是我们学习化学的重要工具。

元素周期表的形式有好几种，其中最常用的是长式周期表（见本书最后所附的元素周期表）。在元素周期表里，每种元素一般都占一格，在每一格里，均标有元素符号、元素名称、原子序数和原子量等。下面介绍长式元素周期表的有关知识。

一、元素周期表的结构

1. 周期

我们将具有相同的电子层数，并按照原子序数递增的顺序排列的一系列元素，叫做一个周期。元素周期表中共有 7 个横行，每个横行是 1 个周期，所以共有 7 个周期。依次用 1、2、3、4、5、6、7 表示，叫做周期序数。

周期序数＝该周期元素原子具有的电子层数

各周期元素的数目并不相同，第 1～3 周期叫短周期，第 4～7 周期叫长周期。除第 1 周期只包括氢和氦外，每一周期的元素都是从最外层电子数为 1 的碱金属开始，逐渐过渡到最外层电子数为 7 的卤素，最后以最外层电子数为 8 的稀有气体元素结束。

第 6 周期中从 57 号元素镧 La 到 71 号元素镥 Lu，这 15 种元素的性质非常相似，称为镧系元素。第七周期中从 89 号元素锕 Ac 到 103 号元素铹 Lr，这 15 种元素的性质也非常相似，称为锕系元素。为了使周期表的结果紧凑，将全体镧系元素和锕系元素分别按周期各放在同一个格内，并按原子序数递增的顺序，把它们分两行另列在表的下方。在锕系元素中 92 号元素铀 U 以后的各种元素，多数是人工进行核反应制得的元素，这些元素又称为超铀元素。

思考题

参照元素周期表，填写下表。

类别	周期序数	起止元素	包括元素种数	核外电子层数
短周期	1 2 3	H～He	2	1
长周期	4 5 6 7			

2. 族

元素周期表里有 18 个纵行，除第 8，9，10 三个纵行合并成为一个族外，其余 15 个纵行，每个纵行称为 1 族。

（1）A 族　由短周期和长周期共同构成的族称为 A 族（我国将 A 族也称为主族），分别用ⅠA、ⅡA、…表示，共有 8 个 A 族。每个主族各有一个名称：第 1 主族，称为“碱金属族”；第 2 主族，称为“碱土金属族”；第 3 主族，称为“硼族”；第 4 主族，称为“碳族”；第 5 主族，称为“氮族”；第 6 主族，称为“氧族”；第 7 主族，称为“卤素族”。主族元素的族序号就是该族元素原子的最外层电子数（除第ⅧA 族外），也是该族元素的最高化合价。第ⅧA 族是稀有气体元素，化学性质非常不活泼，在通常情况下不发生化学变化，其化合价为零。

（2）B 族　完全由长周期元素构成的族叫 B 族（我国将 B 族也称为副族），分别用ⅠB、ⅡB、…表示，共有 8 个 B 族。副族元素又叫过渡元素。

二、周期表中主族元素性质的递变规律

元素周期表是根据元素周期律和原子结构而排成的。因此，从元素周期表，我们可以系统地来认识元素性质变化的规律性。元素在周期表中的位置，也反映了该元素的原子结构和一定的性质，因而，可以根据某元素在元素周期表中的位置，推测它的原子结构和某些性质；同样，也可以根据元素的原子结构，推测它在周期表中的位置。

1. 主族元素的金属性和非金属性的递变

元素的金属性是指元素的原子失去电子的能力；元素的非金属性只指元素的原子得到电子的能力。

元素得失电子的能力，取决于核电荷数、原子半径和外层电子结构。一般情况下，核电荷数越少、原子半径越大、电子层数越多或最外层电子数越少，原子就越容易失去电子，元素的金属性越强；反之，越容易得到电子，元素的非金属性越强。

元素的金属性和非金属性的强弱，还可以由以下化学性质来判断。

（1）元素的金属性强，则：

① 元素的单质与水或酸反应，置换出氢比较容易。

② 元素的最高价态氧化物对应水化物（氢氧化物）的碱性强。

（2）元素的非金属性强，则：

① 元素的单质与氢气反应，生成气态氢化物比较容易。

② 元素的最高价态氧化物对应水化物（含氧酸）的酸性强。

我们可以通过分析第三周期元素的性质变化，来推测同周期元素金属性和非金属性的递变规律。

【演示实验 2-1】

分别取一小块金属钠和用砂纸擦去氧化膜的小段金属镁条，把钠单质投入到盛有冷水的烧杯中，把镁条放入到装有冷水的试管中。反应后分别在试管中滴加酚酞溶液，观察实验现象。

实验表明，钠与冷水剧烈反应放出气体，生成强碱溶液；镁与冷水作用不明显，但如果和沸水反应产生气体，溶液也呈碱性。反应式如下：

$$2Na + 2H_2O \longrightarrow 2NaOH + H_2 \uparrow$$

$$Mg + 2H_2O \longrightarrow Mg(OH)_2 + H_2 \uparrow$$

金属钠和金属镁的金属性比较

结论：Mg 的金属性比 Na 弱。

【演示实验 2-2】

取一小片金属铝和一小段金属镁，用砂纸擦去它们的氧化膜，分别放入两支装有 2mol/L 的盐酸的试管中，观察实验现象。

实验表明，镁和铝都能与盐酸反应，但也可以发现，铝与盐酸的反应不如镁与盐酸反应剧烈。反应式如下：

$$Mg + 2HCl \longrightarrow MgCl_2 + H_2 \uparrow$$

$$2Al + 6HCl \longrightarrow 2AlCl_3 + 3H_2 \uparrow$$

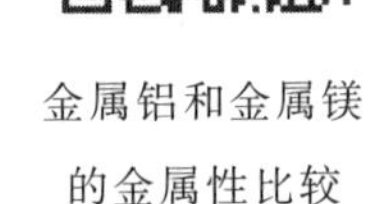

金属铝和金属镁的金属性比较

结论：Al 的金属性比 Mg 弱。

我们继续分析这一周期的其他元素性质。

第 14 号元素硅，只有在高温的条件下，才能与氢气反应生成气态氢化物 SiH_4，它的氧化物（SiO_2）对应的水化物硅酸（H_2SiO_3），是很弱的酸，所以硅是不活泼的非金属。

第 15 号元素磷是非金属。磷的蒸气能与氢气反应生成气态氢化物 PH_3，但相当困难。磷的最高价氧化物（P_2O_5）对应的水化物磷酸（H_3PO_4），是中强酸，所以磷的非金属性强于硅。

第 16 号元素硫是活泼非金属。硫在加热的条件下，能与氢气反应生成气态氢化物 H_2S。硫的最高价氧化物（SO_3）对应水化物硫酸（H_2SO_4），是强酸，所以硫的非金属性强于磷。

第 17 号元素氯是非常活泼的非金属。氯气与氢气在光照下就能强烈反应，生成气态氢化物氯化氢（HCl）。氯的最高价氧化物高氯酸（$HClO_4$），是目前已知的无机酸中酸性最强的酸。所以氯的非金属性强与硫。

第 18 号元素氩是稀有气体，通常不参与反应。

通过演示实验和分析，可以得出规律：同一周期从左至右，主族元素的金属性递减，非金属性递增。

我们可以通过第ⅦA 族元素的性质实验，来推测同主族元素金属性和非金属性的递变规律。

【演示实验 2-3】

取三支试管分别加入溴化钾、碘化钾、碘化钾溶液 3mL，再分别加入 1mL 四氯化碳，然后在第一、二支试管里滴加适量饱和氯水，在第三支试管中加入几滴溴水，振荡观察四氯化碳层（由于 CCl_4 的密度比水大，又不溶于水，故在溶液的下层）颜色变化。

通过上述实验，可以看出，原来无色的 KBr、KI 溶液加入氯水、溴水以后，溶液与 CCl_4 层颜色都发生了变化。发生了如下的化学反应：

$$2KBr + Cl_2 \longrightarrow Br_2 + 2KCl$$

$$2KI + Cl_2 \longrightarrow 2KCl + I_2$$

$$2KI + Br_2 \longrightarrow 2KBr + I_2$$

通过化合价分析，氯元素的原子得电子能力比溴、碘强，而溴元素的原子得电子能力又比碘强。

结论：第ⅦA 族元素从上到下金属性递增，非金属性递减。

通过研究其他主族元素性质递变规律，也会得出类似结论。

综上所述，可将同周期和同主族元素的金属性和非金属性的变化规律概括于表 2-1 中。

表 2-1　主族元素金属性和非金属性的递变

主族名称	碱金属族	碱土金属族	硼族	碳族	氮族	氧族	卤族
族 周期	ⅠA	ⅡA	ⅢA	ⅣA	ⅤA	ⅥA	ⅦA
1							
2							
3							
4							
5							
6							
7							

2. 主族元素化合价的递变

元素的化合价与原子的电子层结构有密切关系，特别是与最外电子层上的电子数目有关。通常我们把能够决定化合价的电子即参加化学反应的电子称为价电子。主族元素原子的最外层电子都是价电子。在周期表中，主族元素的最高正价等于它所在的族序数（氧、氟除外），也等于它们的最外层电子数。非金属元素的最高正化合价和它的负化合价绝对值之和等于 8。主族元素的最高正化合价和负化合价见表 2-2。

表 2-2　主族元素的最高正化合价和负化合价

主　族	ⅠA	ⅡA	ⅢA	ⅣA	ⅤA	ⅥA	ⅦA
最外层电子数	1	2	3	4	5	6	7
最高正化合价	+1	+2	+3	+4	+5	+6	+7
负化合价				−4	−3	−2	−1

副族和第Ⅷ族元素化合价比较复杂，这里不做讨论。

*3. 元素电负性的递变

原子在分子中吸引成键电子的能力，称为元素电负性。元素的电负性越大，该元素原子在分子中吸引成键电子的能力越强，反之则越弱。

常用鲍林的电负性值，它指定最活泼非金属元素氟的电负性为 4.0，然后，借助热化学数据计算求得其他元素电负性，见表 2-3。

表 2-3　元素电负性

H 2.1																
Li 1.0	Be 1.5											B 2.0	C 2.5	N 3.0	O 3.5	F 4.0
Na 0.9	Mg 1.2											Al 1.5	Si 1.8	P 2.1	S 2.5	Cl 3.0
K 0.8	Ca 1.0	Sc 1.3	Ti 1.5	V 1.6	Cr 1.6	Mn 1.5	Fe 1.8	Co 1.8	Ni 1.9	Cu 1.9	Zn 1.6	Ga 1.6	Ge 1.8	As 2.0	Se 2.4	Br 2.8
Rb 0.8	Sr 1.0	Y 1.2	Zr 1.4	Nb 1.6	Mo 1.8	Tc 1.9	Ru 2.2	Rh 2.2	Pd 2.2	Ag 1.9	Cd 1.7	In 1.7	Sn 1.8	Sb 1.9	Te 2.1	I 2.5
Cs 0.7	Ba 0.9	La～Lu 1.1～1.2	Hf 1.3	Ta 1.5	W 1.7	Re 1.9	Os 2.2	Ir 2.2	Pt 2.2	Au 2.4	Hg 1.9	Tl 1.8	Pb 1.8	Bi 1.9	Po 2.0	At 2.2
Fr 0.7	Ra 0.9	Ac～No 1.1～1.														

从表 2-3 可以看出，元素的电负性具有明显的周期性。电负性的周期性变化和元素的金属性、非金属性的周期性变化是一致的。同一周期内从左到右，主族元素的电负性逐渐增大，同一主族内从上至下电负性减小。在副族中，电负性变化不规则。在所有元素中，氟的电负性（4.0）最大，非金属性最强，钫的电负性（0.7）最小，金属性最强。一般金属元素的电负性小于 2.0，非金属元素的电负性大于 2.0，但两者之间没有严格的界限，电负性 2.0 不是划分金属和非金属的绝对标准。

*三、元素周期表的应用

门捷列夫在总结出元素周期律后，并编制出了第一张元素周期表（当时只发现 63 种元素），它是元素周期表的最初形式。直到 20 世纪原子结构理论逐步发展之后，元素周期表才发展成为现在的形式。它是人们学习化学和研究化学的一种重要工具。

1. 可以判断元素的一般性质

元素周期表是元素周期律的具体表现形式，它能够反映元素性质的递变规律。根据元素在周期表中的位置，我们可以很容易地来推断某一个元素的性质。

例如：推断元素磷的性质。我们已知磷位于元素周期表中的第三周期，第ⅤA 族，可以推断出：磷的最外层电子数是 5 个，在化学反应中容易得到电子，所以是一个非金属元素。它的最高正化合价为+5 价，最高价氧化物的化学式是 P_2O_5，最高价氧化物对应水化物的化学式是 H_3PO_4，是中等强度的酸。它的负化合价为－3，气态氢化物的化学式是 PH_3，热稳定性一般。

2. 预言和发现新元素

过去，门捷列夫曾用元素周期表来预言未知元素，并被后人用实验所证实。此后，人们运用元素周期律和元素周期表中的位置及相邻元素的性质关系，预言和发现新元素及修正原子量，在科学的发展上起了不可估量的作用。

例如，元素周期表创立后相继发现了原子序数为 10、31、34、64 等天然元素和 61 及 95 以后的人造放射性元素❶，使当时已经发现的元素从 60 多种迅速增加。

3. 寻找和制造新材料

由于在周期表中位置靠近的元素性质相似，这样就启发人们在周期表中一定区域内去寻找和制造新材料。如：在农药中通常含有氟、氯、硫、磷、砷等元素，这些元素都位于周期表的右上角。对于这一区域元素化合物的研究，有助于寻找对人畜安全的高效农药。又如，人们在长期的生产实践中，发现过渡元素对许多化学反应有良好的催化性能，于是，人们努力在过渡元素中寻找各种优良的催化剂。目前人们已能用铁、铬、铂熔剂作催化剂，使石墨在高温和高压下转化为金刚石，并在石油化工方面，如石油的催化裂化、重整等反应，广泛采用过渡元素作催化剂。我们还可以在周期表里金属与非金属的分界处找到半导体材料，如硅、锗、硒、镓等。

元素周期表是概括元素化学知识的一个宝库，随着科学技术的不断进步和人类化学知识的增加，元素周期表的内容也将不断的完善和丰富。

思考题

元素周期表中什么元素的金属性最强？什么元素的非金属性最强？为什么？

知识窗

科学的种子，是为了人民的收获而生长的——门捷列夫

传说门捷列夫从小爱玩扑克牌，经常牌不离手，为此，他父母和老师都非常生气，认为这个孩子如此玩牌不会有什么大出息。门捷列夫承认自己喜欢玩扑克牌，他就琢磨能不能找出已经发现的元素的规律，按照表的形式记忆呢?

于是，他又拿起扑克牌，但是不像往常那样邀牌友，而是把自己单独关在屋子里，捏着一副扑克牌，排来排去，排好了再打乱，乱了再重新排列，不断调换着纸牌摆弄种元素的位置，就这样几天几夜得工作。一天，一位同事去看望门捷列夫，一进门，发现门捷列夫头发乱糟糟，眼睛里充满血丝，直直盯着手里的一摞扑克牌，一看就是没有休息好。

同事关心门捷列夫："您是不是生病了?"门捷列夫说："我没生病，这几天我在思考元素表的问题。"一边说，一边晃了晃手里的扑克牌，同事定睛一看他手里的一张张扑克牌，扑哧一下，说"教授，您是玩扑克牌走火入魔了吧!"门捷列夫有些郁闷，让同事再看看纸牌上的符号，同事凑过去一看，每张牌上都写着化学元素的符号、原子量及其性质等内容。"原来您把扑克牌也当成实验工具了呀!"同事有些惊讶地感叹!

门捷列夫把当时已发现的 63 种化学元素排入了他的扑克牌元素周期表中，但总有 3、4 个元素没法加入表中。同事走后，门捷列夫还在继续思索，连续的熬夜和过度用脑让他有些吃不消了。

❶ 某些物质能放射出看不见的射线，这些物质叫做放射性物质。它们放射出的射线有 α、β、γ 三种。α 射线是带正电的 α 粒子（氦原子核）流，β 射线是带负电的电子流，γ 射线不带电，是光子流。

有天晚上，他终于支持不住迷糊糊地进入梦乡了。他好像做了一个梦，在梦里他还在玩扑克牌找化学元素的规律，突然，他好像看到一个更完整、圆满的周期表。他兴奋地顾不得睡觉了，赶紧睁开眼，根据记忆把梦里的元素周期表在扑克牌画了出来，并重新摆好了。

当接连不上时，他判断该位置的元素应该是还未被发现，就在相应位置预留一张空牌，他一共预言了11种未发现元素，加上已经发现的63个元素，这样整副牌就达到了74张，这也是元素周期表的雏形，它像一幅地图，在这个表里所有化学元素都一目了然。

门捷列夫又把元素周期表再进行了整理，更加完善成熟后，他向外界宣告了他的研究成果。但是在当时，包括门捷列夫的老师在内的一些欧洲科学家都不认可他的发现并嘲笑他。但是门捷列夫相信自己是对的。后来，他预留位置的11种元素陆续被发现，科学事实证明他的研究是正确的。

本章小结

一、元素周期律

元素的性质随着元素原子序数（核电荷数）的递增而呈周期性的变化的规律称为元素周期律。

二、元素周期表

1. 元素周期表的结构

元素周期表
- 周期
  - 短周期：第1～3周期
  - 长周期：第4～7周期
- 族
  - 主族：ⅠA～ⅧA族
  - 副族：ⅠB～ⅧB族（第ⅧB族包括三个纵行）

2. 元素周期表和原子结构的关系

周期序数＝该周期元素原子具有的电子层数

主族序数＝该族元素原子的最外层电子数＝该族元素的最高正化合价

3. 元素周期表中元素性质的递变规律

同一周期中，从左至右，元素的金属性逐渐减弱，非金属性逐渐增强；同一主族中，从上到下，元素的金属性逐渐增强，非金属性逐渐减弱。

思考与练习

一、填空题

1. 随着原子序数的递增，元素原子最外层电子数重复出现从________个递增到________个、原子半径重复出现从________到________逐渐减小、元素的化合价重复出现正价从________逐渐递变到________、负价从________递变到________的情况。也就是说，随着原子序数的递增，元素原子最外层电子排布呈________的变化，从而引起元素的原子半径、元素的化合价也呈________的变化。

2. 在元素周期表中，共有________个周期，其中第________三个周期是短周期；第 4、5、6、7 四个周期叫________；除了第 1 周期外，每个周期都以________元素开始，以________结束。在元素周期表中，共有________个纵行，________个族，这些族分为________个主族，________个副族，第________族包括三个纵行。

3. 同一周期的主族元素，从左到右，金属性逐渐________，非金属性逐渐________；同一主族元素从上到下，金属性逐渐________，非金属性逐渐________；金属性最强的元素在周期表的________方，非金属性最强的元素在周期表的________方。

二、选择题

1. 随着原子序数的递增，对于 11～18 号元素的化合价，下列叙述不正确的是（　　）。

A. 正价从 +1 递变到 +7　　B. 负价从 −4 递变到 −1

C. 负价从 −7 递变到 −1　　D. 从中部的元素开始有负价

2. 下列物质的水溶液酸性最强的是（　　）。

A. H_2SO_4　　B. H_2SiO_4　　C. H_3PO_4　　D. $HClO_4$

3. 下列物质碱性最强的是（　　）。

A. $Mg(OH)_2$　　B. $Ca(OH)_2$　　C. $Sr(OH)_2$　　D. $Ba(OH)_2$

4. 下列氢化物中最稳定的是（　　）。

A. HI　　B. HBr　　C. HCl　　D. HF

5. 下列氢化物按热稳定性由强到弱的顺序排列正确的是（　　）。

A. HI>HBr>HCl>HF　　B. $H_2S>HCl>H_2O>PH_3$

C. HF>HCl>HBr>HI　　D. $H_2O>H_2S>HCl>HBr$

6. 某元素最高价氧化物对应水化物的化学式是 H_2XO_3，这种元素的气态氢化物的化学式为（　　）。

A. HX　　B. H_2X　　C. XH_3　　D. XH_4

7. 在下列元素中，最高正化合价数值最大的是（　　）。

A. Na　　B. P　　C. Cl　　D. Ar

三、简答题

1. 目前人们已经知道了 118 种元素，能不能说人们已经知道了 118 种原子？为什么？

2. 某元素 R 的最高价氧化物的化学式是 R_2O_5，且 R 的气态氢化物中氢的质量分数为 8.82%，求 R 的原子量是多少？指出该元素在元素周期表中的位置。

3. A、B、C、D 都是短周期元素。A 元素的原子核外有两个电子层，最外层已达到饱和。B 元素位于 A 元素的下一周期，最外层的电子数是 A 元素最外层电子数的 1/2。C 元素的离子带有两个单位正电荷，它的核外电子排布与 A 元素原子相同。D 元素与 C 元素属同一周期，D 元素原子的最外层电子数比 A 的最外层电子数少 1。试推断 A、B、C、D 分别是什么元素，并指出它们在元素周期表中的位置。

第二章思考与练习参考答案

在线互测

第三章

化学基本量和化学计算

学习目标

第三章 PPT

掌握物质的量、摩尔质量、气体标准摩尔体积的基本概念及其计算；理解有关溶液浓度的表示方法及计算；掌握根据化学方程式计算的方法；了解热化学方程式。

物质是由分子、原子或离子等微观粒子构成的。物质之间发生化学反应时，是在一定数目比的分子、原子或离子之间进行的。这些肉眼看不到的微观粒子不仅无法单个称量，且难以计数。但在实际的生产和科学实验中，取用的物质不论是单质还是化合物，都是看得见、可以称量的。为了在微观粒子和宏观物质之间架起一座桥梁把它们联系起来，使我们便于计算和实际操作，1971 年，第十四届国际计量大会上决定，在国际单位制❶中增加第七个物理量——物质的量。

第一节　物质的量

一、物质的量及其单位——摩尔

物质的量与长度、温度、质量和时间等一样，是一种物理量的名称，表示的是物质基本单元数目量的多少，符号为 n。

正如长度、温度、质量和时间等物理量都有单位一样，物质的量也有单位，它的单位名称是摩尔，符号为 mol。

1mol 物质中究竟含有多少个基本单元数呢？国际单位制中规定：1mol 任何物质所含有的基本单元数与 0.012kg 碳-12❷ 所含的原子数目相等。基本单元可以是原子、分子、离子、电子及其他微粒或者是这些微粒的特定组合体。

根据实验测定：0.012kg 碳-12 中约含有 6.02×10^{23} 个碳原子，这个数值也叫阿伏伽德罗常数（符号 N_A）。

由此可知，如果某物质所含的基本单元数与阿伏伽德罗常数相等，这种物质的量就是

❶ 国际单位制，即 SI。目前国际上规定了七个基本量及其单位，见附录一。

❷ 碳-12，即 $^{12}_{6}C$，原子核内有 6 个质子和 6 个中子，用该原子的质量作为原子量的标准。

1mol。即：1mol任何物质中均含有6.02×10^{23}个基本单元数。

例如：1mol氢原子含有6.02×10^{23}个氢原子；

1mol氢分子含有6.02×10^{23}个氢分子；

2mol氢离子含有$2\times6.02\times10^{23}$个氢离子；

5mol氢氧根离子含有$5\times6.02\times10^{23}$个氢氧根离子；

0.5mol氧原子含有$0.5\times6.02\times10^{23}$个氧原子。

由此推出，物质的量（n）、物质的基本单元数（N）和阿伏伽德罗常数（N_A）之间的关系如下：

$$物质的量=\frac{物质的基本单元数目}{阿伏伽德罗常数}$$

即：

$$n=\frac{N}{N_A} \tag{3-1}$$

应当注意的是：(1) 使用摩尔这个单位时，必须指明基本单元的名称。例如：1mol氢原子不能笼统地说1mol氢。(2) 摩尔是物质的量的单位，不是质量的单位，物质的量相同但是物质的质量是不一定相同的。例如：1mol氧原子和1mol氢原子所含有的原子数都是相同的，可是一个氧原子和一个氢原子的质量是不同的，所以1mol氧原子和1mol氢原子所具有的质量也是不同的。(3) 单位名称不要与物理量名称相混淆，即不能将物质的量称为“摩尔数”。例如：氧原子的物质的量是2mol，不能说氧原子的摩尔数是2mol。

二、摩尔质量

1mol不同物质中所包含的基本单元数目虽然相同，但由于不同粒子的质量可能不同，因此，1mol不同物质的质量可能也不同。我们将单位物质的量的物质所具有的质量叫做该物质的摩尔质量，用符号M表示，常用单位为g/mol。

$$M=\frac{m}{n} \tag{3-2}$$

当基本单元确定以后，其摩尔质量就很容易求得，由摩尔的定义可知，1mol ^{12}C原子的质量是0.012kg(12g)，即碳原子的摩尔质量：

$$M=12g/mol$$

我们知道，1个碳原子和1个氢原子的质量之比约为12∶1，1mol碳原子和1mol氢原子含有的原子数目相同，都是6.02×10^{23}个，因此，1mol碳原子和1mol氢原子的质量之比也约为12∶1，而1mol ^{12}C的质量是12g，所以，1mol氢原子的质量就是1g。可以推知，任何元素原子的摩尔质量在以g/mol为单位时，数值上等于其原子量。

同理，还可以推出分子、离子或其他基本单元的摩尔质量。即：任何物质的摩尔质量在以g/mol为单位时，数值上等于其相对基本单元质量。例如：

氧分子的摩尔质量$M_{O_2}=32g/mol$；

硫酸分子的摩尔质量$M_{H_2SO_4}=98g/mol$；

碳酸根离子的摩尔质量 $M_{CO_3^{2-}}=60g/mol$。

电子的质量极其微小，失去或得到的电子质量可以忽略不计。

应当注意的是：物质的量与物质质量虽然只一字之差，意义却有着本质的区别。

三、气体标准摩尔体积

我们已经知道，1mol 任何物质都含有相同数目的基本单元，但质量却不相同。那么，1mol 任何物质的体积是否相同呢？如图 3-1 所示。

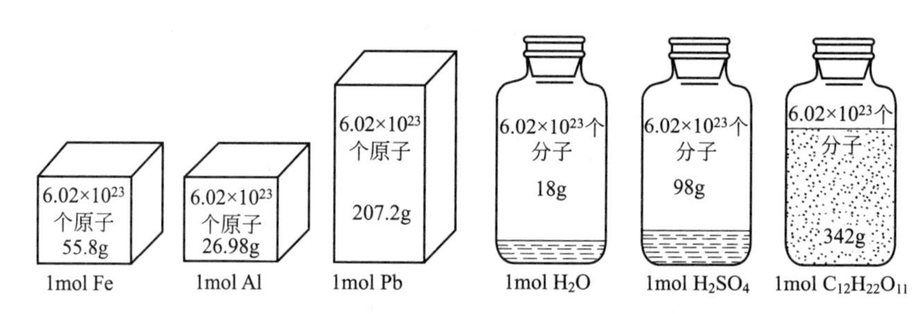

图 3-1　1mol 几种物质的体积示意图

1mol 固态物质或液态物质体积是不相同的，为什么呢？因为，物质体积的大小取决于构成这种物质的粒子数目、粒子的大小和粒子之间的距离这三个因素。1mol 不同的固态或液态物质中，虽然含有相同的粒子数，但粒子的大小是不相同的，同时，在固态物质和液态物质中，粒子之间的距离非常小，它们的体积主要是由粒子的大小决定，不同物质粒子的大小是不相同的，所以 1mol 固态物质或液态物质体积是不相同的。

对于气态物质来说，情况就不同了。通常情况下，相同质量的气态物质的体积要比它在固态或液态时大 1000 倍左右，这是因为物质在气态时，分子之间有着较大的距离。一般情况下，气体的分子直径约为 4×10^{-10}m，分子之间的平均距离是 4×10^{-9}m，即平均距离是分子直径的 10 倍左右。由此可以推论，气体的体积主要决定于分子之间的平均距离。事实证明，在相同温度、相同压力下，不同种类的气体分子之间的平均距离，几乎是相等的。

为了便于研究，规定温度为 0℃❶和压力为 1.01325×10^5Pa(1atm)❷ 时的状况叫做标准状况。

通常把标准状况下，单位物质的量的气体所占有的体积叫做气体标准摩尔体积，符号为 V_m 表示，常用单位是 L/mol。

大量实验证明：在标准状况下，任何气体的标准摩尔体积都约为 22.4L/mol。即 $V_m=22.4L/mol$。

在标准状况下，气体标准摩尔体积、气体的物质的量和气体体积三者之间的关系是：

$$n=\frac{V}{V_m} \tag{3-3}$$

❶ SI 制中温度用绝对温标（T）表示，其单位为开尔文（K）。它与摄氏温度（t）的关系是：$T=273.15+t$。

❷ SI 制中压力（p）的单位是帕斯卡，简称帕（Pa）。它与大气压（atm）的关系是：$1atm=1.01325\times10^5Pa=101.325kPa$。

因为不同气体在一定的温度和压力下，分子之间的距离可以看做是相等的，所以，在一定的温度和压力下气体体积的大小只随分子数目的多少而发生变化。由于 1mol 任何气体的体积在标准状况下都约为 22.4L/mol，因此，在标准状况下，22.4L 任何气体中都含有约 6.02×10^{23} 个分子。即在相同的温度和压力下，相同体积的任何气体都含有相同数目的分子，这就是阿伏伽德罗定律。

阿伏伽德罗定律只适合于气态物质。

四、有关物质的量的计算

【例 3-1】 计算 49g 硫酸的物质的量是多少？并计算含有多少个硫酸分子？

解　硫酸的分子量是 98，故其 $M_{H_2SO_4}=98g/mol$，根据式(3-2)，49g 硫酸的物质的量为：

$$n_{H_2SO_4}=\frac{m_{H_2SO_4}}{M_{H_2SO_4}}=\frac{49g}{98g/mol}=0.5mol$$

根据式(3-1)，其分子个数为：

$$N_{H_2SO_4}=n_{H_2SO_4}\cdot N_A=0.5mol\times6.02\times10^{23}\text{个}/mol=3.01\times10^{23}\text{个}$$

答：49g 硫酸的物质的量是 0.5mol；含有 3.01×10^{23} 个硫酸分子。

【例 3-2】 2.8g 某物质（化学式是 X_2），其物质的量是 0.1mol，求 X 的原子量是多少？

解　根据式(3-2)，该物质的摩尔质量为：

$$M_{X_2}=\frac{m_{X_2}}{n_{X_2}}=\frac{2.8g}{0.1mol}=28g/mol$$

故 X_2 的分子量是 28，则 X 的原子量为 28/2＝14

答：X 的原子量是 14。

【例 3-3】 88g 二氧化碳的物质的量是多少？在标准状况下所占的体积是多少？

解　二氧化碳的摩尔质量是 $M_{CO_2}=44g/mol$，根据式(3-2)，二氧化碳的量为：

$$n_{CO_2}=\frac{m_{CO_2}}{M_{CO_2}}=\frac{88g}{44g/mol}=2mol$$

根据式(3-3)，标准状况下二氧化碳的体积为：

$$V_{CO_2}=n_{CO_2}V_m=2mol\times22.4L/mol=44.8L$$

答：88g 二氧化碳的物质的量是 2mol；在标准状况下所占的体积是 44.8L。

【例 3-4】 已知在标准状况下，3.36L 某气体的质量为 10.65g，求其分子量是多少？

解　根据式(3-3)，标准状况下该气体的量为：

$$n=\frac{V}{V_m}=\frac{3.36L}{22.4L/mol}=0.15mol$$

根据式(3-2)，该气体的摩尔质量为：

$$M=\frac{m}{n}=\frac{10.65g}{0.15mol}=71g/mol$$

则该气体的分子量是71。

答：该气体的分子量是71。

思考题

成人每天从食物中摄取的几种元素的质量大约为：0.8g钙、0.3g镁、0.2g铜和0.01g铁，试求这四种元素的物质的量之比。

第二节　溶液的浓度

将一种物质以分子或离子的状态均匀地分布在另一种物质中得到的体系，称为溶液。在生产和科学实验中，经常要使用溶液，为了表明溶液中溶质和溶剂之间的量的关系，需要使用溶液组成的物理量。

一、溶液浓度的表示方法

以前常用溶质的质量分数（w）来表示溶液浓度，它是以溶质的质量和溶液的质量之比来表示溶液中溶质与溶液的质量关系的。

但是，在许多场合取用溶液时，一般不是去称量它的质量，而是要量取它的体积。同时，物质在发生化学反应时，反应物的物质的量之间存在着一定的关系，而且化学反应中各物质之间的物质的量的关系要比它们之间的质量关系简单得多。所以，知道一定体积的溶液中含有溶质的物质的量，对于生产和科学实验都是非常重要的，同时对于有溶液参加的化学反应中各物质之间的量的计算也是非常便利的。因此，有必要引入另外一种表示溶液浓度的方法，即物质的量浓度。

二、物质的量浓度

1. 物质的量浓度定义

单位体积溶液中所含有溶质的物质的量称为溶质的物质的量浓度，也称为摩尔浓度。用c表示，单位是mol/L。

$$\text{物质的量浓度}=\frac{\text{溶质的物质的量}}{\text{溶液的体积}}$$

即：

$$c=\frac{n}{V} \tag{3-4}$$

当溶质的物质的量不变时，则溶液的物质的量浓度和溶液的体积成反比；在等体积和等物质的量浓度的溶液中所含溶质的分子数是相等的。

应当注意的是：表示某物质B的物质的量浓度时，也要指明其基本单元B。常见表示方法有两种。例如，1L溶液中含有0.01mol H_2SO_4时，H_2SO_4的浓度可表示为：

$$c_{H_2SO_4}=0.01\text{mol/L}\ \text{或者}\ 0.01\text{mol/L}\ H_2SO_4\ \text{溶液}$$

2. 一定物质的量浓度溶液的配制

用固体药品配制一定物质的量浓度的溶液，要用到一种容积精确的仪器——容量瓶。容量瓶有各种不同规格，常用的有 100mL、250mL、500mL 和 1000mL 等几种（如图 3-2 所示）。

容量瓶是用来配制一定体积物质的量浓度的仪器，使用时应根据所配溶液的体积选定相应容积的容量瓶，并要检验是否漏液。检查的方法是向瓶内加入水至刻度线附近，塞好瓶塞，用滤纸擦干瓶塞外的水，用食指摁住瓶塞，另一只手托住瓶底，把瓶倒立过来一分钟，观察瓶塞周围是否有水渗出（用滤纸检查）（如图 3-3 所示）。如果不漏水，将瓶正立，并将瓶塞旋转 180°后塞紧，仍把瓶倒立过来，再检查是否渗水，经检查不漏水的容量瓶才能使用。

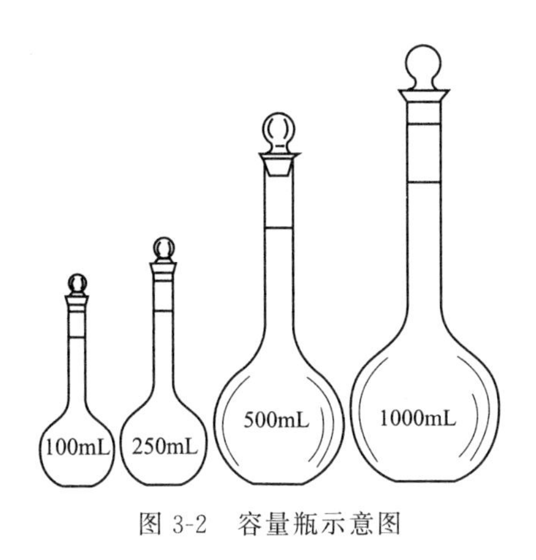

图 3-2　容量瓶示意图

容量瓶的清洗与试漏

图 3-3　容量瓶试漏方法

【演示实验 3-1】

容量瓶的使用

配制 500mL 1mol/L NaCl 溶液。

步骤如下：

（1）计算　计算配制 500mL 1mol/L NaCl 溶液需称取 NaCl 的质量。

$$m_{NaCl} = cVM = 1mol/L \times 0.5L \times 58.5g/mol = 29.25g$$

（2）称量　用天平称取 NaCl 固体 29.25g，放入烧杯中。

（3）溶解　向盛有 NaCl 固体的烧杯中，加入适量蒸馏水，并用玻璃棒搅拌，使 NaCl 完全溶解。

（4）转移　将烧杯中的溶液沿玻璃棒小心地注入到 500mL 的容量瓶中。应注意不能将溶液洒在容量瓶外。

（5）洗涤　用适量的蒸馏水洗涤烧杯内壁和玻璃棒 2～3 次，将每次洗涤后的溶液都注入容量瓶中。

（6）定容　注入蒸馏水至容量瓶容量约 2/3 时，拿起容量瓶按水平方向旋转几圈（此时不要加瓶塞），使其中的溶液初步混合均匀。缓缓地向容量瓶中注入蒸馏水，直到液面接近刻度 1～2cm 处时，放置 1～2min，改用胶头滴管滴加蒸馏水至溶液的凹液面最低点正好与刻度线相切。

（7）摇匀　把容量瓶用瓶塞盖好，反复上下颠倒，摇匀。

（8）装瓶　把配好的溶液装入提前准备好的试剂瓶中，贴好标签。

3. 溶液的稀释

在溶液中加入溶剂，使溶液的浓度减小的过程叫做溶液的稀释。溶液经过稀释，只增加溶剂的量而没有改变溶质的量，即稀释前后溶液中所含溶质的物质的量（或质量）不变。

$$n_1=n_2$$

或

$$c_1V_1=c_2V_2 \quad (3\text{-}5)$$

式中 n_1，n_2——稀释前后溶质的物质的量，mol；

c_1，c_2——稀释前后溶质的物质的量浓度，mol/L；

V_1，V_2——稀释前后溶液的体积，L。

三、有关物质的量浓度的计算

1. 已知溶质的质量和溶液的体积，求其物质的量浓度。

【例 3-5】 把 4g 氢氧化钠溶于水中，配成 0.5L 的溶液。该溶液的物质的量浓度是多少？

解 根据式(3-2)，氢氧化钠的物质的量为：

$$n_{NaOH}=\frac{m_{NaOH}}{M_{NaOH}}=\frac{4g}{40g/mol}=0.1mol$$

根据式(3-4)，溶液的物质的量浓度为：

$$c=\frac{n_{NaOH}}{V}=\frac{0.1mol}{0.5L}=0.2mol/L$$

答：该溶液的物质的量浓度是 0.2mol/L。

2. 已知溶液的物质的量浓度，求一定体积溶液中溶质的质量。

【例 3-6】 配制 250mL 0.1mol/L 的氢氧化钠溶液，需氢氧化钠多少克？

解 根据式(3-4)，溶液中氢氧化钠的量为：

$$n_{NaOH}=cV=0.1mol/L\times0.25L=0.025mol$$

根据式(3-2)，需氢氧化钠的质量为：

$$m_{NaOH}=n_{NaOH}M_{NaOH}=0.025mol\times40g/mol=1g$$

答：配制 250mL 0.1mol/L 的氢氧化钠溶液需氢氧化钠 1g。

3. 物质的量浓度与质量分数的换算。

市售的液体试剂一般只标明密度和质量分数，但是，实际工作中往往是量取溶液的体积。因此，就需要质量分数和物质的量浓度的换算。

一定量的同一溶液无论怎样表示其溶液的组成，它所含溶质的质量（或溶质的物质的量）相等。

【例 3-7】 现有质量分数为 37%、密度为 1.19g/mL 的盐酸。试求盐酸的物质的量浓度。

解 设该溶液的物质的量浓度为 c。

用质量分数或物质的量浓度两种方法表示该溶液的组成时，同体积盐酸中所含 HCl 的质量相等。设体积为 V。

那么

$$1000 \times V \times 1.19\text{g/mL} \times 37\% = c \times V \times 36.5\text{g/mol}$$

则

$$c = \frac{1000 \times V \times 1.19\text{g/mL} \times 37\%}{V \times 36.5\text{g/mol}} = 12.06\text{mol/L}$$

答：该盐酸的物质的量浓度为12.06mol/L。

将上述计算过程中的各物理量用符号表示，则可以得出以密度为桥梁的联系质量分数和物质的量浓度的换算式：

$$c = \frac{1000\rho w}{M} \tag{3-6}$$

式中　ρ——溶液的密度，g/mL；

w——溶质的质量分数，1；

M——溶质的摩尔质量，g/mol；

c——溶质的物质的量浓度，mol/L；

1000——进率，1L＝1000mL。

4. 有关溶液稀释的计算

【例 3-8】 配制3L 3mol/L H_2SO_4 溶液，需要18mol/L H_2SO_4 溶液多少毫升？

解　由式(3-5)得：

$$V_1 = \frac{c_2 V_2}{c_1} = \frac{3\text{mol/L} \times 3\text{L}}{18\text{mol/L}} = 0.5\text{L} = 500\text{mL}$$

答：需要18mol/L H_2SO_4 溶液500mL。

思考题

正常人体中，血糖中葡萄糖（简称血糖）的质量分数约为0.1%，已知葡萄糖的分子量为180，设血液的密度为1g/mL，则血糖的物质的量浓度是多少？

第三节　化学方程式及其有关计算

一、化学方程式

用化学式来表示化学反应的式子称为化学方程式。它是国际通用的化学术语。化学方程式可以反映化学反应中“质”和“量”两方面的含义。不仅表示反应前后物质的种类，同时也表示了反应时各物质之间量的关系。书写化学方程式要遵守两个原则：一是要依据客观事实，不能主观臆造；二是要遵守质量守恒，即方程式等号两边的原子种类和个数必须相等，方程式必须配平。

$$2KClO_3 \xrightarrow{MnO_2} 2KCl + 3O_2\uparrow$$

$$CaCl_2 + Na_2CO_3 \longrightarrow CaCO_3\downarrow + 2NaCl$$

二、根据化学方程式的计算

化学方程式既表达化学反应中各物质质量的变化，又体现它们相互反应量的关系。根据这种定量关系，可以进行一系列化学计算。

物质之间的化学反应是原子、分子或离子等粒子按一定的数目关系进行的。化学方程式可以明确地表示出化学反应中这些粒子数之间的数目关系。这些粒子之间的数目关系，也就是化学计量数的关系。化学方程式中，各物质的化学计量数之比既表示它们基本单元数之比，也表示物质的量之比。又根据物质的量的意义，还可以得到各物质间其他多种数量关系。例如：

	$2H_2$	+	O_2	$\xrightarrow{点燃}$	$2H_2O$
化学计量数之比	2	:	1	:	2
粒子数目之比	$2\times6.02\times10^{23}$	:	$1\times6.02\times10^{23}$	:	$2\times6.02\times10^{23}$
物质的量之比	2mol	:	1mol	:	2mol
物质的质量之比	2×2g	:	1×32g	:	2×18g
标准状况下气体的体积之比	2×22.4L	:	22.4L		

所以，在生产和科学实验中，常常利用化学方程式来解决实际的计算问题。

【例 3-9】 112g 铁与足量的稀 H_2SO_4 反应，能产生 $FeSO_4$ 的物质的量是多少？

解 方法一 设能生成 $FeSO_4$ 的质量为 x

$$\begin{array}{ll} Fe + H_2SO_4 \longrightarrow & FeSO_4 + H_2\uparrow \\ 56g & 152g \\ 112g & x \end{array}$$

$$\frac{56g}{112g}=\frac{152g}{x}$$

$$x=304g$$

$$n_{FeSO_4}=\frac{m_{FeSO_4}}{M_{FeSO_4}}=\frac{304g}{152g/mol}=2mol$$

方法二 设能生成 $FeSO_4$ 的物质的量为 x

$$\begin{array}{ll} Fe + H_2SO_4 \longrightarrow & FeSO_4 + H_2\uparrow \\ 56g & 1mol \\ 112g & x \end{array}$$

$$\frac{56g}{112g}=\frac{1mol}{x}$$

$$x=2mol$$

答：能生成 2mol $FeSO_4$。

根据化学方程式进行计算时，各物质的单位不一定都要统一换算成克或摩尔，可根据已知条件具体分析。但同种物质的单位必须一致。

【例 3-10】 完全中和 0.5L 1mol/L H_2SO_4 溶液，需要 0.5mol/L NaOH 溶液多少升？

解　设需要 0.5mol/L NaOH 溶液体积为 x

$$\underset{x\times 0.5\text{mol/L}}{\underset{2\text{mol}}{2NaOH}} + \underset{0.5\text{L}\times 1\text{mol/L}}{\underset{1\text{mol}}{H_2SO_4}} \longrightarrow Na_2SO_4 + H_2O$$

$$2\text{mol} : x\times 0.5\text{mol/L} = 1\text{mol} : 0.5\text{L}\times 1\text{mol/L}$$

$$x = 2\text{L}$$

答：需要 0.5mol/L NaOH 溶液 2L。

根据化学方程式计算所得的结果只是理论量，在实际生产和实验中，由于反应进行的完全程度和物料的损失等方面的原因，产品的实际产量总是低于理论产量；原料的实际消耗量总是高于理论用量。它们的关系可用原料利用率和产品的产率来表示：

$$\text{产品产率} = \frac{\text{实际产量}}{\text{理论产量}} \times 100\%$$

$$\text{原料利用率} = \frac{\text{理论消耗量}}{\text{实际消耗量}} \times 100\%$$

【例 3-11】 工业上煅烧石灰石生产 CaO 和 CO_2。问：

(1) 若煅烧 $CaCO_3$ 的质量分数为 90% 的石灰石 5t，能制得多少吨 CaO 和多少立方米 CO_2（标准状况下）？

(2) 实际得到 2.42t CaO，CaO 的产率是多少？

(3) 实际消耗质量分数为 90% 的石灰石 5.5t，石灰石的利用率是多少？

解　(1) 设能制得 CaO 的质量为 x，制得 CO_2 的体积在标准状况下为 y，5t 石灰石中含 $CaCO_3$ 的质量为：

$$m = 5\text{t}\times 90\% = 4.5\text{t}$$

$$\underset{4.5\text{t}}{\underset{100\text{t}}{CaCO_3}} \xrightarrow{\text{煅烧}} \underset{x}{\underset{56\text{t}}{CaO}} + \underset{y}{\underset{22400\text{m}^3}{CO_2\uparrow}}$$

$$\frac{100\text{t}}{4.5\text{t}} = \frac{56\text{t}}{x}$$

$$x = 2.52\text{t}$$

$$\frac{100\text{t}}{4.5\text{t}} = \frac{22400\text{m}^3}{y}$$

$$y = 1008\text{m}^3$$

(2) CaO 的理论产量为 2.52t，所以

$$CaO\text{的产率}=\frac{\text{实际产量}}{\text{理论产量}}\times100\%=\frac{2.42t}{2.52t}\times100\%=96\%$$

（3）由（1）知理论消耗质量分数为 90%的石灰石 5t，所以

$$\text{石灰石的利用率}=\frac{\text{理论消耗量}}{\text{实际消耗量}}\times100\%=\frac{5t}{5.5t}\times100\%=90.9\%$$

答：煅烧 $CaCO_3$ 的质量分数为 90%的石灰石 5t，可制得 CaO 2.52t 和 CO_2 1008m^3（标准状况下）；CaO 的产率为 96%；石灰石的利用率为 90.9%。

*三、热化学方程式

化学反应往往伴随着能量的变化。这些能量可以是热能、声能、光能和电能等，通常表现为热能的形式，即有吸热或放热的现象发生。化学上把有热量放出的化学反应称为放热反应。例如，铝片与盐酸的反应、酸碱中和的反应都是放热反应。化学上把吸收热量的化学反应称为吸热反应。例如，$CaCO_3$ 的分解反应就是吸热反应。反应中吸收或放出的热量都属于反应热。

反应热可在化学方程式中可以表示如下：

$$C(s)+O_2(g)\longrightarrow CO_2(g);\qquad \Delta H=-393.5kJ/mol$$

$$C(s)+H_2O(g)\longrightarrow CO(g)+H_2(g);\qquad \Delta H=+131.3kJ/mol$$

$$2H_2(g)+O_2(g)\longrightarrow 2H_2O(g);\qquad \Delta H=-483.6kJ/mol$$

$$2H_2(g)+O_2(g)\longrightarrow 2H_2O(l);\qquad \Delta H=-571.6kJ/mol$$

这种表明化学反应所放出或吸收热量的化学方程式称为热化学方程式。

在热化学方程式中，各物质前面的系数表示物质的量；反应热的符号为 ΔH，单位是 kJ/mol；$\Delta H>0$ 时为吸热反应，$\Delta H<0$ 时为放热反应；由于物质呈现哪一种聚集状态跟它们含有的能量有关系，所以在热化学方程式中要注明各物质的状态。

热化学方程式不仅表明一个反应中的反应物和生成物，还表明一定量的物质在反应中所放出或吸收的热量。在实际中，煤炭、石油、天然气等能源不断开采出来为人们利用，用来开动各种机动车辆和各种机器，并供人们日常生活中做饭、取暖之用。所以，了解化学反应热是非常有意义的。

思考题

在实验室里用氯酸钾制取氧气，制 2mol 氧气需氯酸钾的物质的量是多少？这些氯酸钾的质量是多少？

知识窗

国际单位制简介

在生产、生活和科学实验中，我们要使用一些物理量来表示物质的多少、大小及其运动的强度等。例如：1m 布、1kg 食盐和 30s 时间等。有了米、千克这样的计量单位，就能表达这些东西的数量。但由于世

界各国、各个民族的文化发展不同，往往形成各自的单位制，如英国的英制，法国的米制等。而且同一个物理量常用不同的单位表示，如压强有千克/平方厘米、磅/平方英寸、标准大气压、毫米汞柱、巴、托等多种单位。这对于国际上的科学技术交流和商业交流，都很不方便，换算时又易出差错。因此，便有实行统一标准的必要。

1960 年第十一届国际计量大会上，通过了国际单位制及其国际简称（SI），这是国际上共同遵循的计量单位制。国际单位制源自 18 世纪末科学家的努力，最早于法国大革命时期的 1799 年被法国作为度量衡单位。目前国际单位制应用于世界各地，工业比较发达的国家几乎全部采用了国际单位制。1977 年 5 月，我国国务院颁布了《中华人民共和国计量管理条例（试行）》，并在第三条中明确规定“我国的基本计量制是米制（即公制），逐步采用国际单位制”。1981 年 4 月，经国务院批准颁发了《中华人民共和国计量单位名称与符号方案（试行）》，要求在全国各地试行。1993 年国家技术监督局颁布了《量和单位》（GB 3100～3102—1993），本标准列出了国际单位（SI）的构成体系，规定了可以与国际单位制并用的单位以及计量单位的使用规则。

SI 使用 7 个基本单位、2 个辅助单位、17 个带专业名称和符号的导出单位以及 16 个词冠，通过乘除的关系组合起来，基本上可以将所有物理量表示出来。

下表是 7 个基本单位的名称和符号。

物理量	单位名称	单位符号	物理量	单位名称	单位符号
长度	米	m	热力学温度	开[尔文]	K
质量	千克(公斤)	kg	物质的量	摩[尔]	mol
时间	秒	s	发光强度	坎[德拉]	cd
电流	安[培]	A			

本章小结

一、物质的量

1. 物质的量　表示的是物质基本单元数目量的多少，符号为 n。单位名称是摩尔，符号为 mol。每摩尔物质所含的基本单元（分子、原子、离子等）数为阿伏伽德罗常数（N_A）个。

2. 摩尔质量　单位物质的量的物质所具有的质量（符号 M）。任何物质的摩尔质量在以 g/mol 为单位时，数值上等于其相对基本单元质量。

3. 物质的量（n）、物质的摩尔质量（M）和物质的质量（m）三者之间有如下关系：

$$n(\mathrm{mol})=\frac{m(\mathrm{g})}{M(\mathrm{g/mol})}$$

4. 气体标准摩尔体积　通常把标准状况下，单位物质的量的气体所占有的体积叫做气体摩尔体积（V_m），常用单位是 L/mol。在标准状况下，任何气体的摩尔体积都约为 22.4L/mol。

在标准状况下，气体标准摩尔体积（V_m）、气体的物质的量（n）和气体体积（V）三者之间的关系是：

$$n(\text{mol})=\frac{V(\text{L})}{V_{\text{m}}(\text{L/mol})}$$

二、溶液的浓度

1. 物质的量浓度　单位体积溶液中所含有溶质的物质的量称为该溶质的物质的量浓度（c），单位是 mol/L。

$$c(\text{mol/L})=\frac{n(\text{mol})}{V(\text{L})}$$

2. 质量分数和物质的量浓度之间的换算：同一种溶液，其浓度可以用质量分数（w）和物质的量浓度（c）来表示。二者可通过密度（ρ）来进行换算：

$$c=\frac{1000\rho w}{M}$$

3. 溶液的稀释

关系式为：　$c_1V_1=c_2V_2$

应用此关系式时，c_1 和 c_2，V_1 和 V_2 各自单位必须统一。

三、化学方程式及其有关计算

1. 理解物质的量在化学方程式中的意义，学会有关化学方程式的简单计算。

根据化学方程式计算出的结果为理论值，但在实际工作中，对于产品来说，实际产量总是小于理论产量；对于原料来说，实际消耗量总是大于理论消耗量。它们的关系可表示如下：

$$产品产率=\frac{实际产量}{理论产量}\times 100\%$$

$$原料利用率=\frac{理论消耗量}{实际消耗量}\times 100\%$$

2. 表明化学反应所放出或吸收热量的化学方程式称为热化学方程式。

思考与练习

一、填空题

1. 物质的量的单位名称是__________，符号是______。1mol 物质含有__________常数个微粒，该常数的近似值是__________，单位是__________。

2. 1mol H_2SO_4 含有______ mol 氢原子，______ mol 氧原子，______ mol 硫原子。________ g 氢气跟 9.8g H_2SO_4 所含氢原子数相同。49g H_2SO_4 和______ g 水含有相同的分子数。

3. 2mol 氢氧化钠、0.5mol 磷酸、0.1mol 胆矾的质量分别是____________________。

4. 200mL 2mol/L 硫酸溶液中溶质的物质的量是__________。

5. 3mol 二氧化碳在标准状况下的体积是________，含有__________个二氧化碳分子，其中含有

__________个氧原子，含有__________ mol 氧原子。

6. 质量分数为 60%的硫酸，密度为 1.5g/mL，该硫酸的物质的量浓度是__________。

7. 在 1L 氯化钠溶液中，含有 NaCl 5.85g，该溶液的物质的量浓度是__________。量取该溶液 10mL，它的物质的量浓度是____________；将取出的溶液稀释至 20mL，其物质的量浓度是__________，其中含溶质__________ g。

二、选择题

1. 0.5mol O_2 中含有（　　）。

A. 0.5 个氧分子　　B. 3.01×10^{23} 个氧分子　　C. 0.5g O_2　　D. 2 个氧原子

2. 在标准状况下，与 32g O_2 所含分子数相同的 CO_2 的体积是（　　）。

A. 11.2L　　B. 2.24L　　C. 33.6L　　D. 22.4L

3. 在标准状况下，11.2L H_2 和 33.6L O_2（　　）。

A. 物质的量相同　　B. 所含分子数相同　　C. 质量相同　　D. 其中 O_2 的质量大

4. 在 200mL NaOH 溶液中，含有 NaOH 0.02mol，该溶液的物质的量浓度是（　　）。

A. 0.01mol/L　　B. 1mol/L　　C. 0.1mol/L　　D. 0.001mol/L

5. 配制 100mL 0.5 mol/L 盐酸时，所用的容量瓶是（　　）。

A. 250mL　　B. 100mL　　C. 500mL　　D. 1000mL

6. 3.2g O_2、19.6g H_2SO_4、35.5g Cl_2 的物质的量的比是（　　）。

A. 3∶2∶1　　B. 2∶3∶1　　C. 1∶2∶5　　D. 1∶3∶2

7. 下列溶液中，含 Cl^- 最多的是（　　）。

A. 250mL 2mol/L $AlCl_3$ 溶液　　B. 500mL 2mol/L NaCl 溶液

C. 100mL 3mol/L $MgCl_2$ 溶液　　D. 500mL 4mol/L HCl 溶液

8. 配制一定物质的量浓度溶液时，所配制溶液浓度偏低的原因（　　）。

A. 没有用水冲洗烧杯 2～3 次

B. 溶液配好摇匀后，发现液面低于刻度线，又加水至液面与刻度线相切

C. 定容时俯视液面与刻度线相切

D. 定容时仰视液面与刻度线相切

三、计算题

1. 计算下列物质的质量。

（1）0.5mol H_2SO_4　（2）2mol $ZnSO_4$　（3）2.5mol SO_4^{2-}　（4）0.25mol Al_2O_3　（5）1mol $Ca(OH)_2$　（6）0.5mol NaOH

2. 计算下列物质的物质的量。

（1）0.25kg Fe　（2）234g NaCl　（3）750g $CuSO_4\cdot5H_2O$　（4）100kg $CaCO_3$　（5）28g CO　（6）10g SO_2

3. 将 2.19g $CaCl_2\cdot xH_2O$ 加热，使其失去全部结晶水，这时剩余固体物质的质量是 1.11g，计算 1mol 此结晶水合物中所含结晶水的物质的量。

4. 制取 500g HCl 的质量分数为 25%的盐酸，需要标准状况下 HCl 气体的体积是多少？

5. 在标准状况下，3.2g 某气体 A_2 的体积是 2.24L，A 的原子量是多少？16g 该气体在标准状况下的体积是多少升？

6. 配制 500mL 0.1mol/L $Na_2CO_3 \cdot 10H_2O$ 溶液，需要 $Na_2CO_3 \cdot 10H_2O$ 多少克？

7. 在 20℃时，ag 某化合物饱和溶液的体积为 bmL。将其蒸干后得到 cg 摩尔质量为 dg/mol 的不含结晶水的固体物质。计算：

（1）此物质在 20℃时的溶解度；

（2）此饱和溶液的质量分数和密度；

（3）此饱和溶液中溶质的物质的量浓度。

8. 完全中和 250mL 质量分数为 38%、密度为 1.29g/mL 的硫酸，需要 5mol/L NaOH 溶液多少毫升？

9. 中和某待测浓度的 NaOH 溶液 25mL，用去 20mL1mol/L H_2SO_4 溶液后，溶液显酸性，再滴入 0.5 mol/L KOH 溶液 3mL 才达到中和。计算待测浓度的 NaOH 溶液的物质的量浓度是多少？

10. 煅烧质量分数为 85%的石灰石 10kg，在标准状况下，能制得 CO_2 多少立方米？若实际制得 CO_2 1.5m^3，产率是多少？若制得相同体积 CO_2 实际用去 10.8kg 石灰石，求原料的利用率。

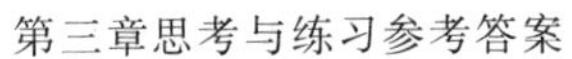

第三章思考与练习参考答案

在线互测

第四章

化学反应速率和化学平衡

学习目标

掌握化学反应速率的概念及反应速率的表示方法；掌握外界条件对反应速率的影响；理解化学反应的可逆性，掌握化学平衡的特点、平衡常数的意义以及有关平衡的计算；熟练运用平衡移动的原理，判断浓度、压强、温度等条件对化学平衡移动的影响；了解化学反应速率和化学平衡移动原理在化工生产中的应用。

第四章 PPT

化学反应虽然成千上万，种类繁多，但是都涉及两个方面的问题：一是反应进行的快慢，即化学反应的速率问题；二是反应进行的程度问题，即化学平衡的问题。研究并掌握化学反应速率和化学平衡的规律，可以帮助我们在化工生产中，选择最适宜的反应条件，在最短的时间内，提高原料的利用率。因此，研究化学反应速率和化学平衡的问题是很有意义的。

第一节　化学反应速率

一、化学反应速率的表示方法

化学反应进行的速率差别很大，如火药爆炸、核反应、酸碱中和等瞬间即可反应完成；而钢铁的生锈、橡胶的老化要经过较长的时间才能察觉；自然界中岩石的风化、煤或石油的形成，则需要长达几十万年甚至亿万年。在化学反应中，随着反应的进行，反应物浓度不断减小，生成物浓度不断增大。因此，化学反应速率是指在一定条件下，反应物转变为生成物的快慢程度。化学反应速率通常用单位时间内反应物或生成物浓度的变化来表示。浓度单位常以 mol/L 来表示，时间单位根据反应的快慢用 h(小时)、min(分)、s(秒) 表示，反应速率单位为：mol/L · h、mol/L · min、mol/L · s。这里所谈的化学反应速率都是指某一时间间隔内的平均反应速率。

例如 N_2O_5 在四氯化碳中按下面反应方程式分解：

$$2N_2O_5 \longrightarrow 4NO_2 + O_2$$

设 N_2O_5 的起始浓度为 2.10mol/L，100s 后测得 N_2O_5 的浓度为 1.95mol/L，即 100s

内 N_2O_5 的浓度减少了 0.15mol/L，则上述反应在 100s 内以五氧化二氮的浓度变化表示的平均反应速率为：

$$\bar{v}(N_2O_5)=\frac{2.10-1.95}{100}\text{mol/L·s}=1.5\times10^{-3}\text{mol/L·s}$$

根据定义，也可用在 100s 内以 NO_2 或 O_2 浓度的增加来表示平均反应速率。由于 100s 内 N_2O_5 的浓度减少了 0.15mol/L，那么根据方程式的计算，NO_2 的浓度将增加 0.30mol/L，O_2 的浓度将增加 0.075mol/L。

则以二氧化氮浓度的变化表示的平均反应速率为：

$$\bar{v}(NO_2)=\frac{0.3}{100}\text{mol/L·s}=3\times10^{-3}\text{mol/L·s}$$

以氧气浓度的变化表示的平均反应速率为：

$$\bar{v}(O_2)=\frac{0.075}{100}\text{mol/L·s}=7.5\times10^{-4}\text{mol/L·s}$$

可见，对同一个化学反应，用不同物质浓度的变化来表示反应速率，其数值是不相同的。但它们反映的问题实质却是一致的，因为这三个数值的比值恰好是反应方程式中各相应物质化学式前面的系数比。即

$$\bar{v}(N_2O_5):\bar{v}(NO_2):\bar{v}(O_2)=2:4:1$$

因此，用任一物质在单位时间内的浓度变化来表示该反应的速率，其意义都一样，但必须指明是以哪一种物质的浓度来表示的。

若上述反应又继续进行了 200s 后，测得 N_2O_5 的浓度为 1.70mol/L，则 N_2O_5 的浓度经过 200s 后减少了 0.25mol/L，则在 200s 内用不同物质浓度变化表示的平均反应速率为：

	$2N_2O_5 \longrightarrow$	$4NO_2$ $+$	O_2
100s 后的浓度/(mol/L)	1.95	0.30	0.075
300s 后的浓度/(mol/L)	1.70	0.80	0.20
200s 内反应物减少或生成物增加的浓度/(mol/L)	0.25	0.50	0.125
化学反应速率/(mol/L·s)	1.25×10^{-3}	2.5×10^{-3}	6.25×10^{-4}

将反应起始至 100s 的平均反应速率和 100s 至 300s 的相应物质的平均反应速率相比较(见表 4-1 N_2O_5 在 CCl_4 溶液中的分解率)。

表 4-1　N_2O_5 在 CCl_4 溶液中的分解率

经过的时间 t/s	时间的变化	$[N_2O_5]$/(mol/L)	$[NO_2]$/(mol/L)	$[O_2]$/(mol/L)	$\bar{v}(N_2O_5)$/(mol/L·s)	$\bar{v}(NO)$/(mol/L·s)	$\bar{v}(O_2)$/(mol/L·s)
0	0	2.10	—	—	—	—	—
100	100	1.95	0.30	0.075	1.5×10^{-3}	3×10^{-3}	7.5×10^{-4}
300	200	1.70	0.80	0.20	1.25×10^{-3}	2.5×10^{-3}	6.25×10^{-4}

通过表中的实验数据可知，由于反应中，各物质的浓度均随时间而改变，故不同时间间

隔内的平均反应速率是不相同的。因此，在表示平均反应速率时，除了指明是用哪一种物质的浓度来表示的，还需要指明是在哪一段时间间隔内的反应速率。

二、影响化学反应速率的因素

【演示实验 4-1】

物质本性对化学反应速率的影响

将镁、铁、铜片分别放入 2mol/L 的稀盐酸溶液中，观察现象。

通过现象观察，可以看到镁片放出的气泡又快又多，铁片稍慢，而铜片根本不反应。说明化学反应速率主要取决于物质的本性。其次，反应物的浓度以及反应体系所出的温度、压强、催化剂等外界条件，对化学反应的速率也有不可忽略的影响。

1. 浓度对反应速率的影响

【演示实验 4-2】

浓度对化学反应速率的影响

在两支放有锌粒的试管里，分别加入 10mL 2mol/L 盐酸和 10mL 0.2mol/L 盐酸。观察现象。

通过观察，看到在加入 2mol/L 硫酸的试管中有大量的气泡逸出，在 0.2mol/L 硫酸的试管中气泡产生的很慢。这表明浓度较大的硫酸与锌粒的化学反应速率要比浓度较小的硫酸与锌粒的化学反应速率快。

许多实验证明：当其他外界条件都相同时，增大反应物的浓度，会加快反应速率；减小反应物的浓度，会减慢反应速率。

下面通过气体分子反应来说明，浓度对化学反应速率的影响。我们知道，化学反应的过程就是反应物分子中旧化学键的断裂，生成物分子中新化学键形成的过程。旧键的断裂和新键的形成都是通过反应物分子的相互碰撞来实现的。因此，反应物分子的相互碰撞是反应进行的先决条件。反应物分子的碰撞频率越高，反应的速率越大。

如 0.001mol/L 的 HI 气体，在 20℃时，分子碰撞次数为 $3.5\times10^{28}/(L\cdot s)$。若每次碰撞都发生反应，反应速率应约为 $5.8\times10^{4}mol/(L\cdot s)$，说明 HI 气体的分解反应瞬间就能完成。但实验测得，在这种条件下实际的反应速率约为 $1.2\times10^{-8}mol/(L\cdot s)$。这个数据告诉我们，在反应物成千上万次的碰撞中，大多数碰撞并不引起反应，只有极少数的分子间碰撞才能发生化学反应，我们把能发生化学反应的碰撞叫做有效碰撞。

那么，哪些分子才能发生有效碰撞呢？具有较高能量的分子，采取合适的取向相互靠拢，发生碰撞时，能够克服分子无限接近时电子云的斥力，从而导致分子中原子的重排，即发生了化学反应。我们把这种具有较高能量能产生有效碰撞的分子叫做活化分子。例如反应：

$$NO_2+CO \longrightarrow NO+CO_2$$

当具有较高能量的 NO_2 和 CO 分子相互碰撞时，只有 CO 分子中的碳原子与 NO_2 中的氧原子相互碰撞，才能发生反应；而碳原子与氮原子相碰撞，则不反应（见图 4-1）。所以，发生有效碰撞的分子，不仅要有足够的能量，而且还要有合适的取向。

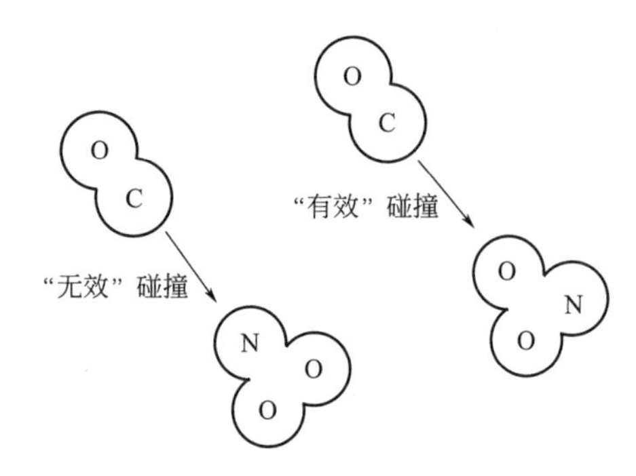

图 4-1　分子碰撞的不同取向

在其他条件不变时，对某一反应来说，活化分子在反应物分子中所占的百分数是一定的，它与单位体积反应物分子的总数成正比，也就是与反应物的浓度成正比。当反应物浓度增大时，单位体积内分子数增多，活化分子数也相应增多，单位时间内有效碰撞的次数也随之增多，化学反应速率就增大。因此增大反应物的浓度可以增大化学反应速率。

这里反应物的浓度是指气态物质或溶液的浓度。对于固体或纯液体物质来说，它们的浓度是个定值，因此在一定温度下，改变固体或纯液体反应物的量，不影响反应速率。如碳的燃烧：

$$C+O_2(g) \longrightarrow CO_2(g)$$

反应的快慢，主要取决于氧气的浓度。

2. 压强对反应速率的影响

压强的影响实质上是浓度的影响。对于一定量的气体来说，温度不变时，其体积与所受的压强成反比，即增大压强，气体的体积变小，单位体积内的气体分子数增多，相当于增大了气体物质的浓度。因此，对有气体参加的反应来说，增大压强，反应速率增大；减小压强，反应速率减小。

如果参加反应的物质是固体、液体或溶液时，由于改变压强对它们的体积影响很小，因此，对浓度的改变也很小，可以认为压强与浓度无关，不影响反应速率。

3. 温度对反应速率的影响

[演示实验 4-2] 中，将加入 0.2mol/L 盐酸的试管加热，发现气泡产生的速度明显加快，实验表明，温度升高，加快了化学反应速率。

温度对反应速率的影响

如氢气和氧气在常温下作用十分缓慢，以至多年都观察不到水的生成，如果温度升高到 600℃，它们立即反应，并发生猛烈爆炸。由此说明温度的变化可以改变化学反应的速率。

在浓度一定时，温度升高反应速率显著加快的主要原因是，反应物分子的能量增加，使一部分原来能量较低的分子变成活化分子，从而增加了反应物分子中活化分子的百分数，使有效碰撞的次数增多，因而增大了化学反应速率；其次是温度升高，分子平均动能增加，分子运动速率加快，单位时间里反应物分子间碰撞次数增多，反应速率也会相应地加快。

1884 年，范特霍夫根据温度对反应速率影响的实验，归纳了一条经验的近似规则：如果反应物的浓度恒定，温度每升高 10℃，反应速率约增大 2～4 倍，这个规则成为范特霍夫规则。

无论对于吸热反应还是放热反应，升高温度都能加快化学反应速率。但是，一般吸热反应速率比放热反应速率增大的倍数要大些。

在生产和生活中，常常利用改变温度来控制反应速率的快慢。

4. 催化剂对反应速率的影响

催化剂是一种能够改变化学反应速率，其本身在反应前后质量、组成和化学性质都没有变化的物质。催化剂改变化学反应速率的作用叫催化作用。凡能加快反应速率的催化剂叫正催化剂，凡能减慢反应速率的催化剂叫负催化剂。一般提到催化剂，若不明确指出是负催化剂时，则指是加快反应速率作用的正催化剂。

催化剂之所以能加快反应速率，是由于催化剂改变了反应的途径，降低反应所需的能量，使更多的反应物分子成为活化分子，大大增加单位体积内反应物分子中活化分子的百分数，从而加快了反应速率。在影响反应速率的主要外界因素中，催化剂的作用要比浓度、压强、温度显著得多。

【演示实验 4-3】

在两支试管里，分别加入 3%的过氧化氢溶液 5mL，在其中一支试管里加入少量二氧化锰。观察两支试管里的反应现象有何不同。

催化剂对反应速率的影响

过氧化氢的分解反应为

$$2H_2O_2 \xrightarrow{MnO_2} 2H_2O + O_2$$

实验证明：二氧化锰能加快过氧化氢的分解，起到催化作用。可见，使用适当的催化剂，能加快化学反应速率。

在现今的化工生产中，使用催化剂的现象十分普遍。如用氮、氢的气体合成氨；用水煤气合成甲醇；聚乙烯、聚氯乙烯等高分子材料的合成等，都离不开催化剂。据统计，现代化学工业中，使用催化剂的反应占 85％。可见催化剂在现代化学工业中具有极其重要的意义。其主要特征如下。

（1）催化剂只能对可能发生的反应起催化作用，不可能发生的反应，催化剂并不起作用。

（2）催化剂不能改变反应的方向以及反应进行的程度——平衡状态，也就是说不能改变反应的平衡常数，但它能同时加快正、逆反应的速率，缩短到达平衡所需的时间。

（3）催化剂是有选择性的。不同类型的化学反应需要不同的催化剂。例如合成氨使用铁作催化剂；二氧化硫氧化为三氧化硫，需用五氧化二钒作催化剂。催化剂的选择性还表现在，对于同样的反应物，选用不同的催化剂，会生成多种不同的产物。例如，乙醇的分解反应，用不同的催化剂将有以下几种情况：

$$C_2H_5OH\begin{cases}\xrightarrow[\text{Cu}]{200\sim250^\circ\text{C}} CH_3CHO+H_2\\ \xrightarrow[H_2SO_4]{140^\circ\text{C}} (C_2H_5)O+H_2O\\ \xrightarrow[\text{ZnO-Cr}_2\text{O}_3]{400\sim500^\circ\text{C}} CH_2=CH-CH=CH_2+H_2O+H_2\end{cases}$$

（4）催化剂的活性温度。从以上反应还可以看出，利用不同催化剂分解乙醇时，其温度都不相同。所以，一种反应的催化剂不是在任意温度下发生催化作用，而是在一定的温度范围内发生。催化剂发生催化作用的温度叫催化剂的活性温度。

（5）催化剂遇到某些物质会降低或失去催化作用，这种现象叫做催化剂的中毒。因此，使用催化剂时，应对反应物进行必要的处理，以除去能使催化剂中毒的杂质。

5. 其他因素对反应速率的影响

【演示实验 4-4】

将少许锌粉和锌粒分别放入相同浓度的稀盐酸溶液中。观察两支试管里的反应现象有何不同。

反应物接触面积对化学反应速率的影响

通过观察，看到锌粉和盐酸反应放出的气体又快又多。

因此，除了浓度、压强、温度、催化剂等对化学反应速率有影响外，固体表面积的大小、扩散速率的快慢等，也对化学反应速率有影响。例如生产上常把固态物质破碎成小颗粒或磨成细粉，将液态物质淋洒成滴流或喷成雾状的微小液滴，以增大反应物之间的接触面，提高反应速率。工业上通常通过搅拌、振荡等方法来加速扩散过程，使反应速率增大。

思考题

采用哪些方法可以加快碳酸钙与盐酸的反应速率？

第二节　化学平衡

一、可逆反应和化学平衡

1. 可逆反应

在同一条件下，化学反应可以按方程式从左向右进行，又可从右向左进行，这叫做化学反应的可逆性，把具有可逆性的化学反应叫做可逆反应。例如，高温下的反应

$$CO(g)+H_2O(g)\rightleftharpoons CO_2(g)+H_2(g)$$

在一氧化碳与水蒸气作用生成二氧化碳与氢气的同时，也进行着二氧化碳与氢气反应生

成一氧化碳与水蒸气的过程。一般把向右进行的反应叫正反应，向左进行的反应叫逆反应。

几乎所有的化学反应都是可逆的，但是各种化学反应的可逆程度却有很大的差别。如一氧化碳与水蒸气的反应，其可逆性比较显著，因此它是可逆反应。有些反应中的逆反应倾向比较弱，从整体看，反应实际上是朝着一个方向进行的，例如氯化银的沉淀反应；还有的反应进行时，逆反应的条件尚未具备，反应物已耗尽，如烧碱和盐酸的反应。像这种实际上只能向一个方向进行“到底”的反应，习惯上称为不可逆反应。

2. 化学平衡

可逆反应的特点是反应不能向一个方向进行到底，这样一来必然导致化学平衡状态的实现。所谓化学平衡就是在一定条件下，正反应和逆反应的速率相等时所处的状态。

如在600.15℃和20.245×10^5Pa下，将1∶3（体积比）的氮、氢混合气体，密闭于有催化剂的容器里进行反应。

$$N_2(g)+3H_2(g)\rightleftharpoons 2NH_3(g)$$

当反应开始时，N_2和H_2的浓度最大，NH_3的浓度为零，因此正反应速率$v_{(正)}$最大，逆反应速率$v_{(逆)}$为零。随着反应的进行，N_2和H_2的浓度逐渐减小，正反应速率也逐渐减小；同时，NH_3的浓度将逐渐增大，逆反应速率也逐渐增大。若外界条件不变，当反应进行到一定程度时，正反应速率和逆反应速率相等，即v（正）$=v$（逆）。此时，N_2、H_2和NH_3浓度不再随时间而改变，反应达到平衡状态。图4-2为化学平衡建立过程示意图。

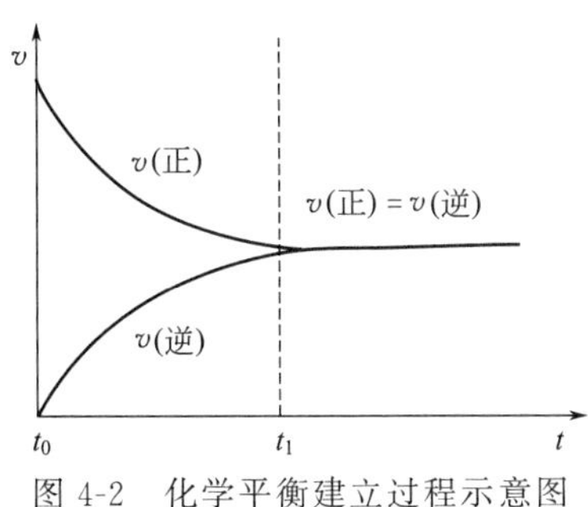

图4-2　化学平衡建立过程示意图

如果外界条件不改变，这种平衡状态可以维持下去。由于平衡状态时，系统中反应物和生成物的浓度不再随时间而改变，即系统的组成不变，所以，化学平衡状态是该反应条件下化学反应的最大限度。在平衡状态下，虽然反应物和生成物的浓度不再发生变化，但反应却没有停止。实际上正、逆反应都在进行，只不过是两者的速率相等而已。因此化学平衡是一种动态平衡。若外界条件改变，正、逆反应速率则会发生变化，原有的平衡将被破坏，反应将在新的条件下建立新的平衡。

实验证明，如果上述平衡不是从N_2和H_2开始反应，而是由NH_3在相同的条件下进行分解反应，反应也能达平衡。而且在平衡状态时，反应混合物中各组分的浓度与前面的完全相同。

综上所述，可将化学平衡的基本特征归纳为以下几点。

（1）在适宜条件下，可逆反应都可以达到平衡状态。

（2）化学平衡是动态平衡。达平衡后，正、逆反应仍在以相同的速率进行着，即v（正）$=v$（逆）$\neq0$，所以，反应体系中各组分的浓度保持不变。

（3）化学平衡是暂时的、有条件的。对在一定条件下达到平衡的化学反应，当条件改变时，反应会在新的条件下建立新的化学平衡。

（4）由于化学反应是可逆的，不管反应从那个方向开始，最终都能达到平衡状态。

3. 平衡常数

体系中可逆反应达到平衡状态时，各物质的浓度保持不变，为了进一步研究平衡状态时体系的特征。实验证明：对于任一可逆反应

$$aA+bB \rightleftharpoons mC+nD$$

在一定温度下，达到平衡时，生成物的浓度的幂（以生成物化学式前的计量数为指数）的乘积与反应物的浓度的幂（以反应物化学式前的计量数为指数）的乘积之比是一个常数。即

$$K=\frac{[C]^m[D]^n}{[A]^a[B]^b} \tag{4-1}$$

式中，K 为可逆反应的平衡常数。它只随温度而改变，不随浓度的变化而改变。式(4-1) 是平衡常数的表达式。其中 [A]、[B]、[C]、[D] 分别表示各物质平衡时的浓度。

在书写平衡常数表达式时，要注意以下几点。

（1）反应体系中有纯液体、纯固体以及稀溶液中的水参加的反应，在平衡常数表达式中这些物质的浓度为 1。如：

$$Fe_3O_4(s)+4H_2(g) \rightleftharpoons 3Fe(s)+4H_2O(g)$$

$$K=\frac{[H_2O]^4}{[H_2]^4}$$

$$Cr_2O_7^{2-}(aq)+H_2O(l) \rightleftharpoons 2CrO_4^{2-}(aq)+2H^+$$

$$K=\frac{[H^+]^2[CrO_4^{2-}]^2}{[Cr_2O_7^{2-}]}$$

（2）平衡常数的表达式及其数值与化学反应方程式的写法有关。

$$N_2(g)+3H_2(g) \rightleftharpoons 2NH_3(g)$$

$$K_1=\frac{[NH_3]^2}{[N_2][H_2]^3}$$

$$\frac{1}{2}N_2(g)+\frac{3}{2}H_2(g) \rightleftharpoons NH_3(g)$$

$$K_2=\frac{[NH_3]}{[N_2]^{\frac{1}{2}}[H_2]^{\frac{3}{2}}}$$

$$2NH_3(g) \rightleftharpoons N_2(g)+3H_2(g)$$

$$K_3=\frac{[N_2][H_2]^3}{[NH_3]^2}$$

$$K_1=K_2^2=\frac{1}{K_3}$$

平衡常数是可逆反应的特征常数，它具体体现着各平衡浓度之间的关系，因此可用平衡常数 K 值的大小来衡量反应进行的程度，既可比较同类反应在相同条件下的反应限度，也

可比较同一反应在不同条件下的反应限度。在一定条件下，K 值愈大，平衡时生成物的浓度愈大，正反应趋势愈大，反应物转化为生成物的程度就愈大；反之，K 值愈小，正反应的趋势愈小，反应物转化为生成物的程度就愈小。

二、有关化学平衡的计算

1. 已知平衡浓度计算平衡常数

【例 4-1】 在密闭容器中，CO 和水蒸气的混合物加热至 500℃时建立下列平衡

$$CO(g)+H_2O(g) \rightleftharpoons H_2(g)+CO_2$$

反应开始时 CO 和水蒸气的浓度是 0.02mol/L，平衡时 CO_2 和 H_2 的浓度都是 0.015mol/L，求平衡常数。

	CO(g) +	$H_2O(g) \rightleftharpoons$	$CO_2(g)$ +	$H_2(g)$
起始浓度/mol/L	0.02	0.02	0	0
平衡浓度/mol/L	0.02−0.015	0.02−0.015	0.015	0.015

$$K=\frac{[CO_2][H_2]}{[CO][H_2O]}$$

$$K=\frac{0.015\times 0.015}{(0.02-0.015)\times(0.02-0.015)}=9$$

答：500℃时平衡常数是 9。

2. 已知平衡常数计算平衡浓度和转化率

【例 4-2】 在某温度下，反应 $A+B \rightleftharpoons G+D$ 在溶液中进行，若反应开始时 A 的浓度为 1mol/L，B 的浓度为 4mol/L，反应在此温度下达到平衡，平衡常数 $K=0.41$，求：(1) 平衡状态时 A、B、G、D 的浓度；(2) 达平衡时 A 的转化率。

解 (1) 设：平衡状态时 G 的浓度为 x

	A +	$B \rightleftharpoons$	G +	D
起始浓度/mol/L	1	4	0	0
平衡浓度/mol/L	$1-x$	$4-x$	x	x

$$K=\frac{[G][D]}{[A][B]}=\frac{x_2}{(1-x)(4-x)}=0.41$$

解得　$x=0.67$mol/L

∴　平衡状态时[D]=[G]=0.67mol/L

[A]=1−0.67=0.33mol/L

[B]=4−0.67=3.33mol/L

(2) 反应物的转化率是达到平衡状态时反应物所消耗的浓度与反应前该物质的起始浓度之比，即

$$转化率=\frac{平衡时已消耗的某反应物的浓度}{该反应物的起始浓度}\times 100\%$$

$$A\%=\frac{0.67}{1}\times 100\%=67\%$$

答：(1) 平衡状态时 A、B、G、D 的浓度分别为 0.33mol/L、3.33mol/L、0.67mol/L、0.67mol/L。(2) 达平衡时 A 的转化率是 67%。

三、化学平衡的移动

化学平衡是化学反应在一定外界条件下，一种暂时的、相对的和有条件的稳定状态。一旦外界条件（如浓度、压强、温度等）发生变化，原来的平衡就受到破坏，正、逆反应速率不再相等，平衡将向某一方向移动，直至在新的条件下建立起新的平衡。在新的平衡状态下，反应体系中各物质的浓度与原平衡状态下各物质的浓度不相等。这种当外界条件改变，可逆反应从一种平衡状态转变到另一种平衡状态的过程叫做化学平衡的移动。下面讨论浓度、压强、温度对化学平衡的影响。

1. 浓度对平衡的影响

在其他条件不变的情况下，对于已经达到平衡的可逆反应，改变任何一种反应物或生成物的浓度，都会导致平衡的移动。

【演示实验 4-5】

浓度对化学平衡的影响

在一只 100mL 烧杯中，先后加入 5mL 0.01mol/L $FeCl_3$ 溶液和 5mL 0.01mol/L KSCN 溶液，再加入 15mL 水稀释。将溶液均分于三支试管里，在其中两支试管中分别滴加几滴 1mol/L $FeCl_3$ 溶液和 1mol/L KSCN 溶液，另一支试管留做对照。观察试管中溶液颜色的变化。

可以看到，加入试剂的两支试管里，溶液的红色都加深了。说明增加反应物的浓度，使正反应的速率大于逆反应的速率而促使平衡向正反应方向移动。

该反应的方程式：

$$FeCl_3 + 3KSCN \rightleftharpoons \underset{\text{(血红色)}}{Fe(SCN)_3} + 3KCl$$

实验证明：当其他条件不变时，增大反应物浓度或减小生成物浓度，化学平衡向正反应方向移动；增大生成物浓度或减小反应物浓度，化学平衡向逆反应方向移动。

在化工生产中，为了充分利用成本较高的原料，常采取增大容易取得或廉价的反应物浓度的措施。如工业上制备硫酸时

$$2SO_2(g) + O_2(g) \rightleftharpoons 2SO_3(g)$$

为了尽量利用成本较高的 SO_2，就要加入过量的空气（空气中的氧气）。方程式中的化学计量数之比为 1∶0.5，而工业上实际采用的物质的量的比值是 1∶1.4。

另外，也可以不断将生成物从反应体系中分离出来，使化学平衡不断地向生成物的方向移动。如把氢气通入红热的四氧化三铁的反应，把生成的水蒸气不断从反应体系中移去，四氧化三铁就可以全部转变成金属铁。

$$Fe_3O_4(s) + 4H_2(g) \rightleftharpoons 3Fe(s) + 4H_2O(g)$$

思考题

在制取水煤气的反应中：

$$C(s)+H_2O(g) \rightleftharpoons CO(g)+H_2(g)$$

为使煤转化得比较彻底，可采取哪些措施？

2. 压强对平衡的影响

处于平衡状态的反应混合物中，如果有气态物质存在，而且可逆反应两边的气体分子总数不相等时，压强的改变会引起化学平衡的移动。这是因为，气体分子数多的一方，其反应速率受压强的影响较大。

现以合成氨反应为例来说明压强对化学平衡的影响：

$$N_2(g)+3H_2(g) \rightleftharpoons 2NH_3(g)$$

表 4-2 列出了 500℃时 N_2 与 H_2 反应生成 NH_3 的实验数据。

表 4-2 500℃时 N_2 与 H_2 反应生成 NH_3 的实验数据

压强/MPa	1	5	10	30	60	100
NH_3/%	2.0	9.2	16.4	35.5	53.5	69.4

从以上数据可以看出，当其他外界条件不变时，增大压强，化学平衡向生成 NH_3 的方向移动；减小压强，化学平衡向 NH_3 浓度减小的方向移动。

又如氢气与碘的反应：

$$H_2(g)+I_2(g) \rightleftharpoons 2HI(g)$$

该气体反应中，由于反应前后气体分子数不变，反应前后物质的总体积没有变化，因此，增大或减小压强时，平衡不发生移动。

从上面的讨论，得出如下结论：压强变化只是对那些反应前后气体分子数目有变化的反应有影响。在温度不变时，增大压强，平衡向气体分子总数减少的方向移动；减小压强，平衡向气体分子总数增多的方向移动。

固体物质或液体物质的体积，受压强的影响很小，可以忽略不计。如果平衡体系中都是固体或液体时，改变压强，可以认为平衡不发生移动。

思考题

在其他条件不变时，增大压强或减小压强，对下列反应的平衡各有什么影响？

$$CO(g)+H_2O(g) \rightleftharpoons CO_2(g)+H_2(g)$$

$$CO_2(g)+C(s) \rightleftharpoons 2CO(g)$$

3. 温度对平衡的影响

在一个可逆反应中，如果正反应是放热反应，那么逆反应一定是吸热反应。对于在一定条件下达到平衡的可逆反应，改变温度也会使化学平衡发生移动。这是因为，当温度改变时，吸热反应速率和放热反应速率发生不同的变化。升高温度，吸热反应速率增大的倍数大于放热反应增大的倍数，使 v（吸）$>v$（放）；反之降低温度，吸热反应速率减慢的倍数大于放热反应增长的倍数，使 v（吸）$<v$（放）。从而引起化学平衡的移动。例如反应

$$\underset{\text{(棕色)}}{2NO_2(g)} \rightleftharpoons \underset{\text{(无色)}}{N_2O_4} + 57kJ$$

【演示实验 4-6】

把二氧化氮平衡球放置在热水和冷水中，观察两球颜色的变化（如图 4-3）。

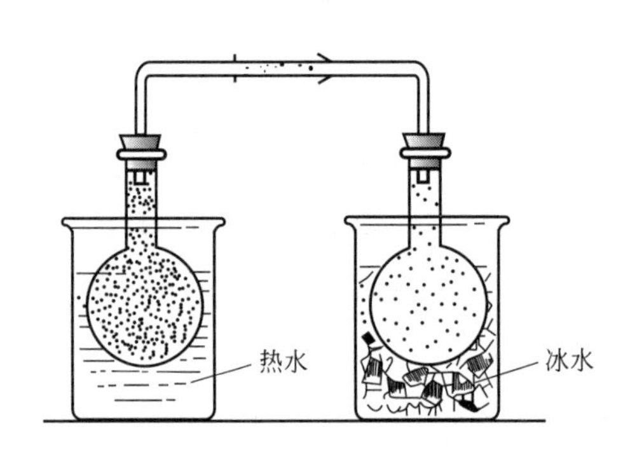

图 4-3　温度对化学平衡的影响

温度对化学平衡的影响

通过观察，发现冷水中球内气体的颜色变浅了，说明 NO_2 的浓度减小，N_2O_4 的浓度增大了，平衡向放热反应方向移动；而热水中球内气体的颜色加深了，说明 NO_2 的浓度增大，N_2O_4 的浓度减小了，平衡向吸热反应方向移动。

实验证明：在其他外界条件不变时，升高温度，平衡向吸热反应方向移动；降低温度，平衡向放热反应方向移动。

思考题

在其他条件不变时，升高温度，对下列反应的平衡各有何影响？

$$C(s) + H_2O(g) \rightleftharpoons CO(g) + H_2(g) - 121.34kJ$$

$$2CO(g) + O_2(g) \rightleftharpoons 2CO_2(g) + 549kJ$$

催化剂可同等程度地改变正、逆反应的速率，因此使用它不会引起化学平衡的移动。但使用催化剂，能大大缩短反应达到平衡所需的时间，所以在化工生产上广泛使用催化剂来提高生产效率。

4. 平衡移动原理

综合浓度、压强、温度等条件的改变对化学平衡移动的影响，得出一条规律：假如改变影响平衡体系的条件之一，如浓度、压强或温度，平衡就向能减弱这个改变的方向移动，这就是化学平衡的移动原理。该原理的含义如下。

(1) 当增大反应物浓度时，平衡向能减少反应物浓度的方向（正反应方向）移动；减少生成物浓度时，平衡向能增加生成物浓度的方向（正反应方向）移动。

(2) 当增大压强时，平衡向能减小压强（即减小气体分子数目）的方向移动；降低压强时，平衡向能增大压强（既增加气体分子数目）的方向移动。

(3) 当温度升高时，平衡向能降低温度（即吸热）的方向移动；降低温度时，平衡向能升高温度（即放热）的方向移动。

该原理对所有的动态平衡（包括物理平衡）都适用。但必须注意，它只能应用在已经达到平衡的体系。对尚未达到平衡的体系是不适用的。

*四、化学反应速率和化学平衡移动原理在化工生产中的应用

化学反应速率是研究反应进行的快慢，化学平衡是研究反应进行的程度。有一些化学反应，其平衡常数愈大，反应进行的程度愈大，但不一定能以很快的速率进行；而另一些反应，虽然平衡常数很小，但反应速率却很大，很快达到了平衡。通过前面的学习，已经知道，化学平衡是一个有条件的相对平衡，浓度、压力、温度等均可使平衡发生移动，选择适宜的反应条件，使反应进行得更为完全、彻底。另一方面，化学反应速率受浓度、压力、温度、催化剂等外界因素的影响，合适的条件有助于加快反应速率，提高生产效率。这些因素中催化剂只影响反应速率，对化学平衡没有影响，浓度、压力、温度均能同时影响化学反应速率和化学平衡。因此，在化工生产中，往往要把这些外界因素对反应速率和化学平衡的影响综合起来考虑，选择最佳的反应条件，使一个平衡能迅速地向着有利于生产的方向移动。现以合成氨生产过程为例进行简单的讨论：

理论上看合成氨的反应是一个气体分子数减少的可逆放热反应：

$$N_2(g)+3H_2(g) \rightleftharpoons 2NH_3(g)+\Delta H$$

从化学平衡的角度考虑，根据平衡移动原理，应采取低温、高压的措施。而从有助于提高反应速率来看，应采取高温、高压、催化剂。

表 4-3 是平衡体系的混合物中 NH_3 含量的实验数据。可以看出，压强、温度、催化剂是影响合成氨产率的主要因素。

表 4-3 平衡状态时混合物中 NH_3 的含量（体积分数）/%

$[v(N_2):v(H_2)=1:3]$

温度/℃	压强/MPa					
	0.1	10	20	30	60	100
200	15.3	81.5	86.4	89.9	95.4	98.8
300	2.2	52.0	64.2	71.0	84.6	92.6
400	0.4	25.1	38.2	47.0	65.2	8
500	0.1	10.6	19.1	26.4	42.2	57.5
600	0.05	4.5	9.1	13.8	23.1	31.4

1. 压强

增大压强既有利于增大合成氨的化学反应速率，又能使化学平衡向着生成 NH_3 的方向移动。因此，从理论上讲，合成氨时压强越大越好。在 1000×10^2 kPa 下，不用催化剂就可以合

成氨。不过氢在这样的高压下，能穿透用特种钢制作的反应器的器壁。考虑到实际生产中，压强越大，需要的动力越大，对材料的强度和设备的制造要求也越高。因此，受动力、材料和设备等条件的限制，目前我国的合成氨工业反应体系的压强一般采用 $2\times10^4\sim5\times10^4$ kPa。

2. 温度

当压强一定时，升高温度虽然能增大合成氨的化学反应速率，但不利于提高平衡混合物中 NH_3 的含量。因此，为了促进平衡混合物中 NH_3 含量的增加，氨的合成反应在较低的温度下进行有利。但是温度太低，反应速率很小，需要很长的时间达到平衡状态，生产效率过低，很不经济。因此，在实际生产中，合成氨反应的温度一般在 450～500℃。

3. 催化剂

使用催化剂能大大加快反应速率，同时对化学平衡又无影响。所以为了加快合成氨的反应速率，可采用铁触媒作催化剂，以降低反应所需要的能量，使反应在较低的温度下能较快地进行反应。当温度在 500℃左右时，铁触媒具有较高的催化活性。这也是合成氨反应选择温度在 450～500℃的重要原因。

4. 浓度

对于任何一个反应，增大反应物的浓度或减小生成物的浓度。都会提高反应速率。在合成氨的实际生产中，采取迅速冷却的方法，将气态氨变成液氨后及时从平衡体系中分离出来，以降低生成物的浓度，促使化学平衡向着生成 NH_3 的方向移动。

目前我国采用铁触媒催化剂合成氨的反应条件是：温度是 450～500℃；压强是 $2\times10^4\sim5\times10^4$ kPa。

生物体内氧——血红蛋白的平衡

在人体内起输送氧作用的是血液中的血红蛋白，生命的维持就取决于血红蛋白同氧的结合及其对氧的释放，两者间的平衡如下：

$$\underset{\text{血红蛋白}}{Hb(aq)}+O_2(aq)\rightleftharpoons \underset{\text{氧合血红蛋白}}{HbO_2(aq)}$$

血液中的氧含量和血红蛋白含量的改变将引起上述平衡的移动。

由于地球上地势高低的不同，上述平衡达到平衡状态时，氧合血红蛋白的量是不相同的。在海拔很低的地区生活的人，空气中氧的分压高 [$p_{(O_2)}=21.2$kPa]，即氧的浓度大，在肺中吸入的氧与血红蛋白结合，使得平衡向右移动，氧合血红蛋白的量增大。而在海拔 3000m 的高原，氧的分压只有 14.1kPa，空气中氧的浓度降低，氧合血红蛋白平衡向左移动，减少了血液中的氧合血红蛋白。体内就会引起缺氧，造成头痛、恶心、极度疲劳等不舒服的感觉，这些症状称为高山病。因此，为了生成更多的 HbO_2 分子，体内要产生更多的血红蛋白分子，致使平衡从左向右移动。研究表明，长时间在高山区生活的居民其血液中血红蛋白的含量比生活在海拔很低的人多 50%。

除了运载氧，血红蛋白还可以与二氧化碳、一氧化碳、氰离子结合。以下是一氧化碳与氧气的平衡：

$$HbO_2(aq)+CO(aq)\rightleftharpoons Hb(CO)(aq)+O_2(aq)$$

当一氧化碳经呼吸道进入人体后，血液中的一氧化碳浓度增大，上述平衡向右移动，与血液中的血红蛋白结合，形成稳定的碳氧血红蛋白［Hb(CO)］，随血流分布全身，由于一氧化碳与血红蛋白的亲和力比氧和血红蛋白的亲和力大 200～300 倍，因此与氧争夺血红蛋白并结合牢固，致使血红蛋白携氧能力大大降低，造成全身缺氧症。人的中枢神经系统对缺氧最为敏感，因此当缺氧时，脑组织最先受累，造成脑功能障碍，脑水肿，直接威胁生命。因此，CO 中毒事故的处理，最有效的方法就是给中毒者提供新鲜氧气，或采用高压氧舱治疗，都能使中毒者血液中的平衡向左的方向移动。中度的 CO 中毒者恢复比较快，并能完全治愈。

本章小结

一、化学反应速率

1. 化学反应速率是用单位时间内反应物浓度的减少或生成物浓度的增加来表示，单位是：mol/L・s 或 mol/L・min。

用平均反应速率来描述反应速率时，除要指明是以哪一种物质浓度的变化来表示的，还需要指明是哪一段时间间隔内的反应速率。

2. 影响化学反应速率的根本原因是反应物自身的化学性质。而浓度、温度、压强、催化剂等外界条件也对反应速率有影响。

当具有较高能量的活化分子，采用合适的取向发生碰撞时，才能发生化学反应。反应物中活化分子所占的百分数越大，有效碰撞的次数也越多，反应进行的就越快。增加反应物的温度、浓度、压强（对有气体的反应）和使用催化剂，都能增加反应物分子间的有效碰撞次数，从而加快化学反应速率。

二、化学平衡

1. 在一定条件下，当正反应速率和逆反应速率相等时，反应体系所处的状态称为化学平衡状态。

化学平衡是动态平衡，可以从正反应达到，也可以从逆反应达到。在化学平衡状态时，反应体系中各物质的浓度保持不变，因此，化学平衡状态是化学反应的最大限度。化学平衡是一个有条件的、相对的动态平衡，当温度、浓度等外界条件改变时，平衡将遭到破坏，在新的平衡条件下建立新的化学平衡。

2. 对于任何可逆反应 $aA+bB \rightleftharpoons mC+nD$，在一定温度下达到化学平衡时，其平衡常数表达式为：

$$K=\frac{[C]^m[D]^n}{[A]^a[B]^b}$$

当反应体系中有纯液体、纯固体以及稀溶液中的水参加的反应，在平衡常数表达式中这些物质的浓度为 1。

K 称为反应的平衡常数。不同可逆反应有不同的平衡常数，因此它是可逆反应的特征常数。K 值愈大，平衡时生成物的浓度愈大，正反应趋势愈大，反应物转化为生成物的程度就愈大；反之，K 值愈小，反应物转化为生成物的程度就愈小。

K 只随温度的变化而改变，与浓度无关。

3. 当外界条件改变，可逆反应从一种平衡状态转变到另一种平衡状态的过程叫做化学平衡的移动。

增大反应物浓度，平衡向减小反应物浓度即正反应方向移动；

减小反应物浓度，平衡向增大反应物浓度即逆反应方向移动；

升高温度，平衡向降低温度即吸热反应方向移动；

降低温度，平衡向升高温度即放热反应方向移动；

增大压强，平衡向降低压强即向气体分子总数减少的方向进行；

降低压强，平衡向增大压强即向气体分子总数增加的方向进行。

总之，假如改变平衡体系的条件之一，如浓度、压强或温度，平衡就向减弱这个改变的方向移动，这就是化学平衡的移动原理。

催化剂能同等程度的改变正、逆反应的速率，不影响化学平衡，但能缩短反应到达平衡的时间。

4. 合成氨条件的选择。运用化学反应速率和化学平衡原理，同时综合考虑合成氨生产中的动力、材料、设备等因素，目前我国采用铁触媒催化剂合成氨的反应条件是：温度是996K～1096K；压强是 2×10^4～5×10^4 KPa。

思考与练习

一、填空题

1. 化学反应速率是______________________________，影响化学反应速率的主要因素有____________________。

2. 催化剂是____________________。它的主要特征是____________________。

3. 什么是化学平衡移动原理？并根据此原理，讨论下列反应：

$$Cl_2(g)+2H_2O(g)\rightleftharpoons 4HCl(g)+O_2(g)(\Delta H<0)$$

将上述反应的四种气体混合，反应达平衡时：

(1) 恒温恒压下，增加 O_2，则 $Cl_2(g)$ 的物质的量____________________。

(2) 温度不变，减小容器体积，则 $H_2O(g)$ 的物质的量________________。

(3) 升高温度，平衡常数 K 值________________。

(4) 加催化剂，$H_2O(g)$ 的物质的量________________。

(5) 恒温恒压下，增加 Cl_2，则 $HCl(g)$ 的物质的量________________。

4. 在某温度下，反应 $2A+B\rightleftharpoons C$ 达平衡状态时：

(1) 若降低温度，已知平衡向正反应方向移动，则正反应是____热反应；

(2) 若增加或减少 B 物质的量，平衡都不发生移动，则 B 物质的状态是________；

(3) 若B为气体，增大压强，平衡不发生移动，则A是________态，C是________态。

二、选择题

1. 升高温度能加快反应速率的主要因素是（　　）。

A. 温度升高使反应体系的压力增大

B. 活化分子的百分数增加

C. 升高温度，分子运动速率加快，碰撞频率增多

D. 以上因素都正确

2. 当一个化学反应处于平衡状态时，则（　　）。

A. 平衡混合物中各物质的浓度都相等　　B. 正反应和逆反应速率都是零

C. 正逆反应速率相等，反应停止产生热　D. 反应混合物的组成不随时间而改变

3. 某温度时，化学反应 $A+\frac{1}{2}B \rightleftharpoons \frac{1}{2}A_2B$ 的平衡常数 $K=1\times10^4$，那么在相同温度下反应 $A_2B \rightleftharpoons 2A+B$ 的平衡常数为（　　）。

A. 1×10^4　　B. 1　　C. 1×10^{-4}　　D. 1×10^{-8}

4. 某温度时，下列反应已达平衡：$CO(g)+H_2O(g) \rightleftharpoons CO_2(g)+H_2(g)$（$\Delta H<0$），为提高CO的转化率可采用（　　）。

A. 压缩容器体积，增加压力　　B. 扩大容器体积，减小压力

C. 升高温度　　D. 降低温度

5. 可使任何反应达到平衡时增加产率的措施是（　　）。

A. 升高温度　　B. 增加反应物的浓度

C. 增加压力　　D. 加入催化剂

6. 可逆反应 $PCl_5(g) \rightleftharpoons PCl_3(g)+Cl_2(g)$（$\Delta H>0$）在密闭容器中进行。当达到平衡状态时，下列说法正确的是（　　）。

A. 平衡条件不变，加入催化剂使平衡向右移动

B. 保持体积不变，加入氮气使压力增加1倍，平衡向左移动

C. 保持压力不变，通入氯气使体积增加1倍，平衡向右移动

D. 升高温度，平衡向右移动

7. 反应 $A+B \rightleftharpoons C$（$\Delta H<0$），若升高温度，其结果是（　　）。

A. 对反应没有影响　　B. 使平衡常数增大　　C. 不改变反应速率　　D. 使平衡常数减小

三、简答题

1. 什么叫活化分子？什么叫有效碰撞？

2. 为什么升高温度和增大反应物的浓度，都能加快化学反应速率？

3. 通过哪些方法能提高反应物的活化分子数？

4. 什么叫可逆反应？什么叫化学平衡？化学平衡的特征是什么？

5. 什么叫平衡常数？它与哪些因素有关？平衡常数的意义是什么？

6. 为了清洗钢铁中的锈（锈的主要成分是 Fe_2O_3 和FeO），往往用盐酸洗涤，问用1mol/L的盐酸和用0.1mol/L的盐酸，那个洗涤速度快？

7. 在制备硫酸的工业生产中有以下反应：

$$2SO_2 + O_2 \rightleftharpoons 2SO_3 + \Delta H$$

为什么在生产中要用过量的空气，使用 V_2O_5 催化剂，在 354～454℃的温度下进行反应？

四、写出下列可逆反应平衡常数的表达式

1. $2NOCl(g) \rightleftharpoons 2NO(g) + Cl_2(g)$

2. $MgSO_4(s) \rightleftharpoons MgO(s) + SO_3(g)$

3. $Zn(s) + 2H^+(aq) \rightleftharpoons Zn^{2+}(aq) + H_2(g)$

4. $C(s) + H_2O(g) \rightleftharpoons CO(g) + H_2(g)$

5. $2SO_2(g) + O_2(g) \rightleftharpoons 2SO_3(g)$

6. $2NO_2(g) + 7H_2(g) \rightleftharpoons 2NH_3(g) + 4H_2O(l)$

五、下列叙述是否正确？并说明理由

1. 平衡常数大，其反应速率一定也快。

2. 催化剂可以改变某一反应的正反应速率和逆反应速率之比。

3. 在一定条件下，一个反应达到平衡的标志是个反应物和生成物的浓度相等。

4. 在一定温度下，反应 $A(g) + 2B(s) \rightleftharpoons C(g)$ 达到平衡时，必须有 B(s) 存在；同时，平衡状态又与 B(s) 的量无关。

5. 由于催化剂具有选择性，因此可以改变某一反应的产物。

6. 可使任何反应达到平衡时增加产率的措施是增加反应物的温度。

六、计算题

1. N_2O_5 的分解反应是 $2N_2O_5(g) \longrightarrow 4NO_2(g) + O_2(g)$，由实验测得在 67℃时 N_2O_5 的浓度随时间的变化如下：

t/min	0	1	2	3	4	5
$(N_2O_5)/(mol/L)$	1.00	0.71	0.50	0.35	0.25	0.17

(1) 分别求 0～2min 和 2～5min 内的平均反应速率；

(2) 解释上述两个时间段内的平均反应速率为什么不同？

2. 原料气 N_2、H_2 在某温度下反应达到平衡时，设 $[N_2]=3mol/L$，$[H_2]=9$，$[NH_3]=4mol/L$ 求：(1) 反应 $N_2(g) + 3H_2(g) \rightleftharpoons 2NH_3(g)$ 的平衡常数；(2) 氮气的转化率。

3. 在某温度下，设有 3mol 乙醇与 3mol 醋酸反应：

$$C_2H_5OH(l) + CH_3COOH(l) \rightleftharpoons CH_3COOC_2H_5(l) + H_2O(l)$$

平衡时，它们的转化率均为 0.667，求此温度下的平衡常数 K。

4. 已知在某温度下反应：

$$CO(g) + H_2O(g) \rightleftharpoons H_2(g) + CO_2(g)$$

平衡常数为 1.0。若反应前 CO 的浓度为 2mol/L，水蒸气的浓度为 3mol/L，求：(1) 平衡状态时 CO(g)、$H_2O(g)$、$H_2(g)$ 以及 $CO_2(g)$ 的浓度；(2) 平衡时 CO 的转化率。

第四章思考与练习参考答案

在线互测

第五章

电解质溶液

学习目标

理解电解质的基本概念；掌握一元弱酸（碱）在水溶液中的电离平衡及相关计算；能正确表示离子反应；能利用平衡移动原理说明同离子效应和缓冲溶液的原理；理解盐类水解的概念及影响因素；掌握氧化还原反应的基本概念和其反应方程式配平方法；理解原电池、电解池的工作原理及其应用；了解金属的腐蚀与防护。

第五章 PPT

无机化学反应大多数是在水溶液中进行的，参与反应的物质主要是酸、碱、盐。酸、碱、盐都是电解质，在水溶液中能电离成自由移动的离子，因此它们在水溶液中的反应都是离子反应。离子反应包括酸碱反应、水解反应、沉淀反应、氧化还原反应和配位反应，这些反应都存在平衡问题。本章将应用化学平衡原理重点讨论酸碱反应和水解反应。

第一节　电解质溶液

一、电解质的基本概念

1. 电解质与非电解质

在水溶液或熔化状态下，能够导电的化合物叫做电解质，不能导电的化合物叫做非电解质。酸、碱、盐是电解质，绝大多数有机物是非电解质，如酒精、蔗糖和甘油等。

2. 电解质的电离

电解质在水溶液或熔化状态下形成自由离子的过程叫电离。在酸、碱、盐的溶液中，受水分子作用，电解质电离为阴、阳离子，离子的运动是杂乱无章的。当通电于溶液中，离子做定向运动，阴离子移向阳极，阳离子移向阴极，就会产生导电现象。电解质溶液导电能力的强弱是由溶液中自由离子的数目决定的。电解质溶液导电情况见图 5-1。

必须指出，电解质的电离过程是在水或热的作用下发生的，并非通电后引起的。

溶剂的极性是电解质电离的一个不可缺少的条件。例如，氯化氢的苯溶液不能导电，而其水溶液可以导电。水是应用最广泛的溶剂，本章只讨论以水作溶剂的电解质溶液。

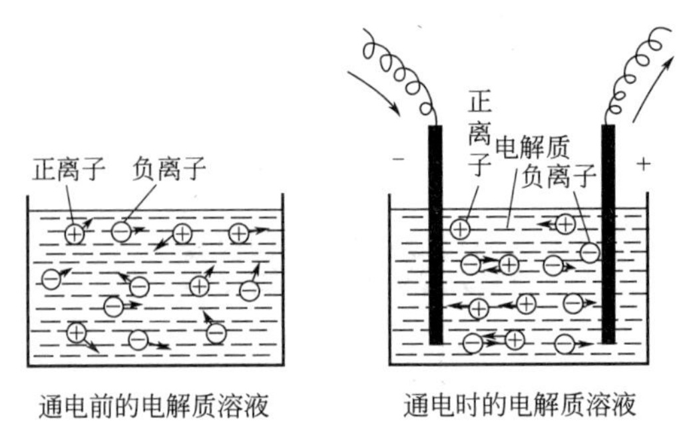

图 5-1　电解质溶液导电示意图

3. 强电解质与弱电解质

不同电解质在水溶液中电离程度是不同的。

【演示实验 5-1】

用实验来比较 0.1mol/L 盐酸、NaOH 溶液、醋酸、氨水的导电能力强弱。

实验证明，这些物质的导电能力是有差异的。

在水溶液或熔融状态下，能完全电离的电解质称为强电解质。强酸、强碱、大多数的盐都是强电解质。其电离过程表示为：

$$HCl \longrightarrow H^+ + Cl^-$$

$$NaOH \longrightarrow Na^+ + OH^-$$

在水溶液或熔融状态下，仅部分电离的电解质称为弱电解质。弱酸、弱碱、极少数的盐属于弱电解质。其电离过程表示为：

$$NH_3 \cdot H_2O \rightleftharpoons NH_4^+ + OH^-$$

常见的弱电解质有：HAc、H_2CO_3、H_2S、HCN、HF、HClO、HNO_2、氨水、水。

电解质的强弱与其物质结构有关。

二、弱电解质的电离平衡

1. 电离平衡常数

弱电解质溶于水时，受到水分子作用电离为阴离子和阳离子。阴离子和阳离子碰撞时又相互吸引，重新结合成分子，因此它们的电离是一个可逆的过程。在一定条件下，当弱电解质的分子电离为离子的速率与离子结合成分子的速率相等时，未电离的分子与离子间就建立起动态平衡，这种平衡称为弱电解质的电离平衡。

以 HA 代表一元弱酸，电离平衡为

$$HA \rightleftharpoons H^+ + A^-$$

在一定温度下，其电离常数表达式为

$$K_a = \frac{[H^+][A^-]}{[HA]}$$

以 BOH 代表一元弱碱，电离平衡为

$$BOH \rightleftharpoons B^{+} + OH^{-}$$

在一定温度下，其电离常数表达式为

$$K_{b}=\frac{[B^{+}][OH^{-}]}{[BOH]}$$

K_a、K_b 分别表示弱酸、弱碱的电离平衡常数，式中各浓度表示电离平衡时的浓度，同时应指明弱电解质的化学式。

在一定温度下，每种弱电解质都有其确定的电离常数值，一些常见弱电解质在 25℃时的电离常数见本书的附录二。电离平衡常数的大小表示弱电解质的电离趋势，其值越大，电离趋势越大。一般将 K_a 小于 10^{-2} 的酸称为弱酸，弱碱也可按此分类。

电离平衡常数与浓度无关，随温度的变化而变化，但由于弱电解质电离的热效应不大，温度对 K_a 和 K_b 的影响较小。

2. 电离度

对弱电解质还可以用电离度表示弱电解质电离程度的大小。当弱电解质在溶液中达到电离平衡时，溶液中已电离的弱电解质浓度和弱电解质起始浓度之比为电离度（α）。

$$\alpha=\frac{\text{已电离的弱电解质浓度}}{\text{弱电解质的起始浓度}}\times 100\%$$

在温度、浓度相同的条件下，电离度的大小表示弱电解质的相对强弱。与电离常数不同，电离度除与弱电解质的本性有关外，还与溶液的浓度有关。

3. 电离度与电离常数的关系

以一元弱酸 HA 为例，讨论这两者的关系。设 HA 溶液的起始浓度为 c mol/L，电离度为 α，则有

	$HA \rightleftharpoons$	H^{+} +	A^{-}
起始浓度/(mol/L)	c	0	0
平衡浓度/(mol/L)	$c-c\alpha$	$c\alpha$	$c\alpha$

根据电离常数的表达式有

$$K_{a}=\frac{[H^{+}][A^{-}]}{[HA]}=\frac{c\alpha\times c\alpha}{c-c\alpha}=\frac{c\alpha^{2}}{1-\alpha}$$

由于弱电解质的 α 值很小，当 $\frac{c}{K_a}\geqslant 500$ 时，可以认为 $1-\alpha\approx 1$，所以

$$K_{a}=c\alpha^{2} \quad \text{或} \quad \alpha=\sqrt{\frac{K_{a}}{c}}$$

$$\text{或} \quad [H^{+}]=\sqrt{K_{a}c}$$

对于一元弱碱，可以得到类似的表达式

$$K_{b}=c\alpha^{2} \quad \text{或} \quad \alpha=\sqrt{\frac{K_{b}}{c}}$$

$$\text{或} \quad [OH^{-}]=\sqrt{K_{b}c}$$

上式表明，同一弱电解质的电离度与其浓度的平方根成反比，即溶液愈稀，电离度愈大；相同浓度的不同弱电解质的电离度与电离常数的平方根成正比，即电离常数愈大，电离度愈大，该关系称为稀释定律。表 5-1 为不同浓度的 HAc 溶液的电离度与 H^+ 浓度的关系。

表 5-1　不同浓度的 HAc 溶液的电离度与 H^+ 浓度的关系

溶液浓度/(mol/L)	0.2	0.1	0.01	0.005	0.001
电离度/%	0.943	1.34	4.24	5.85	12.4
$[H^+]$/(mol/L)	1.868×10^{-3}	1.34×10^{-3}	4.24×10^{-4}	2.94×10^{-4}	1.24×10^{-4}

从表中可以知道，随溶液浓度的减小，HAc 的电离度增大。但溶液中 $[H^+]$ 却随溶液浓度的减小而减小。

【例 5-1】 已知 25℃时，$K_a(HAc)=1.80\times10^{-5}$，计算 0.01mol/L HAc 溶液中 H^+ 的浓度和电离度。

解 因为$\frac{c}{K_a}\geqslant500$，根据电离度与电离常数的关系有：

$$\alpha=\sqrt{\frac{K_a}{c}}=\sqrt{\frac{1.8\times10^{-5}}{0.01}}=4.24\times10^{-2}=4.24\%$$

$$[H^+]=c\alpha=0.01mol/L\times4.24\%=4.24\times10^{-4}mol/L$$

答：0.01mol/L HAc 溶液中 H^+ 浓度为 4.24×10^{-4}mol/L，电离度为 4.24%。

【例 5-2】 已知 25℃时，0.2mol/L 的氨水的电离度为 0.943%，计算该溶液中 OH^- 的浓度和电离平衡常数。

解 设电离平衡时 OH^- 的浓度为 x

$$NH_3\cdot H_2O \rightleftharpoons NH_4^+ + OH^-$$

	$NH_3\cdot H_2O$	NH_4^+	OH^-
起始浓度/(mol/L)	0.2	0	0
平衡浓度/(mol/L)	$0.2-x$	x	x

根据电离度的定义有

$$\frac{x}{0.2}\times100\%=0.943\%$$

所以

$$x=1.9\times10^{-3}\ mol/L$$

$$K_b=\frac{x\times x}{0.2-x}=\frac{(1.9\times10^{-3})^2}{0.2-1.9\times10^{-3}}=1.8\times10^{-5}$$

答：氨水溶液中 OH^- 的浓度为 1.9×10^{-3} mol/L，电离平衡常数为 1.80×10^{-5}。

三、多元弱酸的电离平衡

在水溶液中一个分子能电离出两个或两个以上 H^+ 的弱酸叫做多元酸。多元弱酸的电离是分步进行的。例如：

$$H_2S \rightleftharpoons H^+ + HS^- \qquad K_{a_1}=9.1\times10^{-8}$$

$$HS^- \rightleftharpoons H^+ + S^{2-} \qquad K_{a_2}=1.1\times10^{-12}$$

电离平衡常数表明，多级电离的电离常数是逐级减小的。因为从带负电荷的 HS^- 电离出一个正离子，要比从中性分子 H_2S 中电离出 H^+ 困难得多。所以多元弱酸溶液中 H^+ 主要来自第一步电离，可以按一元弱酸处理。

思考题

弱电解质溶液的导电能力一定很弱，强电解质溶液的导电能力一定很强，这种说法对吗？为什么？

第二节　离子反应与离子方程式

一、离子反应与离子方程式

电解质在溶液中全部或部分电离为离子，因此电解质在溶液中发生的反应实质上是电离出的离子间的反应，这类反应称为离子反应。

例如，Na_2SO_4 溶液与 $BaCl_2$ 溶液的反应，产生了 $BaSO_4$ 沉淀和 NaCl。

$$Na_2SO_4+BaCl_2 \longrightarrow 2NaCl+BaSO_4\downarrow$$

Na_2SO_4、$BaCl_2$、NaCl 是易溶、易电离的化合物，在溶液中以离子的形式存在。$BaSO_4$ 以固体的性质形式存在。因此，该反应可以表示为：

$$2Na^++SO_4^{2-}+Ba^{2+}+2Cl^- \longrightarrow BaSO_4\downarrow+2Na^++Cl^-$$

式中 Na^+、Cl^- 反应前后不变，将它们从方程式中消去，则有：

$$SO_4^{2-}+Ba^{2+} \longrightarrow BaSO_4\downarrow$$

这种用实际参加反应的离子符号来表示离子反应的式子叫做离子方程式。该离子反应表示任何可溶性钡盐与硫酸或可溶性硫酸盐之间的反应。由此可见，离子方程式和一般化学方程式不同。离子反应不仅表示一定物质间的化学反应，而且可以表示同一类型的化学反应。所以，离子方程式更能说明化学反应的本质。

以 $AgNO_3$ 溶液与 NaCl 溶液的反应来说明离子方程式的书写步骤。

第一步，完成化学方程式。

$$AgNO_3+NaCl \longrightarrow AgCl\downarrow+NaNO_3$$

第二步，将反应前后易溶于水、易电离的物质写成离子形式；难溶物、难电离的物质、气体以分子式表示。

$$Ag^++NO_3^-+Na^++Cl^- \longrightarrow AgCl+Na^++NO_3^-$$

第三步，消去两边未参加反应的离子，即方程式两边相同数量的同种离子。

$$Ag^++Cl^- \longrightarrow AgCl\downarrow$$

第四步，检查离子方程式中，各元素的原子个数和电荷数是否相等。

书写离子方程式时，必须熟知电解质的溶解性（附录三）和电解质的强弱，只有易溶、易电离的电解质以离子符号表示。

二、离子反应发生的条件

溶液中离子反应的发生是有条件的。例如 NaCl 溶液与 KNO_3 溶液混合：

$$NaCl + KNO_3 \longrightarrow NaNO_3 + KCl$$

$$Na^+ + Cl^- + K^+ + NO_3^- \longrightarrow Na^+ + NO_3^- + K^+ + Cl^-$$

实际上，Na^+、Cl^-、K^+、NO_3^- 四种离子都没有发生变化。可见，如果反应物、生成物都是易溶、易电离的物质，在溶液中均以离子的形式存在，它们之间不可能生成新物质，实质上没有发生反应。

溶液中离子反应的条件如下。

（1）能够生成沉淀　Na_2SO_4 溶液与 $BaCl_2$ 溶液的反应，生产了 $BaSO_4$ 沉淀。

$$Na_2SO_4 + BaCl_2 \longrightarrow BaSO_4\downarrow + 2NaCl$$

离子方程式为：$$SO_4^{2-} + Ba^{2+} \longrightarrow BaSO_4\downarrow$$

（2）有易挥发物产生　如 $CaCO_3$ 固体与盐酸反应，生成 CO_2 气体。

$$CaCO_3 + 2HCl \longrightarrow CaCl_2 + CO_2\uparrow + H_2O$$

离子方程式为：$$CaCO_3 + 2H^+ \longrightarrow Ca^{2+} + CO_2\uparrow + H_2O$$

（3）生成水或其他弱电解质　例如，盐酸与烧碱溶液的反应，有水产生。

$$NaOH + HCl \longrightarrow NaCl + H_2O$$

离子方程式为：$$H^+ + OH^- \longrightarrow H_2O$$

上述反应说明强酸与强碱的中和反应，实质是酸中的 H^+ 与碱中的 OH^- 之间生成难电离的 H_2O 的反应。

原来所学的复分解反应，实质就是两种电解质在溶液中相互交换离子，这类离子反应发生的条件就是复分解反应发生的条件。综上所述，离子互换反应进行的条件是生成物中有难溶物或易挥发物或弱电解质产生，否则反应不能进行。

例如，HAc 溶液与 NaOH 溶液反应

$$HAc + NaOH \longrightarrow NaAc + H_2O$$

$$HAc + OH^- \longrightarrow Ac^- + H_2O$$

HAc 是弱电解质，而产生的 H_2O 比 HAc 更难电离，所以反应能够进行。

总之，离子互换反应总是向着减少离子浓度的方向进行。

思考题

为什么离子反应需要一定的条件才能进行?

第三节　水的电离和溶液的 pH

通常认为纯水是不导电的。但如果用精密仪器检验，可发现水有微弱的导电性，说明纯水有微弱的电离，所以水是极弱的电解质。

一、水的电离

水的电离平衡表示为

$$H_2O \rightleftharpoons H^+ + OH^-$$

当电离达到平衡时

$$K=\frac{[H^+][OH^-]}{[H_2O]}$$

由于只有极少部分的水分子电离，绝大多数还是以水分子形式存在，将 $c(H_2O)$ 视为常数，合并在电离常数中。由电导实验测得，在 25℃时 1L 纯水中约有 1×10^{-7}mol 的 H^+ 和 1×10^{-7}mol 的 OH^-，因此上式可以表示为

$$K_w=Kc(H_2O)=1.0\times10^{-14}$$

此式表明，在一定温度下，纯水中 H^+ 浓度与 OH^- 浓度的乘积是一个常数，称为水的离子积常数，简称为水的离子积。水的离子积随温度的变化而变化（见表 5-2），但在室温附近变化很小，一般都以 $K_w=1.0\times10^{-14}$ 进行计算。

表 5-2　水的离子积与温度的关系

T/℃	0	10	18	22	25	40	60
$K_w/10^{-14}$	0.13	0.36	0.74	1.00	1.27	3.80	12.6

水的离子积不仅适用于纯水，对电解质的稀溶液也适用。在水中加入少量强酸时，溶液中 H^+ 浓度增加，OH^- 浓度必然减小。反之亦然。

二、溶液的酸碱性和 pH

溶液的酸碱性决定于溶液中 H^+ 和 OH^- 浓度的相对大小。

中性溶液　$c(H^+)=c(OH^-)=1\times10^{-7}$mol/L

酸性溶液　$c(H^+)>c(OH^-)$　$c(H^+)>1\times10^{-7}$mol/L

碱性溶液　$c(H^+)<c(OH^-)$　$c(H^+)<1\times10^{-7}$mol/L

因此可用 H^+ 浓度表示各种溶液的酸碱性。在溶液中 H^+ 浓度越大，溶液的酸性就越强，溶液的碱性越弱；反之，酸性越弱，溶液的碱性越强。在稀溶液中，H^+ 浓度很小，应用起来不方便，在化学上采用 H^+ 浓度的负对数所得的值来表示溶液的酸、碱性，该值记为 pH。

$$pH=-\lg[H^+]$$

在常温下，溶液的酸碱性与 pH 的关系为

中性溶液　pH=7

酸性溶液　pH<7

碱性溶液　pH>7

pH 越小，表示溶液中 H^+ 浓度越大，溶液的酸性越强；pH 越大，表示溶液中 H^+ 浓度越小，而 OH^- 浓度越大，溶液的碱性越强。

注意：pH 的使用范围是 0～14。表 5-3 为一些水溶液的 pH。

表 5-3　一些常见水溶液的 pH

水溶液	pH	水溶液	pH
柠檬汁	2.2～2.4	乳酪	4.8～6.4
葡萄酒	2.8～3.8	海水	8.3
食醋	3.0	饮用水	6.5～8.0
啤酒	4～5	人的血液	7.3～7.5
番茄汁	3.5	人的唾液	6.5～7.5
牛奶	6.3～6.6	人的尿液	4.8～8.4

【例 5-3】 计算 0.01mol/L 盐酸的 pH。

解　盐酸是强电解质，在水溶液中完全电离，所以溶液中 H^+ 的浓度是 0.01mol/L。

$$pH=-\lg[H^+]=-\lg 0.01=2$$

答：0.01mol/L 盐酸溶液的 pH 是 2。

【例 5-4】 计算 0.01mol/L HAc 溶液的 pH。

已知 HAc 电离平衡常数为 1.8×10^{-5}。

解　HAc 是弱电解质，在溶液中部分电离。

$$HAc \rightleftharpoons H^+ + Ac^-$$

$$[H^+]=c\alpha=c\sqrt{\frac{K_a}{c}}=0.01\times\sqrt{\frac{1.8\times10^{-5}}{0.01}}=4.2\times10^{-4}(mol/L)$$

$$pH=-\lg[H^+]=-\lg 4.2\times10^{-4}=3.4$$

答：0.01mol/L HAc 溶液的 pH 为 3.4。

从以上两个例题的计算结果比较可知，同浓度的盐酸与醋酸溶液，前者的 pH 要小于后者，说明盐酸的酸性更强一些。

三、酸碱指示剂

借助于颜色的改变来指示溶液的酸碱性的物质叫做酸碱指示剂。酸碱指示剂通常是有机弱酸或弱碱，当溶液的 pH 改变时，其本身结构发生变化而引起颜色改变。肉眼能观察到指示剂发生颜色变化的 pH 范围称为指示剂的变色范围。甲基橙、甲基红、酚酞、石蕊是几种常用的酸碱指示剂，它们的变色范围见表 5-4。

酸碱指示剂的发现

用酸碱指示剂可以粗略地测定溶液的酸碱性，在化工生产和科研中

有广泛地应用。需要精确测定溶液的酸碱性时，可用各种类型的酸度计。

表 5-4　常见酸碱指示剂的变色范围

指示剂	pH 的变色范围		
甲基橙	＜3.1 红色	3.1～4.4 橙色	＞4.4 黄色
甲基红	＜4.4 红色	4.4～6.2 橙色	＞6.2 黄色
石蕊	＜5.0 红色	5.0～8.0 紫色	＞8.0 蓝色
酚酞	＜8.0 无色	8.0～10 粉红色	＞10.0 红色

四、酸碱中和反应及滴定

1. 酸碱中和反应

根据酸碱电离理论，电解质电离时所产生的阳离子全部是 H^+ 的是酸；电离时所产生的阴离子全部是 OH^- 的是碱。酸和碱反应生成盐和水，这类反应称为中和反应。

$$NaOH + HCl \longrightarrow NaCl + H_2O$$

$$NaOH + HAc \longrightarrow NaAc + H_2O$$

$$HCl + NH_3 \cdot H_2O \longrightarrow NH_4Cl + H_2O$$

酸碱中和反应的实质是酸中的 H^+ 与碱中的 OH^- 结合生成水。

$$H^+ + OH^- \longrightarrow H_2O$$

2. 酸碱滴定

酸碱滴定是以中和反应为基础，将已知准确浓度的强酸或强碱，滴加到一定量的未知浓度的碱或酸的溶液中，使中和反应完全定量进行，根据所消耗的强酸或强碱的体积可以计算出未知的碱或酸的浓度或含量。

已知准确浓度的强酸或强碱溶液为标准溶液（滴定剂），未知浓度的溶液为待测溶液。用滴定管将标准溶液滴加到待测溶液中的操作称为滴定。当滴入的标准溶液与待测组分的物质的量恰好符合化学反应式所表示的化学计量关系时，称反应达到化学计量点。化学计量点一般用酸碱指示剂的颜色改变来判断。滴定过程中指示剂颜色突变时停止滴定，称为滴定终点。滴定终点与化学计量点之间不一定吻合，由此引入的误差称为终点误差。

思考题

pH 为 2 的酸溶液和 pH 为 12 的碱溶液混合后，溶液的一定呈中性吗？

第四节　缓冲溶液

溶液的酸碱度是影响化学反应的重要因素之一。许多化学反应，特别是生物体内的化学反应，常常需要在一定的 pH 条件下才能正常进行。例如，人体血液的 pH 保持在 7.35～7.45 之间，才能维护机体的酸碱平衡。若超出这个范围，机体的生理功能就会失调而导致疾病。怎样才能维持溶液的 pH 范围呢？这就是缓冲溶液的功能。

一、同离子效应

同离子效应

【演示实验 5-2】

在两支试管中分别加入 5mL 0.1mol/L HAc 溶液和两滴甲基橙，观察溶液的颜色。向其中一支试管中加入少量 NaAc 固体，振荡使其溶解，对比两支试管中溶液颜色的差异。

$$HAc \rightleftharpoons H^+ + Ac^-$$

$$NaAc \longrightarrow Na^+ + Ac^-$$

在 HAc 溶液中加入 NaAc 后，增大了溶液中 Ac^- 浓度，使 HAc 的电离平衡向左移动，HAc 的电离度降低，溶液中 H^+ 浓度减小，溶液的颜色变浅。

这种在弱酸或弱碱溶液中，加入与弱酸或弱碱含有相同离子的易溶强电解质，使弱酸或弱碱的电离度降低的现象，称为同离子效应。

二、缓冲溶液

1. 缓冲溶液

能够抵抗外加少量酸、碱或稀释作用，而本身 pH 不发生显著变化的作用称为缓冲作用。具有缓冲作用的溶液称为缓冲溶液，其原理就是同离子效应。

为了说明缓冲的作用，可以分析表 5-5 中数据。

表 5-5　缓冲作用分析

纯水或溶液	加少量强酸(碱)	pH	ΔpH
纯水 1L		7	
	0.01mol HCl 气体	2	−5
	0.01mol NaOH 固体	12	+5
0.1mol NaCl(1L)		≈7	
	0.01mol HCl	2	−5
	0.01mol NaOH	12	+5
0.1mol HAc-0.1mol NaAc(1L)		4.75	
	0.01mol HCl	4.66	−0.09
	0.01mol NaOH	4.84	+0.09

表中数据表明，向纯水和 NaCl 溶液加入少量酸或碱后，其 pH 会显著变化。HAc-NaAc 组成的缓冲溶液可以维持 pH 的相对稳定。

2. 缓冲原理

控制溶液反应的 pH 范围的缓冲溶液一般由弱酸及其盐、弱碱及其盐组成。例如

HAc+NaAc、$NH_3 \cdot H_2O$+NH_4Cl 等组成的保持不同 pH 的缓冲溶液。

以 HAc+NaAc 缓冲溶液为例说明缓冲原理。

NaAc 为强电解质，在溶液中全部电离成 Na^+ 和 Ac^-。HAc 为弱电解质，在溶液中部分电离。由于 HAc 受 NaAc 产生 Ac^- 的同离子效应的影响，其电离平衡向左移动，使溶液中存在大量的 HAc 分子，并有大量的 Ac^-。

当加入少量强酸时，H^+ 浓度增加，溶液中存在的大量 Ac^- 生成 HAc，使 HAc 的电离平衡向左移动。达到新的平衡时，溶液 H^+ 浓度没有明显增加，pH 无明显降低，Ac^- 起到抗酸作用，称抗酸成分。

当加入少量强碱时，OH^- 浓度增加，溶液中存在的 HAc 与 OH^- 结合成 H_2O，使 HAc 的电离平衡向右移动，即 HAc 能把加入的 OH^- 离子的相当大一部分消耗掉。达到新的平衡时，H^+ 浓度不会明显降低，pH 无明显增加。HAc 起到抗碱作用，称抗碱成分。

任何缓冲溶液中，既有抗酸成分，又有抗碱成分。但是，任何缓冲溶液的缓冲能力都是有限的，若向其中加入大量的强酸或强碱，或加大量的水稀释，缓冲溶液的缓冲能力将丧失。

缓冲溶液的应用很广泛，维持生物体正常的生理活动、物质的分离提纯、物质的分析检验等，需要控制溶液的 pH，这都需要选择不同的缓冲溶液来维持。

思考题

分析 $NH_3 \cdot H_2O$+NH_4Cl 组成的缓冲溶液中，抗酸成分是什么？抗碱成分是什么？

第五节　盐类的水解

水溶液的酸碱性，取决于溶液中 H^+ 和 OH^- 浓度的相对大小。但某些盐的组成中没有 H^+ 或 OH^-，其水溶液却显示出一定的酸性或碱性。原因是盐电离的阴离子或阳离子与水电离的 H^+ 或 OH^- 结合，生成了弱酸或弱碱，使水的电离平衡发生移动，所以盐溶液表现出一定的酸性或碱性。这种盐的离子与溶液中水电离出的 H^+ 或 OH^- 作用生成弱电解质的反应，叫做盐类的水解。

一、盐类的水解

1. 强碱弱酸盐的水解

【演示实验 5-3】

用 pH 试纸检验 0.1mol/L NaAc 溶液的 pH。

NaAc是由弱酸HAc和强碱NaOH反应所生成的盐，是强碱弱酸盐。在水溶液中存在如下电离

$$
\begin{array}{ccc}
NaAc \longrightarrow & Na^{+} & + Ac^{-} \\
 & & + \\
H_2O \rightleftharpoons & OH^{-} & + H^{+} \\
 & & \Downarrow\Uparrow \\
 & & HAc
\end{array}
$$

NaAc的水解反应离子方程式为：

$$Ac^{-} + H_2O \rightleftharpoons HAc + OH^{-}$$

由于Ac^{-}与水电离出的H^{+}结合而生成弱电解质HAc，随溶液中H^{+}浓度的减小，促使水的电离平衡向右移动，OH^{-}浓度随之增大，直到建立新的平衡。所以溶液中OH^{-}浓度大于H^{+}浓度，溶液呈碱性。即强碱弱酸盐水解呈碱性，如NaCN、Na_2CO_3、Na_2SiO_3等溶液均显碱性。

2. 强酸弱碱盐的水解

【演示实验 5-4】

用pH试纸检验0.1mol/L NH_4Cl溶液的pH。

NH_4Cl是由强酸HCl和弱碱$NH_3 \cdot H_2O$反应所生成的盐，是强酸弱碱盐。在水溶液中存在如下电离

$$
\begin{array}{ccc}
NH_4Cl \longrightarrow & NH_4^{+} & + Cl^{-} \\
 & + & \\
H_2O \rightleftharpoons & OH^{-} & + H^{+} \\
 & \Downarrow\Uparrow & \\
 & NH_3 \cdot H_2O &
\end{array}
$$

NH_4Cl的水解反应离子方程式为：

$$NH_4^{+} + H_2O \rightleftharpoons NH_3 \cdot H_2O + H^{+}$$

NH_4^{+}与水电离出的OH^{-}结合生成弱电解质$NH_3 \cdot H_2O$，随着溶液中OH^{-}浓度的减小，水的电离平衡向右移动，H^{+}浓度随之增大直到建立新的平衡。所以，溶液中H^{+}浓度大于OH^{-}浓度，溶液显酸性。即强酸弱碱盐水解呈酸性，如NH_4NO_3、$CuSO_4$、$FeCl_3$等溶液显酸性。

3. 弱酸弱碱盐的水解

【演示实验 5-5】

用pH试纸检验0.1mol/L NH_4Ac溶液的pH。

NH_4Ac是由弱酸HAc和弱碱$NH_3 \cdot H_2O$反应所生成的盐，是弱酸弱碱盐。在水溶液中存在如下电离

$$
\begin{array}{rccc}
NH_4Ac \longrightarrow & NH_4^+ & + & Ac^- \\
 & + & & + \\
H_2O \rightleftharpoons & OH^- & + & H^+ \\
 & \Updownarrow & & \Updownarrow \\
 & NH_3 \cdot H_2O & & HAc
\end{array}
$$

NH_4Ac 的水解反应离子方程式为：

$$NH_4^+ + H_2O \rightleftharpoons NH_3 \cdot H_2O + HAc$$

由于分别形成了弱电解质 $NH_3 \cdot H_2O$、HAc，溶液中 H^+、OH^- 浓度都减小，水的电离平衡向右移动。由于生成的 $NH_3 \cdot H_2O$ 和 HAc 的电离常数很接近，溶液中 H^+、OH^- 浓度几乎相等，溶液呈中性。

对于 $HCOONH_4$ 溶液，HCOOH 的 K_a 大于 $NH_3 \cdot H_2O$ 的 K_b，$HCOONH_4$ 水解溶液呈酸性。对于 NH_4CN 溶液，HCN 的 K_a 小于 $NH_3 \cdot H_2O$ 的 K_b，NH_4CN 水解溶液呈碱性。

4. 强酸强碱盐不水解

强酸强碱盐的阴、阳离子都不能与水电离的 H^+ 和 OH^- 结合，不破坏水的电离平衡。因此，强酸强碱盐不水解，水溶液呈中性。如 KNO_3、NaCl 等。

综上所述，各类盐的水解规律概括如下：

强碱弱酸盐水解，溶液呈碱性，$pH>7$；

强酸弱碱盐水解，溶液呈酸性，$pH<7$。

弱酸弱碱盐的水解分三种情况：

$K_a \approx K_b$ 的盐水解，溶液呈中性，$pH=7$；

$K_a > K_b$ 的盐水解，溶液呈酸性，$pH<7$；

$K_a < K_b$ 的盐水解，溶液呈碱性，$pH>7$。

二、影响盐类水解的因素

1. 盐的本性

影响盐类水解程度的因素首先与盐的本性，即形成盐的酸、碱的强弱有关。形成盐的弱酸、弱碱的电离常数越小，盐的水解程度越大。例如，弱酸弱碱盐易水解，而强酸强碱盐不水解。当水解产物是难溶物或易挥发物时，难溶物的溶解度越小，或者挥发物越易挥发，盐的水解程度越大。

2. 盐的浓度

同一种盐，其浓度越小，盐的水解程度越大。将溶液稀释会促进盐的水解。

3. 溶液的酸碱度

由于盐类水解使溶液呈现一定酸碱性，根据平衡移动原理，调节溶液的酸碱度，能促进或抑制盐的水解。

实验室配制 $SnCl_2$ 溶液时，用盐酸溶解 $SnCl_2$ 固体而不是用蒸馏水作溶剂，就是用酸来抑制 Sn^{2+} 的水解。

4. 温度

盐的水解反应是酸碱中和反应的逆反应，中和反应是放热反应，则水解反应是吸热反应，故升高温度会促进水解反应的进行。例如 $FeCl_3$ 在常温下水解不明显，将其水溶液加热后水解较彻底，溶液颜色逐渐加深，并变得浑浊。

三、盐类水解的应用

盐类水解在工农业生产、科学实验和日常生活中，都有广泛的应用。根据不同的要求，可以采取不同的手段来促进或抑制盐的水解。

实验室在配制 $SnCl_2$、$SbCl_3$、$Bi(NO_3)_3$ 溶液时，为抑制水解的发生，是将这些盐溶解在一定浓度的 HCl 或 HNO_3 中配制的。否则水解产生的难溶物，再加酸也难溶解。

$$SnCl_2 + H_2O \longrightarrow Sn(OH)Cl\downarrow + HCl$$

Fe^{3+}、Al^{3+}、Cr^{3+}、Zn^{2+}、Cu^{2+} 等易水解的盐，在制备过程中要加入一定浓度的相应酸，抑制其水解，以保证产品的纯度。

在分析化学和无机制备中常采用升高温度促使水解进行完全，以达到分离和合成的目的。

利用明矾作净水剂，原因是明矾电离出的 Al^{3+} 水解生成 $Al(OH)_3$ 胶体，能吸附水中的悬浮杂质，从而使水澄清。在泡沫灭火器中，分别装有 $NaHCO_3$ 饱和溶液和 $Al_2(SO_4)_3$ 饱和溶液，前者水解溶液呈碱性，后者水解呈酸性，两者混合时相互促进水解，产生 CO_2 和 $Al(OH)_3$ 胶体，喷射到着火物上，能隔绝空气达到灭火的目的。

思考题

为什么不能用湿法制备 Al_2S_3？

第六节　电化学基础

人们最初对氧化还原反应的认识是，将与氧化合的反应叫做氧化反应，失去氧的反应叫做还原反应。随着对原子结构认识的深入，对氧化还原反应的本质有了进一步的认识。是否得氧或失氧，并不是氧化还原反应的本质特征。因此，需要将氧化还原反应的概念进行扩展。

一、氧化还原反应

1. 氧化反应与还原反应

下面从化合价的升降角度来分析氢气还原氧化铜这一反应。

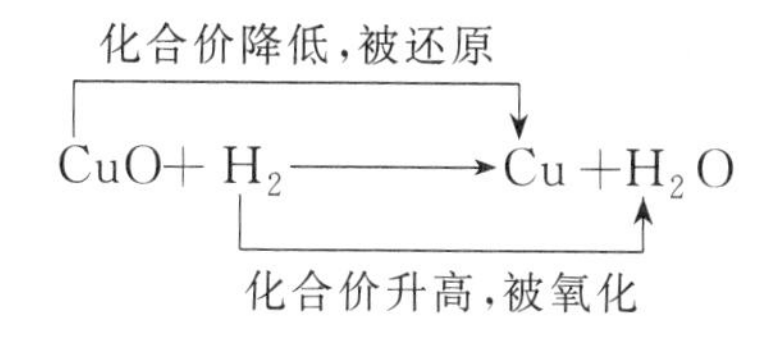

反应中，CuO 失去氧变成 Cu，铜的化合价由＋2 价降低为 0 价，即 CuO 被还原；同时，H_2 得到氧，氢的化合价由 0 价升高为＋1 价，即 H_2 被氧化。

在钠与氯气的反应中，钠失去了一个电子成为 Na^+，化合价从 0 价升高为＋1 价，即钠被氧化。氯得到电子成为 Cl^-，化合价从 0 价降低为－1 价，氯被还原。

化合价升高，被氧化

$$Na + Cl_2 \longrightarrow 2NaCl$$

化合价降低，被还原

从化合价升降的角度来分析大量的氧化还原反应可以得出：凡是元素化合价在反应前后有变化的化学反应就是氧化还原反应。其中，物质所含元素化合价升高的反应是氧化反应，所含元素化合价降低的反应是还原反应。元素化合价升降的原因是它们的原子或离子失去或得到电子。因此，氧化还原反应是具有电子得失的反应，其中物质失去电子的反应是氧化反应，物质得到电子的反应是还原反应。

又如：

化合价升高，被氧化

$$H_2 + Cl_2 \longrightarrow 2HCl$$

化合价降低，被还原

在这个反应中，氯气与氢气化合生成共价化合物 HCl，不是由于电子的得失，而是共用电子对的偏移，于是氢原子显正电性，氯原子显负电性，发生了化合价的升降，这样的反应也属于氧化还原反应。因此，将凡是有电子的得失或共用电子对的偏移的反应就叫做氧化还原反应。其本质是发生了电子的转移，而元素化合价的升降是氧化还原反应的特征。没有化合价变化的就是非氧化还原反应。

2. 氧化剂与还原剂

在氧化还原反应中，得到电子或电子对偏向的物质是氧化剂；失去电子或电子对偏离的物质是还原剂。如 Na 与 Cl_2 反应，钠失去电子，Na 是还原剂；氯得到电子，Cl_2 是氧化剂。

由于氧化剂在氧化还原反应中，总是得到电子，本身被还原，即化合价降低，所以氧化剂中起氧化作用的元素一定具有较高或最高的化合价。

常见的氧化剂：活泼的非金属单质、Na_2O_2、H_2O_2、HClO、$KClO_3$、HNO_3、$KMnO_4$、浓 H_2SO_4、$K_2Cr_2O_7$、MnO_2 等。

由于还原剂在氧化还原反应中，总是失去电子，本身被氧化，即化合价升高，所以还原剂中起还原作用的元素一定具有较低或最低化合价。

常见的还原剂：活泼的金属单质、C、H_2、H_2S、HI、CO等。

因此处于中间价态的物质，在反应中既可作氧化剂，又可作还原剂，如SO_2、H_2SO_3及其盐、HNO_2及其盐、H_2O_2、Fe^{2+}等。

$$Zn+FeCl_2 \longrightarrow Fe+ZnCl_2$$

$$Cl_2+2FeCl_2 \longrightarrow 2FeCl_3$$

氧化剂、还原剂的强弱取决于得失电子的难易，而不是得失电子的多少。

氧化还原反应是化学中最重要的反应形式，事实上整个化学的发展就是从氧化还原反应开始的。据估计，化工生产中约50%以上的反应都涉及氧化还原反应。

3. 氧化还原反应方程式的配平

氧化还原反应往往比较复杂，用观察法不容易配平。根据氧化还原反应的实质或特征，可以通过分析电子转移或化合价的升降来配平氧化还原反应。这里只介绍化合价升降法配平氧化还原反应。

（1）配平氧化还原反应方程式的原则

① 在氧化还原反应中，氧化剂得到电子的总数等于还原剂失去电子的总数。

② 反应前后各元素原子的总数相等。

（2）配平氧化还原反应方程式的步骤

① 正确地写出反应物和生成物的化学式，并标出参加氧化还原反应的元素的正、负化合价。

② 求出化合价升高数值与降低数值的最小公倍数，找出使其得失电子总数相等应乘以的最简系数，此系数即为氧化剂和还原剂的系数。

③ 用观察法配平化学式中其他元素的原子个数，即物质化学式前的系数，若系数中有分数出现，则需化成最简整数比，电子转移总数也应作相应比例变化。配平后注明必要的反应条件（如↑、↓、△、催化剂等）。

【例 5-5】 配平MnO_2与盐酸的反应。

$$MnO_2+HCl \longrightarrow MnCl_2+Cl_2+H_2O$$

解 ①

$$MnO_2+HCl \longrightarrow MnCl_2+Cl_2+H_2O$$

化合价升高（HCl → Cl_2）

$$MnO_2+HCl \longrightarrow MnCl_2+Cl_2+H_2O$$

化合价降低（MnO_2 → $MnCl_2$）

②

化合价升高 1×2（HCl → Cl_2）

$$MnO_2+HCl \longrightarrow MnCl_2+Cl_2+H_2O$$

化合价降低 2×1（MnO_2 → $MnCl_2$）

③

$$MnO_2+4HCl \longrightarrow MnCl_2+Cl_2\uparrow+2H_2O$$

【例 5-6】 配平 NH_3 与 O_2 的反应。

$$NH_3+O_2 \longrightarrow NO+H_2O$$

解 ①

$$NH_3+O_2 \longrightarrow NO+H_2O$$

化合价升高

$$NH_3+O_2 \longrightarrow NO+H_2O$$

化合价降低

②

化合价升高 5×4

$$NH_3+O_2 \longrightarrow NO+H_2O$$

化合价降低 2×2×5

③

$$4NH_3+5O_2 \longrightarrow 4NO+6H_2O$$

二、原电池的工作原理及组成

【演示实验 5-6】

将锌片放入 $CuSO_4$ 溶液中，可以观察到什么现象？按图 5-2 装置所示来连接，又会发生什么情况呢？

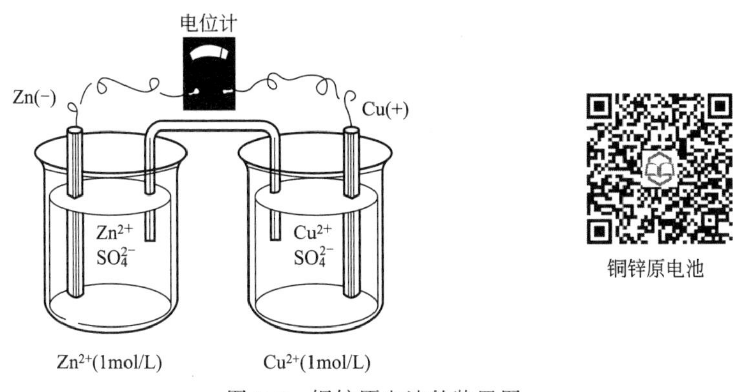

图 5-2　铜锌原电池的装置图

通过实验可以观察到以下现象。

（1）锌片的表面附着一层红色的固体，溶液颜色变浅。

（2）电流计指针发生偏转，说明金属导线上有电流通过。根据指针偏转方向，可知电子流动的方向是从锌片经过导线流向铜片。所以，锌片是负极，铜片是正极。

（3）铜片上有金属铜沉积上去，锌片不断溶解。

（4）取出盐桥❶，电流计指针回到零点；放入盐桥，电流计指针偏转。

对上述现象做如下分析。

❶ U 形管中装有用饱和 KCl 溶液和琼胶做成的冻胶，称为盐桥。通过盐桥，Cl^- 向锌盐溶液运动，K^+ 向铜盐溶液运动，保持溶液电荷平衡，使反应能继续进行。

负极 $Zn-2e \longrightarrow Zn^{2+}$

正极 $Cu^{2+}+2e \longrightarrow Cu$

以上两个反应的总反应为：

$$Zn+Cu^{2+} \longrightarrow Zn^{2+}+Cu$$

这样由于电子的定向运动，从而产生了电流，实现了化学能向电能的转化。这种借助于氧化还原反应，将化学能转变为电能的装置叫做原电池。从理论上讲，任何一个氧化还原反应都能组成原电池。事实上，将两种不同金属插入同一种电解质溶液中，就组成了一个原电池。

三、化学电源

化学电源又称化学电池，是将化学能直接转化为电能的装置。将电池作为实用的化学电源，要具备一些特定的条件，如电压较高、电池反应要迅速、电容量较大、便于携带等。下面简要介绍几种常用电池。

1. 锌锰电池

这是常用的干电池，构造如图 5-3 所示。以锌片制成圆筒作为负极，用 MnO_2 和碳棒插在圆筒中央作为正极，用 NH_4Cl、$ZnCl_2$ 和淀粉混合成糊状物作为电解液。

负极 $Zn-2e \longrightarrow Zn^{2+}$

正极 $2NH_4^{+}+2e \longrightarrow 2NH_3+H_2$

干电池的电压约为 1.5V，价格低廉，携带方便，应用广泛。它只能一次性使用，忌曝晒、忌潮湿。

2. 氧化银电池

这是一种小型电池，构造如图 5-4 所示，广泛用于计算器、电子表等，是一次性电池，电压约为 1.5V。正极是 Ag_2O，负极是 Zn，反应在碱性电解质中进行。

负极 $Zn+2OH^{-}-2e \longrightarrow Zn(OH)_2$

正极 $Ag_2O+H_2O+2e \longrightarrow 2Ag+2OH^{-}$

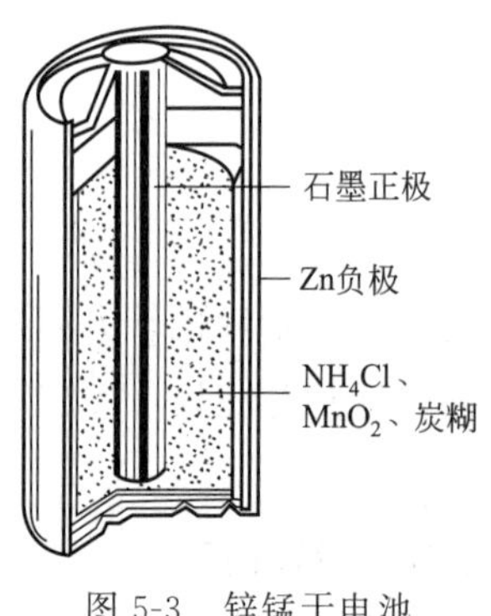

图 5-3 锌锰干电池

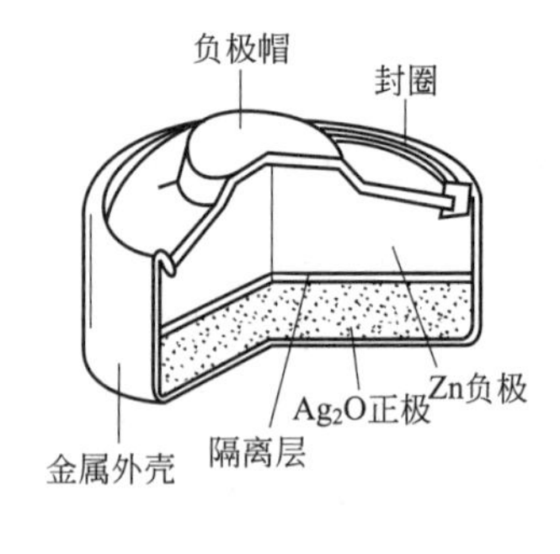

图 5-4 氧化银电池

3. 铅蓄电池

铅蓄电池是一种充电时起电解作用、放电时起原电池作用的可储存能量的装置。铅蓄电池构造如图 5-5 所示，电极都是由两组铅锑合金板组成的。在一组格板的孔穴中填充了 PbO_2 作为正极，另一组格板的孔穴中填充海绵状金属铅作为负极。电极浸在 30% H_2SO_4 溶液中。

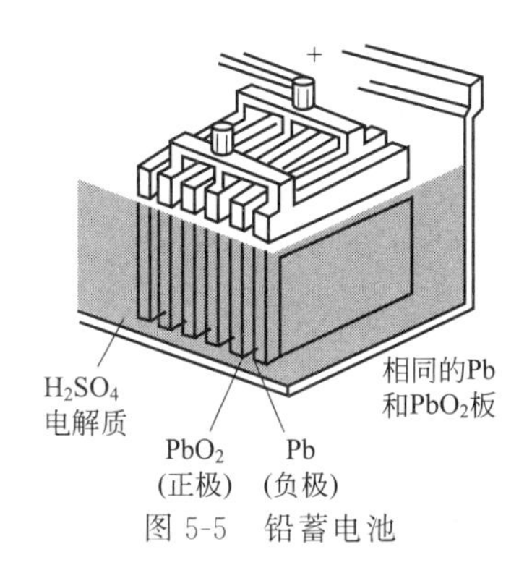

图 5-5 铅蓄电池

电池放电时发生的反应为：

负极 $$Pb+SO_4^{2-}-2e \longrightarrow PbSO_4$$

正极 $$PbO_2+4H^++SO_4^{2-}+2e \longrightarrow PbSO_4+2H_2O$$

充电时，电源正极与蓄电池中进行氧化反应的阳极连接，负极与进行还原反应的阴极连接。充电反应为：

阳极 $$PbSO_4+2H_2O-2e \longrightarrow PbO_2+4H^++SO_4^{2-}$$

阴极 $$PbSO_4+2e \longrightarrow Pb+SO_4^{2-}$$

该电池的电压约为 2V，可以反复充电和放电，能多次使用。当铅蓄电池中的 H_2SO_4 的密度降到 $1.15g/cm^3$ 时，应停止使用，进行充电后再用，否则会导致电极损坏。

*四、金属的腐蚀与防护

当金属和周围介质接触时，发生化学反应或电化学反应而引起的损耗叫做金属的腐蚀。金属腐蚀的现象非常普遍，如钢铁在潮湿的空气中生锈；铜制品会产生铜绿。金属发生腐蚀，不仅消耗大量金属，还会影响生产，造成环境污染，甚至酿成事故。

1. 金属的腐蚀

由于金属接触的介质不同，发生腐蚀的情况有所不同，一般可分为化学腐蚀和电化学腐蚀。

(1) 化学腐蚀　金属直接与周围介质发生氧化还原反应而引起的腐蚀称为化学腐蚀。

金属与某些非金属或非金属氧化物直接接触，在金属表面形成相应的化合物薄膜，膜的性质对金属的进一步腐蚀有很大影响。如铝表面的氧化膜，致密坚实，保护了内层铝不再进一步腐蚀；铁的氧化膜，疏松易脱落，就没有保护作用。随温度的升高，化学腐蚀的速率会加快。钢材在常温和干燥的空气中不易受到腐蚀，但在高温下，钢材易被空气中的氧气所氧化。

此外，金属与非金属溶液接触时，也会发生化学腐蚀。如原油中含有多种形式的有机硫化物，对金属输油管及容器都会产生化学腐蚀。

(2) 电化学腐蚀　当金属和电解质溶液接触时，由于电化学反应而引起的腐蚀叫做电化学腐蚀。电化学腐蚀实质上就是原电池作用。

通常见到的钢铁制品在潮湿空气中的腐蚀就是电化学腐蚀。在潮湿的空气中，钢铁的表面吸附水蒸气，形成极薄的水膜。水膜中有水电离出的少量 H^+ 和 OH^-，同时还有大气中的 CO_2、SO_2 等气体，使水膜中 H^+ 浓度增加。因此，水膜实际上是弱酸性的电解质溶液。

钢铁中除铁外，还有 C、Si、P、S、Mn 等杂质。这些杂质能导电，不易失去电子。由于杂质颗粒小，分散在钢铁中，在金属表面就形成无数的微小原电池，因此也称为微电池。在这些微电池中，铁是负极，杂质是正极。图 5-6 为钢铁的电化学腐蚀示意图。

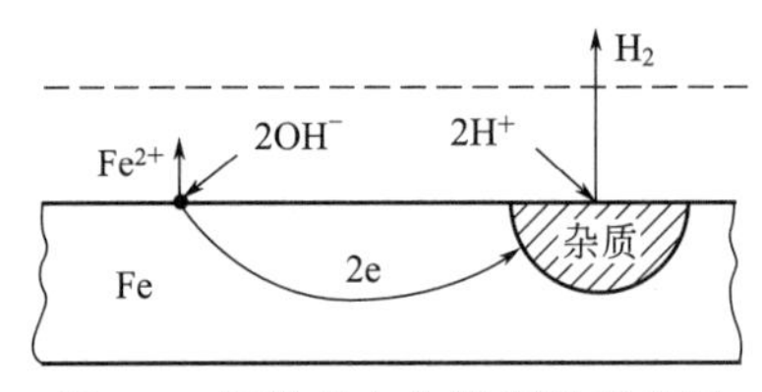

图 5-6 钢铁的电化学腐蚀示意图

负极 $$Fe-2e \longrightarrow Fe^{2+}$$

正极 $$2H^+ + 2e \longrightarrow H_2$$

随着反应的不断进行，负极上的 Fe^{2+} 的浓度不断增大，正极上的 H_2 不断析出，使正极附近的 H^+ 浓度不断减小，因此水的电离平衡向右移动，使得水膜中 OH^- 增大。于是，Fe^{2+} 与 OH^- 形成 $Fe(OH)_2$，铁就遭到了腐蚀，$Fe(OH)_2$ 被空气中的 O_2 氧化为 $Fe(OH)_3$。

由于在腐蚀过程中有氢气产生，通常称为析氢腐蚀。析氢腐蚀实际上是在酸性较强的情况下进行的。

在一般情况下，钢铁表面吸附的水膜酸性很弱或是中性，此时正极主要是溶解在水膜中的 O_2 得到电子而被还原。

负极 $$Fe-2e \longrightarrow Fe^{2+}$$

正极 $$2H_2O + O_2 + 4e \longrightarrow 4OH^-$$

Fe^{2+} 与 OH^- 形成 $Fe(OH)_2$，$Fe(OH)_2$ 被空气中的 O_2 进一步氧化为 $Fe(OH)_3$，再脱水成为铁锈。空气中的 O_2 溶解在水膜中，促使了钢铁的腐蚀，这种腐蚀称为吸氧腐蚀。金属的腐蚀主要是吸氧腐蚀。

电化学腐蚀和化学腐蚀都是铁等金属原子失去电子而被氧化，但是电化学腐蚀是通过微电池反应发生的。这两种腐蚀往往同时存在，只是电化学腐蚀比化学腐蚀要普遍，腐蚀的速率要快。

2. 金属的防护

(1) 制成耐腐蚀合金　将金属制成合金，可以改变金属的内部结构。所谓合金就是两种或两种以上金属（或金属与非金属）熔合在一起所生成的均匀的液体，再经冷凝后得到的具有金属特性的固体物质。例如将铬、镍等加入到普通的钢里制成不锈钢，就大大增强了它的抗腐蚀能力。

（2）隔离法　在金属表面覆盖致密保护层使金属和介质隔离，达到防腐的目的。例如在钢铁表面涂上矿物油脂、油漆及覆盖搪瓷等非金属材料；也可以在金属表面镀上不易被腐蚀的金属、合金作为保护层，如镀锌铁皮（白铁皮）和镀锡铁皮（马口铁）上的锌和锡。

镀锡铁皮只有在镀层完整的情况下才能起到保护作用。如果保护层被破坏，内层铁皮就会暴露出来，当与潮湿的空气相接触时，就会形成以 Fe 为负极，以 Sn 为正极的微型原电池，这样镀锡铁皮在镀层损坏的地方比没有镀锡的铁皮更容易腐蚀。由于锡可以直接与食物接触，所以马口铁常用来制罐头盒。

镀锌铁皮与此相反，即使在白铁皮表面损坏的地方形成微型原电池，但电子从 Zn 转移至 Fe，Zn 被氧化，Fe 被保护，直至整个 Zn 保护层被腐蚀为止。锌氧化后，在空气中形成的碱式碳酸盐较致密又比较抗腐蚀，所以下水管、屋顶板等多用镀锌铁。

（3）电化学保护法　根据原电池正极不受腐蚀的原理，将较活泼的金属或合金连接在被保护的金属上，形成原电池。这时，较活泼的金属或合金作为负极被氧化而腐蚀，被保护的金属作为正极而得到保护。例如，在轮船的外壳和船舵上焊接一定数量的锌块，锌块被腐蚀，而船壳和船舵得到保护。另一种方法是利用外加电源，把要保护的物件作为阴极，用石墨、高硅碳、废钢等作阳极，阴极发生还原反应，因此金属物件得到保护，而石墨、高硅碳等阳极都难溶，可以长期使用。这种阴极保护法的应用越来越广泛，如油田输油管、化工生产上的冷却器、蒸发锅等设备以及水库的钢闸门等常采用这种保护法。

（4）使用缓蚀剂　能减缓金属腐蚀速率的物质叫缓蚀剂。在腐蚀介质中加入缓蚀剂，能防止金属的腐蚀。在酸性介质中，通常使用有机缓蚀剂，如琼脂、动物胶、乌洛托品等。在中性介质中一般使用 $NaNO_2$、$K_2Cr_2O_7$、Na_3PO_4 等。在碱性介质中可使用 $NaNO_2$、$NaOH$、Na_2CO_3 等无机缓蚀剂。

尽管金属的腐蚀对生产有极大的危害，但也可以利用腐蚀的原理为生产服务，并发展为腐蚀加工技术。例如，在电子工业上，广泛采用的印刷电路，用照相复印的方法将线路印在铜箔上，然后将图形以外不受感光胶保护的铜用 $FeCl_3$ 溶液腐蚀，就可以得到线条清晰的印刷电路板。

五、电解原理及应用

1. 电解的原理

电流通过电解质溶液或熔化的电解质而引起的氧化还原反应，将电能转化为化学能的过程称为电解。进行电解的装置叫电解池或电解槽。与电源正极相连的是电解池的阳极，与电源负极相连的是电解池的阴极。

【演示实验 5-7】

在 U 形管中加入 $CuCl_2$ 溶液，插入两根石墨棒作电极，接通电源（见图 5-7）。在阳极附近的溶液中滴入几滴 KI-淀粉试液。观察现象。

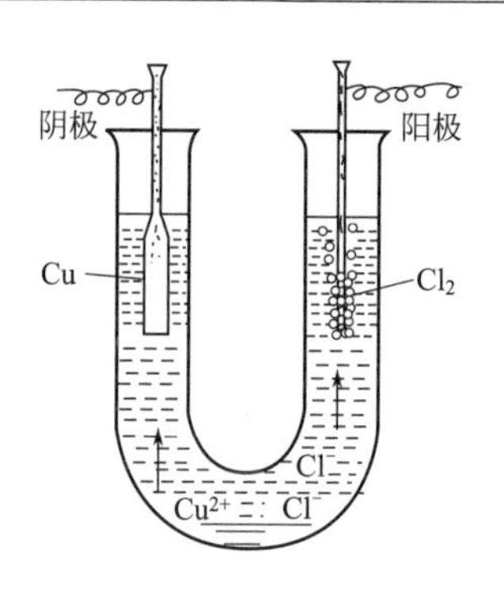

图 5-7　电解 $CuCl_2$ 溶液的装置图

实验发现，阴极上有暗红色的铜析出，阳极上有气泡产生，阳极附近的溶液变蓝，可以确定产生的气体是氯气。说明电流通过 $CuCl_2$ 溶液时，$CuCl_2$ 分解为铜和氯气。

阴极　　　$Cu^{2+}+2e \longrightarrow Cu$　　还原反应

阳极　　　$2Cl^{-}-2e \longrightarrow Cl_2$　　氧化反应

$$CuCl_2 \xrightarrow{\text{电解}} Cu+Cl_2\uparrow$$

电解的实质是在电流的作用下，使电解质溶液发生氧化还原反应的过程。通电时，一方面电子从电源的负极沿导线流入电解池的阴极；另一方面电子从电解池的阳极离开，沿导线回到电源的正极。这样在阴极上电子过剩，在阳极上缺少电子，因此电解质溶液中的阳离子移向阴极，在阴极上得到电子发生还原反应；电解质溶液中阴离子移向阳极，在阳极上给出电子，发生氧化反应。

2. 电解的应用

(1) 电化学工业　用电解方法制取化工产品的工业称为电化学工业。如电解饱和食盐水制取氯气和烧碱。

$$2NaCl+2H_2O \xrightarrow{\text{电解}} 2NaOH+H_2\uparrow+Cl_2\uparrow$$

(2) 电冶金工业　电解位于金属活动顺序表中 Al 以前（含 Al）的金属盐溶液时，阴极上总是产生 H_2，而得不到相应的金属。因此，一般制取此类活泼金属单质时，只能采用电解它们的熔盐的方法。如电解熔融 NaCl，阴极上可产生金属钠。

$$2NaCl(\text{熔融}) \xrightarrow{\text{电解}} 2Na+Cl_2\uparrow$$

(3) 电镀　应用电解原理在某些金属表面镀上一层光滑、均匀、致密的其他金属或合金的过程称为电镀。电镀的目的是使金属增强抗腐蚀的能力，使其美观和增加表面的硬度。电镀时，把待电镀的金属制品（镀件）作阴极，把镀层金属作阳极，用含有镀层金属离子的溶液作电镀液。

电镀液的浓度、pH、温度以及电流强度等条件，都会影响电镀的质量。因此，电镀时必须严格控制条件，以达到镀层均匀、光滑、牢固的目的。

(4) 金属的电解精炼　利用电镀的原理，从含杂质的金属中精炼金属。如精炼铜，用粗铜板作阳极，以纯铜板作阴极，用 $CuSO_4$ 溶液作为电镀液。通电时，含有杂质的粗铜在阳极不断溶解，粗铜中的金、银、铂等金属不能溶解，沉积在阳极附近，成为“阳极泥”。纯铜在阴极不断析出，这样可将粗铜提纯为含 Cu 达 99.99%的精铜。

思考题

原电池的原理与电解池的原理有什么不同？

新视野

新能源——氢燃料电池

燃料电池是由燃料（如氢气、甲烷、CO 等）和氧化剂（如氧气、空气、氯气等）制成的电池。它是将储存在燃料和氧化剂中的化学能，直接转化为电能的装置。这种电池使燃料与氧化剂之间发生的化学反应直接在电池中进行，化学能直接转化为电能，提高了能量的利用效率。燃料电池与常规电池的不同之处在于，只要有燃料和氧化剂供给，就会有持续不断的电流输出。与常规的火力发电不同，它不受卡诺循环（由两个绝热过程和两个等温过程构成的循环过程）的限制，能量转换效率高。燃料电池除可发电外，还可作为电动汽车的电源。

燃料电池的种类很多，这里介绍氢燃料电池。

氢燃料电池发电的基本原理是电解水的逆反应，把氢和氧分别供给阴极和阳极，氢通过阴极向外扩散和电解质发生反应后，放出电子通过外部的负载到达阳极。

$$\text{负极}\quad H_2+2OH^- -2e \longrightarrow 2H_2O$$

$$\text{正极}\quad O_2+2H_2O+2e \longrightarrow 2OH^-$$

氢燃料电池与普通电池的区别主要在于：干电池、蓄电池是一种储能装置，是把电能储存起来，需要时再释放出来；而氢燃料电池严格地说是一种发电装置，像发电厂一样，是把化学能直接转化为电能的电化学发电装置。另外，氢燃料电池的电极用特制多孔性材料制成，这是氢燃料电池的一项关键技术，它不仅要为气体和电解质提供较大的接触面，还要对电池的化学反应起催化作用。

氢的化学特性活跃，它可同许多金属或合金化合。某些金属或合金吸收氢之后，形成一种金属氢化物，其中有些金属氢化物的氢含量很高，甚至高于液氢的密度，而且该金属氢化物在一定温度条件下会分解，并把所吸收的氢释放出来，这就构成了一种良好的储氢材料。

未来的氢能源是最好的选择，因为，氢不产生任何有温室效应的化学物质，也不会引起酸雨和烟雾。如汽车使用燃料电池，利用氢和氧化学反应，它所产生的只是电、热和水蒸气，唯一的副产物就是水，真正达到排放零污染。水又是制氢的原料，整个过程是循环和清洁的。

为解决能源短缺、环境污染等问题，开发清洁、高效的新能源和可再生能源已十分紧迫。氢能因燃烧热值高、污染小、资源丰富成为新能源的对象，氢燃料电池作为氢能利用的有效手段，已被美国《时代》周刊评为 21 世纪有重要影响的十大技术之一。

本章小结

一、电解质的基本概念

1. 电解质与非电解质

在水溶液或熔化状态下，能够导电的化合物叫电解质，不能导电的化合物叫非电解质。

2. 强电解质与弱电解质

在水溶液或熔融状态下，能完全电离的电解质称为强电解质，仅部分电离的电解质称为弱电解质。

二、弱电解质的电离平衡

1. 在一定条件下，当弱电解质的分子电离为离子的速率与离子结合成分子的速率相等时，未电离的分子与离子间就建立起动态平衡，这种平衡称为电离平衡。

2. 弱电解质的电离程度的大小可以用电离平衡常数和电离度表示。前者只与温度有关，后者与温度、浓度有关。

3. 稀释定律

在一定温度下，同一弱电解质的电离度与其浓度的平方根成反比，即溶液愈稀，电离度愈大。

三、离子反应和离子方程式

电解质在溶液中进行的反应就是离子间的反应，可以用离子方程式表示。

离子反应进行的条件就是使溶液中离子浓度降低。

四、水的电离和溶液的 pH

1. 在一定温度下，纯水中 H^+ 浓度与 OH^- 浓度的乘积是一个常数，称为水的离子积常数，简称为水的离子积。

2. 溶液的酸碱性

溶液的酸碱性决定于溶液中 H^+ 和 OH^- 浓度的相对大小。用 pH 表示为：

中性溶液　$pH=7$；

酸性溶液　$pH<7$；

碱性溶液　$pH>7$。

五、酸碱中和反应及滴定

酸和碱反应生成盐和水，这类反应称为酸碱中和反应。

中和滴定是以酸碱反应为基础，将已知准确浓度的强酸或强碱，滴加到一定量的未知浓度的碱或酸的溶液中，使酸碱中和反应完全定量进行，根据所消耗的强酸或强碱的体积可以计算出未知的碱或酸的浓度或含量。

六、缓冲溶液

1. 在弱酸或弱碱溶液中，加入与弱酸或弱碱含有相同离子的易溶强电解质，使弱酸或弱碱的电离度降低的现象，叫同离子效应。

2. 缓冲溶液是一种能够抵抗外加少量强酸、强碱或稀释作用，而能维持溶液 pH 基本不变的溶液。缓冲溶液保持 pH 不变的作用称为缓冲作用，其原理就是同离子效应。

任何缓冲溶液中，既有抗酸成分，又有抗碱成分。

七、盐类的水解

盐的离子与溶液中水电离出的 H^+ 或 OH^- 作用生成弱电解质的反应，叫做盐类的水解。

强碱弱酸盐水解呈碱性；强酸弱碱盐水解呈酸性；弱酸弱碱盐的水解结果要根据弱酸、弱碱的电离常数决定。

盐类的水解受到盐的本性、溶液的浓度、溶液的酸碱度、温度的影响。

八、电化学基础

1. 凡是元素化合价有变化的化学反应就是氧化还原反应。其中，物质所含元素化合价升高的反应是氧化反应，所含元素化合价降低的反应是还原反应。

2. 借助于氧化还原反应，将化学能转变为电能的装置叫做原电池。

3. 电流通过电解质溶液或熔化的电解质而引起的氧化还原反应的过程称为电解。

思考与练习

一、填空题

1. NaCl 是____电解质，在水中能________电离，其电离方程式为____________________。

2. 在 $NH_3 \cdot H_2O$ 溶液中加入酚酞呈______色，再加入 NH_4Cl 固体后，溶液又呈__________色，其原因是____________________。

3. 在一定温度下，弱电解质的分子电离为______的速率等于__________的速率时，未电离的______和______之间建立起了______平衡。

4. 电离度＝______________。

5. 同一弱电解质的浓度愈低，则电离度愈__________。

6. 在纯水中加入少量酸后，水的离子积______1×10^{-14}，pH______7。

7. 浓度为 0.1mol/L 的盐酸、醋酸、氢氧化钠、氨水四种溶液的 pH 从小到大的顺序为__________________。

8. NH_4Cl 水解的离子反应方程式为________________，NaAc 水解的离子方程式为___________________。

9. $FeCl_3$ 晶体放入水中加热，溶液呈____色，是因为____________________。

10. 在纯水中加入少量盐酸，其 pH 会________；若加入少量 NaOH，其 pH 会________。

11. 写出下列电解质的电离方程式：

$KClO_3$______________；$NH_3 \cdot H_2O$______________；

$Al_2(SO_4)_3$______________；HF______________。

12. 写出下列弱电解质的电离平衡常数表达式：

HCN______________；$NH_3 \cdot H_2O$______________。

二、选择题

1. 下列物质属于强电解质的是（　　）。

A. $BaSO_4$　　B. 氨水　　C. HCN　　D. HClO

2. 盐酸与醋酸相比，正确的说法是（　　）。

A. 盐酸的酸性比醋酸弱　　B. 盐酸的酸性比醋酸强

C. 两者酸性强弱无法比较　　D. 在浓度相同时，盐酸的酸性比醋酸强

3. A、B、C 三种溶液，A 溶液的 pH 为 4，B 溶液中 $[H^+]=1\times10^{-3}$ mol/L，C 溶液中 $[OH^-]=1\times10^{-12}$ mol/L，则三种溶液的酸性由强到弱的顺序为（　　）。

A. A、B、C　　B. C、A、B　　C. B、A、C　　D. C、B、A

4. 下列说法正确的是（　　）。

A. 某溶液中滴入甲基橙显黄色，则溶液的 pH 一定大于 7

B. 在 pH 小于 8 的溶液中滴入酚酞时，溶液一定显红色

C. 某溶液的 pH 为 7，滴入紫色石蕊试液时显红色

D. 滴入酚酞显红色的溶液一定呈碱性。

5. 为抑制 $(NH_4)_2SO_4$ 的水解，可采用的方法是（　　）。

A. 加硫酸　　B. 加 NaOH　　C. 升温　　D. 加水稀释

6. 促进 $FeCl_3$ 水解采用的方法是（　　）。

A. 升温　　B. 降温　　C. 提高溶液的 pH　　D. 加盐酸

三、简答题

1. 强电解质与弱电解质有什么区别?

2. 下列各组物质能否发生反应？能反应的写出离子方程式。

$CuSO_4$ 溶液和 NaOH 溶液　　Na_2CO_3 溶液和盐酸

KOH 溶液和硝酸溶液　　KBr 溶液和 $AgNO_3$ 溶液

HAc 溶液和氨水　　硫酸和 $BaCl_2$ 溶液

Na_2SO_4 溶液和 KCl 溶液　　盐酸和 $NaNO_3$ 溶液

3. 实验室如何配制 Na_2S、$FeSO_4$、$FeCl_3$ 溶液?

4. 氨水和醋酸的导电能力都较弱，但将两者混合后，导电能力会增强，为什么?

5. 将铁片和锌片分别放入稀 H_2SO_4 溶液中，铁、锌都能溶解并放出 H_2。若将它们同时放入稀 H_2SO_4 溶液中，用导线将它们的端口连接起来，情况有什么变化？为什么?

6. 使用的泡沫灭火器中盛装的是 $Al_2(SO_4)_3$ 和 $NaHCO_3$ 两种溶液，从水解的角度说明泡沫灭火器的原理。

7. 浸在水中的铁柱，与水接触的部分比在水下的部分更容易腐蚀，试解释其原因。

8. 镀层破损后，为什么白铁皮比马口铁耐腐蚀？

9. 配平下列反应方程式

$$Cu + H_2SO_4(浓) \longrightarrow CuSO_4 + SO_2 + H_2O$$

$$Cu + HNO_3 \longrightarrow Cu(NO_3)_2 + NO + H_2O$$

$$(NH_4)_2Cr_2O_7 \longrightarrow N_2 + Cr_2O_3 + H_2O$$

$$Cl_2 + NaOH \longrightarrow NaClO + NaCl + H_2O$$

$$KMnO_4 + H_2O_2 + H_2SO_4 \longrightarrow MnSO_4 + K_2SO_4 + O_2 + H_2O$$

$$MnO_2 + HCl \longrightarrow MnCl_2 + Cl_2 + H_2O$$

四、计算题

1. 计算 0.1mol/L H_2SO_4 溶液和 0.1mol/L HAc 溶液的 H^+ 浓度。

2. 计算 0.02mol/L $NH_3 \cdot H_2O$ 中 OH^- 的浓度和电离度。

3. 已知 0.1mol/L HAc 溶液的电离度为 1.34%，求其电离常数。

4. 在 1L、0.2mol/L 的某弱电解质溶液中，有 0.15mol 溶质电离为离子。计算该电解质的电离度。

5. 计算下列溶液中各离子的浓度。

0.01mol/L H_2SO_4　　0.05mol/L NaOH　　0.3mol/L $CaCl_2$

6. 0.2mol/L 甲酸溶液的电离度为 3.2%，计算甲酸的电离常数和溶液中的 H^+ 浓度。

7. 计算下列溶液的 pH。

0.25mol/L NaOH　　0.2mol/L HCl　　0.05mol/L $NH_3 \cdot H_2O$　　0.5mol/L HCN

8. 将下列的 pH 换算为 H^+ 浓度。

pH=4.5　　pH=8.3　　pH=7.4

9. 将 2mL、14mol/L HNO_3 溶液稀释至 500mL。计算稀释后的溶液中 pH。取 100mL 该溶液中和至 pH=7，需要加入多少克 KOH？

第五章思考与练习参考答案

在线互测

第六章

卤　　素

学习目标

第六章 PPT

掌握氯及其重要化合物的主要性质；熟知氯气的制备方法；掌握卤素离子的检验方法；掌握氯的重要化合物的性质；了解 84 消毒液的配制及使用方法；理解原子结构与卤素性质递变规律的关系。

元素周期表中第ⅦA 族包括氟（F）、氯（Cl）、溴（Br）、碘（I）、砹（At）、石田（Ts）六种元素，统称为卤素，通常以 X 表示。其希腊原文为成盐元素的意思，它们都是典型的非金属元素，易与典型的金属化合生成典型的盐。卤素原子都有 7 个价电子，在反应中容易得到 1 个电子显示出非金属性，具有相似的化学性质。本章重点学习氯及其重要化合物的性质。

第一节　氯　　气

自然界中氯以化合态存在，在地壳中其含量的质量分数为 0.031%。大量的氯是以氯化物的形式存在于海水、井盐、盐湖中的。

一、氯气的性质

1. 物理性质

常温下氯气是黄绿色气体，有强烈刺激性气味，密度是空气的 2.5 倍。通常状况下，1 体积水能溶解 2.5 体积的氯气，其水溶液称为氯水。氯气易溶于 CS_2、CCl_4 等非极性溶剂中。吸入少量氯气就会使呼吸道黏膜受刺激，引起胸部疼痛；吸入大量氯气会中毒致死。氯气易液化，工业上称为“液氯”，储于草绿色的钢瓶中。

2. 化学性质

氯原子有 7 个价电子，在化学反应中容易得到 1 个电子，形成稳定结构。氯元素是典型的活泼非金属元素，有较强的氧化性。

（1）与金属反应　氯气不但能与钠等活泼金属直接化合，而且还能与铜、铅等一些不活泼的金属在加热条件下反应。干燥的氯气不与铁作用，可将干燥的液氯储于钢瓶中。

$$2Na + Cl_2 \longrightarrow 2NaCl$$

$$2Fe+3Cl_2 \xrightarrow{\triangle} 2FeCl_3$$

【演示实验 6-1】

观察铜丝在氯气的集气瓶中燃烧的反应现象。将少量水注入反应后的集气瓶中，观察溶液的颜色。

通过实验可以观察到：赤热的铜丝在氯气中剧烈燃烧，瓶中充满棕黄色的烟，注入少量水后溶液显绿色。

$$Cu+Cl_2 \xrightarrow{点燃} CuCl_2$$

棕黄色的烟是 $CuCl_2$ 晶体的小颗粒。$CuCl_2$ 溶于水，电离为 Cu^{2+} 和 Cl^-，得到绿色的 $CuCl_2$ 溶液。

（2）与非金属反应 氯气能与大多数非金属（除 C、N_2、O_2 外）直接化合。常温下，氯气和氢气化合很慢，若点燃或强光照射时，两者迅速化合，甚至爆炸。

$$H_2+Cl_2 \xrightarrow{光照} 2HCl$$

$$2P+3Cl_2 \xrightarrow{\triangle} 2PCl_3$$

$$PCl_3+Cl_2 \xrightarrow{\triangle} PCl_5$$

PCl_3 是无色的液体，可用于制备许多含磷的化合物，如敌百虫等多种农药。

（3）与水反应 溶解的氯气部分能与水反应，生成盐酸和次氯酸（HClO）。

$$Cl_2+H_2O \rightleftharpoons HCl+HClO$$

该反应中，氧化还原反应是发生在同一分子内同一元素上，元素原子的化合价同时出现升高和降低的变化，这种自身的氧化还原反应称为歧化反应。

次氯酸不稳定，容易分解放出氧气。当氯水受光照时，分解加速，所以久置的氯水会失效。

$$2HClO \longrightarrow 2HCl+O_2\uparrow$$

次氯酸是强氧化剂，具有漂白、杀菌的作用，所以自来水常用氯气（1L 水中通入 0.002g）来杀菌消毒。次氯酸还能使染料和色素褪色，可用作漂白剂。

（4）与强碱反应 常温下，氯气和强碱反应生成次氯酸盐和氯化物，该反应可以认为是氯气在水中歧化后，碱中和了产生的酸，形成相应的盐。

$$Cl_2+2NaOH \longrightarrow NaClO+NaCl+H_2O$$

实验室制取氯气时，就是利用这个反应来吸收多余的氯气。

加热时，Cl_2 在碱溶液中会进一步歧化。

$$3Cl_2+6NaOH \xrightarrow{\triangle} 5NaCl+NaClO_3+3H_2O$$

二、氯气的制取方法

实验室用强氧化剂与浓盐酸反应制备氯气，常用 $KMnO_4$ 或 MnO_2 与浓盐酸反应来制备氯气（图 6-1）。

$$4HCl(浓)+MnO_2 \xrightarrow{\triangle} MnCl_2+Cl_2\uparrow+2H_2O$$

工业上采用电解饱和食盐水的方法来制备氯气，同时可制得烧碱。工业上用立式隔膜电解槽电解制取氯气示意见图 6-2。

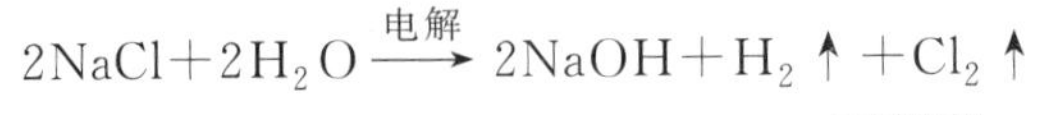

$$2NaCl + 2H_2O \xrightarrow{\text{电解}} 2NaOH + H_2\uparrow + Cl_2\uparrow$$

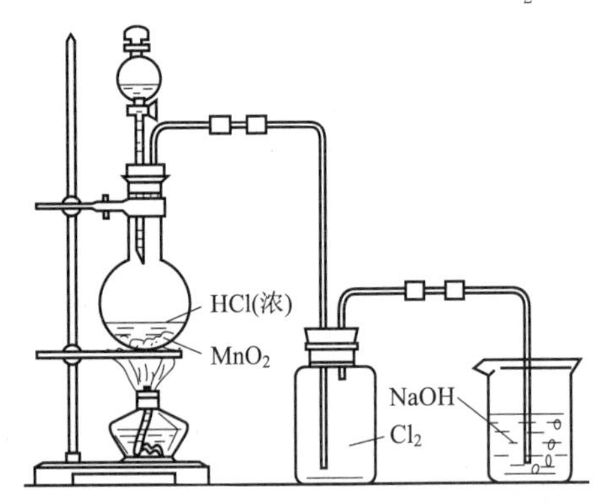

图 6-1　实验室制取氯气的装置图

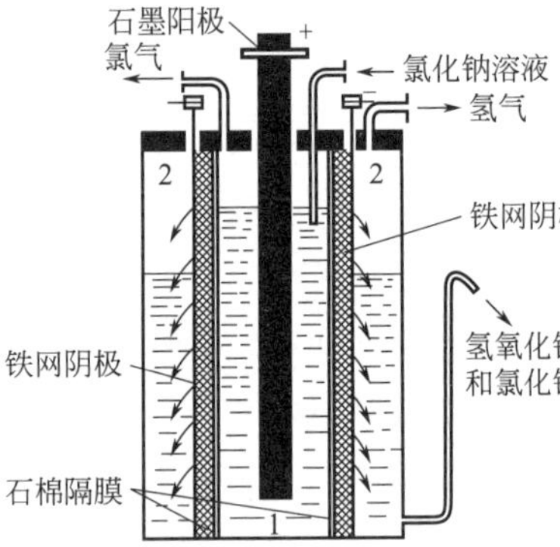

图 6-2　立式隔膜电解槽电解制取氯气示意图

三、氯气的用途

大量的氯气用于制造盐酸和漂白粉，还用于制备有机溶剂、农药、塑料、合成纤维、合成橡胶，是一种重要的化工原料。氯气还可用于纸浆、棉布的漂白，饮水的消毒。

思考题

新制氯水的主要成分是什么？为什么久置的氯水会失效？

第二节　氯的重要化合物

一、氯化氢及盐酸

1. 物理性质

常温下，HCl 是无色、有刺激性气味的有毒气体，极易溶于水。室温下，1 体积水能溶解 450 体积的 HCl，其水溶液称为盐酸。HCl 在潮湿的空气中与水蒸气形成盐酸液滴而呈现白雾。

纯净的盐酸是无色有 HCl 气味的液体，有挥发性。工业品盐酸因含有铁盐等杂质而显黄色。通常市售浓盐酸的密度为 $1.19g/cm^3$，含 HCl 约 37%。

2. 化学性质

盐酸是强酸，具有酸的通性，能与金属、碱性氧化物、碱等作用形成盐。它具有一定的还原性，与强氧化剂反应生成氯气。

$$Zn + 2HCl \longrightarrow ZnCl_2 + H_2\uparrow$$

$$Fe_2O_3 + 6HCl \longrightarrow 2FeCl_3 + 3H_2O$$

$$2KMnO_4 + 16HCl(\text{浓}) \longrightarrow 2KCl + 2MnCl_2 + 5Cl_2\uparrow + 8H_2O$$

3. 制备方法

工业上，用 H_2 和 Cl_2 直接合成 HCl。实验室用浓 H_2SO_4 和食盐加热下制取 HCl。

$$2NaCl + H_2SO_4(浓) \xrightarrow{\triangle} Na_2SO_4 + 2HCl\uparrow$$

盐酸是一种重要的化工原料，用途极为广泛。在化工生产中用来制备金属氯化物。盐酸在机械、纺织、皮革、冶金、电镀、焊接、搪瓷等工业中也有广泛地应用。医药上用极稀盐酸治疗胃酸过少。

4. Cl^- 的检验

金属氯化物大多数易溶于水，仅 $PbCl_2$、$HgCl_2$、Hg_2Cl_2、AgCl 等难溶于水。

【演示实验 6-2】

Cl^- 的检验

分别取 0.1mol/L NaCl、0.1mol/L Na_2CO_3、0.1mol/L 盐酸于三支试管中，各滴加 0.1mol/L $AgNO_3$ 溶液，观察是否有白色沉淀生成。再逐滴加入 3mol/L 硝酸溶液，观察沉淀的溶解情况。

通过实验可以观察到：三只试管都产生白色沉淀；盐酸和 NaCl 的试管中加硝酸后沉淀无变化，碳酸钠的试管中加硝酸后沉淀溶解，产生气体。

盐酸和 NaCl 与 $AgNO_3$ 反应，生成不溶于稀硝酸的 AgCl 白色沉淀。

$$HCl + AgNO_3 \longrightarrow AgCl\downarrow + HNO_3$$

$$NaCl + AgNO_3 \longrightarrow AgCl\downarrow + NaNO_3$$

Na_2CO_3 与 $AgNO_3$ 反应，生成 Ag_2CO_3 白色沉淀，但它可溶于稀硝酸。

$$Na_2CO_3 + 2AgNO_3 \longrightarrow 2NaNO_3 + Ag_2CO_3\downarrow$$

$$Ag_2CO_3 + 2HNO_3 \longrightarrow 2AgNO_3 + CO_2\uparrow + H_2O$$

因此，可以用 $AgNO_3$ 和稀硝酸来检验 Cl^- 的存在。

二、氯的含氧酸及其盐

氯可以形成+1、+3、+5、+7 价态的含氧酸及其盐，其中+1、+5 价态的含氧酸及其盐较重要。

1. 次氯酸及其盐

次氯酸（HClO）是弱酸，酸性比碳酸弱，不稳定，在光照下分解快。受热时 HClO 发生歧化反应。

$$2HClO \longrightarrow 2HCl + O_2\uparrow$$

$$3HClO \xrightarrow{\triangle} 2HCl + HClO_3$$

次氯酸盐比次氯酸稳定，容易保存。工业上用氯气和消石灰反应制漂白粉。漂白粉是 $Ca(ClO)_2 \cdot 2H_2O$ 和 $CaCl_2 \cdot Ca(OH)_2 \cdot H_2O$ 的混合物，有效成分为 $Ca(ClO)_2$，约含有效氯 35%。

$$2Cl_2 + 3Ca(OH)_2 \longrightarrow Ca(ClO)_2 + CaCl_2 \cdot Ca(OH)_2 \cdot H_2O + H_2O$$

漂白粉在酸性条件下，生成次氯酸起漂白作用。

$$Ca(ClO)_2 + 2HCl \longrightarrow CaCl_2 + 2HClO$$

保存漂白粉时要注意防潮。漂白粉与空气中的 CO_2 反应，产生次氯酸，后者分解而使漂白粉失效。

$$Ca(ClO)_2 + CO_2 + H_2O \longrightarrow CaCO_3 + 2HClO$$

漂白粉有漂白和杀菌作用，广泛用于纺织漂染、造纸等工业。使用时不要与易燃物混合，否则可能引起爆炸。注意漂白粉有毒，吸入人体后会引起鼻腔、咽喉疼痛，甚至全身中毒。

2. 氯酸及其盐

氯酸（$HClO_3$）是强酸，强度接近于盐酸和硝酸。比 HClO 稳定，但只能存在于水溶液中，40%的 $HClO_3$ 容易分解。

$$8HClO_3 \longrightarrow 4HClO_4 + 2Cl_2\uparrow + 3O_2\uparrow + 2H_2O$$

氯酸盐比氯酸稳定。重要的氯酸盐有 $KClO_3$ 和 $NaClO_3$。

$KClO_3$ 是白色晶体，易溶于热水，在冷水中溶解度不大。将 Cl_2 通入热的氢氧化钾溶液中，可生成氯酸钾和氯化钾。

$$3Cl_2 + 6KOH \xrightarrow{\triangle} KClO_3 + 5KCl + 3H_2O$$

由于 $KClO_3$ 的溶解度较小，可以利用 $NaClO_3$ 与 KCl 发生复分解反应制得 $KClO_3$。

$$NaClO_3 + KCl \longrightarrow KClO_3\downarrow + NaCl$$

在酸性溶液中，氯酸盐是强氧化剂，反应中常被还原为 Cl^-。如 $KClO_3$ 与盐酸反应产生 Cl_2。

$$KClO_3 + 6HCl(浓) \longrightarrow KCl + 3Cl_2\uparrow + 3H_2O$$

【演示实验 6-3】

$KClO_3$ 的化学性质

在试管中加入 5mL 饱和 $KClO_3$ 溶液，滴加 0. 1mol/L KI 溶液，振荡均匀，观察有无现象。再滴加 3mol/L H_2SO_4 溶液，振荡，观察反应现象。

通过实验可以观察到：开始时没有现象，加入硫酸溶液后，溶液显示棕黄色。

在酸性溶液中，$KClO_3$ 才能将 I^- 氧化，使溶液呈现棕黄色。

$$ClO_3^- + 6H^+ + 6I^- \longrightarrow Cl^- + 3I_2 + 3H_2O$$

$KClO_3$ 比氯酸稳定，但加热时会分解。在催化剂作用下，分解产生氧气。

$$2KClO_3 \xrightarrow[\triangle]{催化剂} 2KCl + 3O_2\uparrow$$

若不使用催化剂，则发生另一种形式的分解。

$$4KClO_3 \xrightarrow{\triangle} KCl + 3KClO_4$$

氯酸钾是常用的氧化剂。固态的氯酸钾与易燃物混合后，受到摩擦撞击时会引起爆炸着火，保存和使用时要特别小心。它用于制造火柴、炸药、信号弹和焰火。

思考题

如何鉴别 NaClO 和 $KClO_3$ 两种白色晶体？

*3. 84 消毒液配制及使用方法

84 消毒液是一种无色或淡黄色的液体，是一种有效氯含量为 5.5%～6.5%的高效消毒剂，被广泛用于宾馆、旅游、医院、食品加工行业、家庭、幼儿园等的卫生消毒。

（1）适用范围　适用于餐具、环境、水、疫源地等消毒。

（2）消毒方法　采用浸泡、擦拭、喷洒、拖洗消毒。

（3）配制方法及比例　预配制药液浓度×预配制药液数量/原液含量＝所需原药量

预配制数量－所需原药量＝加水量

① 按照配制比例，在消毒桶或容器中加入所需水量。

② 佩戴手套，用量杯量取所需的 84 消毒液倒入消毒桶或容器中，用手轻轻搅动，消毒液配制完成。

③ 分别喷洒或擦拭、浸泡可能污染的物品。

④ 30min 后，将消毒物品在清水下冲洗干净，在指定的地方进行晾晒。

⑤ 脱手套，消毒完成。

有效含氯量（mg/L）	比例	稀释后液量 1000mL（原液＋清水）	稀释后液量 2000L（原液＋清水）	稀释后液量 4000mL（原液＋清水）	稀释后液量 5000mL（原液＋清水）
250	1∶200	5mL＋995mL	10mL＋1990mL	20mL＋3980mL	25mL＋4975mL
500	1∶100	10mL＋990mL	20mL＋1980mL	40mL＋3960mL	50mL＋4950mL
1000	1∶150	20mL＋980mL	40mL＋1960mL	80mL＋3920mL	100mL＋4900mL
1500	1∶34	30mL＋970mL	60mL＋1940mL	120mL＋3880mL	150mL＋4850mL
2000	1∶25	40mL＋960mL	80mL＋1920mL	160mL＋3840mL	200mL＋4800mL

（4）注意事项

① 84 消毒液有一定的刺激性与腐蚀性，必须稀释以后才能使用。一般稀释浓度为 1∶500 和 1∶200，浸泡时间为 10～30min。被消毒物品应该全部浸没在水中，消毒以后应该用清水冲洗干净后才能使用。

② 84 消毒液的漂白作用与腐蚀性较强，最好不要用于衣物和铁制物品的消毒，必须使用时浓度要低，浸泡的时间不要太长。

③ 84 消毒液是一种含氯消毒剂，而氯是一种挥发性的气体，因此盛消毒液的容器必须加盖盖好，否则达不到消毒的效果。

④ 不要把 84 消毒液与其他洗涤剂或消毒液混合使用，因为这样会加大空气中氯气的浓度而引起氯气中毒。

⑤ 84 消毒液应该放在小孩够不着的地方，避免误服。

⑥ 84 消毒液的有效期一般为 1 年，我们在购买与使用时要注意生产日期，放置太久其

有效氯含量下降而影响消毒效果。

⑦ 84 消毒液对皮肤有刺激性，使用时应戴手套，避免接触皮肤。

⑧ 84 消毒液宜用凉水现用现配，一次性使用，勿用 50℃以上热水稀释。需在 25℃以下避光保存。

⑨ 消毒清洗后的物品要直接晾晒，不可再次接触其他容器。

第三节　卤素性质的比较

本节主要讨论 F、Cl、Br、I 的性质。

一、卤素单质的性质比较

1. 物理性质比较

常温下，F_2 是淡黄色的气体，有剧毒，腐蚀性极强。

Br_2 是棕红色液体，易挥发，具有刺激性臭味。保存 Br_2 时应密闭，并存放在阴凉处。Br_2 微溶于水，在 CCl_4 等有机溶剂中溶解度相当大。利用在不同溶剂中溶解度的差异，可以将溴从其水溶液中提取出来。

I_2 是紫黑色晶体，有金属光泽。碘具有较高的蒸气压，加热时容易升华，利用此性质可以对碘进行纯制。其蒸气有刺激性气味，有很强的腐蚀性和毒性。I_2 难溶于水，易溶于 KI 溶液或酒精、汽油、CCl_4 等有机溶剂。卤素物理性质比较见表 6-1。

表 6-1　卤素物理性质比较

性　质	F_2	Cl_2	Br_2	I_2
常温常压下的聚集状态	气体	气体	液体	固体
颜色	淡黄色	黄绿色	红棕色	紫黑色
熔点/℃	−219	−101	−7	113
沸点/℃	−188	−34	59	184
溶解度(g/100g H_2O)(20℃)	分解水	0.732	3.58	0.029

F_2、Cl_2、Br_2、I_2 均有刺激性气味，强烈刺激眼、鼻、气管等黏膜，吸入较多蒸气会发生严重中毒，甚至死亡。其毒性从氟到碘而减轻。

【演示实验 6-4】

取 1mL 溴水于试管中，加入 1mL CCl_4。振荡后静止，观察 CCl_4 层的颜色。

【演示实验 6-5】

取 1mL 碘水于试管中，加入 1mL CCl_4。振荡后静止，观察 CCl_4 层的颜色。

实验表明，Br_2 和 I_2 在水中溶解度较小，易溶于 CCl_4。在 CCl_4 中 Br_2、I_2 分别显橙色

和紫红色。

2. 化学性质比较

F_2 是最活泼的非金属单质，是很强的氧化剂。在低温或高温下，F_2 可以和所有金属直接化合，生成高价氟化物。氟几乎能与所有非金属元素（氧、氮除外）直接化合。其作用通常很剧烈，由于生成的氟化物有挥发性，不妨碍非金属与氟进一步反应。自然界中氟主要以萤石矿（CaF_2）、冰晶石（Na_3AlF_6）等形式存在。

氟可用于同位素的分离。氟还用于制取有机氟化物，如聚四氟乙烯和氟利昂，以及作为火箭的高能燃料。

Br_2 和金属、非金属的反应与氯相似，但不如氯剧烈。自然界中溴以化合物（NaBr、KBr）的形式主要存在于海水中。

溴用于制造药剂，如 KBr 在医药上用作镇静剂。AgBr 是胶片、感光纸的主要感光剂。在军事上可用作催泪性毒剂。

I_2 的化学性质与 Cl_2、Br_2 相似，但活泼性比溴差。碘遇淀粉溶液显示蓝色，可用于检验碘的存在。

自然界中碘以化合物（主要是 NaI、KI）的形式微量存在于海水中。海藻和人的甲状腺内也含有少量碘的化合物。

碘可用来制碘酒，是常用的消毒剂。AgI 是胶片的感光剂，还可用于人工降雨。在食盐中加入微量的 KIO_3 可防止地方性甲状腺肿大。

卤素化学性质比较见表 6-2。

表 6-2　卤素化学性质比较

性　　质	F_2	Cl_2	Br_2	I_2
与金属反应	常温下能与所有金属反应	能氧化各种金属，有些反应要加热	加热时与一般金属化合	加热时与一般金属化合，形成低价的碘化物
与 H_2 反应	低温、暗处，剧烈反应，爆炸化合	强光照射，剧烈反应，爆炸	加热时缓慢化合	强热时缓慢化合，同时要分解
与 H_2O 反应	强烈分解水，放出 O_2	发生歧化反应，光照时缓慢放出 O_2	能发生歧化反应，比氯微弱	可以歧化，但不明显
活泼性比较	——————→非金属性逐渐减弱			

利用卤素单质氧化性的强弱，在水溶液中可以发生置换反应。

【演示实验 6-6】

在 1mL 0.1mol/L NaBr、0.1mol/L KI 溶液中，各加入 0.5mL CCl_4；再分别加入适量的氯水，振荡后观察 CCl_4 层的颜色变化。

$$Cl_2 + 2Br^- \longrightarrow 2Cl^- + Br_2 \qquad (CCl_4\text{ 层显橙红色})$$

$$Cl_2 + 2I^- \longrightarrow 2Cl^- + I_2 \qquad (CCl_4\text{ 层显紫红色})$$

二、卤化氢的性质比较

卤化氢都是无色、有刺激性臭味的气体，易溶于水，易液化。在空气中卤化氢有“冒烟”的现象，是因为卤化氢与空气中的水蒸气结合形成了酸雾。

卤化氢性质比较见表 6-3。

表 6-3　卤化氢性质比较

性　质	HF	HCl	HBr	HI
热稳定性	逐渐减弱 →			
还原性	逐渐增强 →			
氢卤酸的酸性	逐渐增强 →			

氢氟酸是弱酸，有剧毒，但能与 SiO_2、硅酸盐反应，生成气态的 SiF_4。因此，不能用玻璃容器盛装氢氟酸，应保存在塑料容器或硬橡胶容器中。

$$SiO_2 + 4HF \longrightarrow SiF_4\uparrow + 2H_2O$$

氢碘酸是强酸，常温是可以被空气中的氧气氧化。

$$4HI + O_2 \longrightarrow 2I_2 + 2H_2O$$

三、卤素离子的性质比较

$$F^- \quad Cl^- \quad Br^- \quad I^- \xrightarrow{\hspace{6em}}$$

离子半径依次增大；还原性依次增强

【演示实验 6-7】

卤离子的检验

在三支试管中分别加入 5mL 0.1mol/L 的 KCl、KBr、KI 溶液，各加入几滴 0.1mol/L $AgNO_3$ 溶液。观察试管中沉淀的产生和颜色。在沉淀中，分别加入少量的稀硝酸，观察沉淀是否溶解。

通过实验可以观察到：三支试管分别产生白色、淡黄色和黄色沉淀；加入稀硝酸后沉淀不溶解。

Cl^-、Br^-、I^- 都能与 Ag^+ 反应，产生不同颜色的沉淀：

$$Ag^+ + Cl^- \longrightarrow AgCl\downarrow$$

$$Ag^+ + Br^- \longrightarrow AgBr\downarrow$$

$$Ag^+ + I^- \longrightarrow AgI\downarrow$$

AgCl 是白色沉淀，AgBr 是淡黄色沉淀，AgI 是黄色沉淀，均不溶于稀硝酸。因此，可以用 $AgNO_3$ 和稀硝酸来检验卤离子。

思考题

各举一例说明，在置换反应中电子既可从离子转移到原子，又可从原子转移到离子。

氟、碘与人体健康

氟是人体必需的微量元素之一。正常人体含氟约为 2.6g。氟在人体内主要以 CaF_2 的性质形式存在于牙齿、骨骼、指甲和毛发中。氟对牙齿及骨骼的形成以及钙和磷的代谢，都具有重要的作用。人体对氟摄入量的多少最先表现在牙齿上。当人体缺少氟时，会患龋齿、骨骼发育不良等症状。摄入过多的氟，又会使牙釉受到损害，出现牙根发黑，牙面发黄，粗糙失去光泽，牙齿发脆而容易折断。超量时还会引起氟骨症（即大骨节病）、发育迟缓、肾脏病变等。

人体每天对氟的最高摄入量为 4～5mg。如果超过 6mg，就会引起中毒。通常摄入的氟主要来源于饮水，此外在谷物、鱼类、排骨、蔬菜中也含有微量的氟。一般情况下饮食中的氟并不能完全被吸收，不同状态下的氟（指不同食物中氟的存在形式）在人体内的吸收率也不同，饮水中的氟吸收率可达 90%，而有机态氟的吸收率最低。

碘是人体所必需的微量元素之一。正常人体内含碘约为 25～26mg，这其中约 50%分布在甲状腺内，其余分布于血浆、肌肉、皮肤、中枢神经系统、内分泌组织中。碘在人体的新陈代谢过程中起着重要的作用。当人体缺乏碘时，甲状腺会肿胀，俗称“大脖子病”。缺碘还会引起甲状腺激素分泌不足，体内基础代谢率降低，患甲状腺功能减退症。成年患者表现为怕冷、便秘、面色蜡黄、毛发脱落、思维迟钝、心率缓慢、情绪失常等；幼年患者表现为发育不全、智力低下；婴（胎）儿患者表现为呆小症、智障。可见，缺碘的危害是十分严重的。

人体对碘的生理需求量为每天 0.1～0.3mg。正常情况下，通过日常饮食（天然水、食物）和呼吸空气，可以摄入所需的微量碘。但一些地区由于受地理条件等因素的限制，水质、地质中缺少碘，农作物含碘量少，造成饮食中缺碘而摄入量不足；有些地区是由于受地方性水质、地质等因素的影响，日常饮食中含有阻碍人体吸收碘的物质，也会造成人体缺碘，这些都会引起地方性甲状腺肿病。据统计，目前世界上有 2 亿左右患地方性甲状腺肿的病人。

为了预防缺碘造成的危害，人体可摄入含碘丰富的海产品，如海带、紫菜、海盐等。内陆地区可以通过在食盐中加入适量的碘酸钾以增加碘的摄入量。

但值得注意的是，人体摄入过多的碘，也会患甲状腺肿，称为“高碘甲状腺肿”。故不要认为多吃高碘食品就好，否则，也会造成碘中毒。

本章小结

一、氯气

氯气是黄绿色、刺激性气味的气体，其水溶液称为氯水。

在加热时，氯可以与各种金属反应，反应较剧烈。氯还可与大多数非金属直接化合。氯是活泼的非金属元素。Cl_2 在水、碱中可以发生歧化反应。

可以通过氧化剂氧化 Cl^- 来制备 Cl_2。

二、氯化氢

HCl 是无色、刺激性气味的气体，其水溶液为盐酸。盐酸是强酸，具有酸的通性。实

验室用 Na_2SO_4 与浓硫酸反应制备 HCl；工业上用 H_2 和 Cl_2 直接合成 HCl。

三、氯的含氧酸及其盐

HClO 是不稳定的弱酸，有强氧化性。次氯酸盐比其酸稳定，重要的盐有漂白粉。漂白粉具有漂白、杀菌的功能，是基于它的氧化性。

$HClO_3$ 是强酸，只存在水溶液中。$KClO_3$ 是重要的氯酸盐，主要的性质是在酸性条件下具有较强的氧化性。

四、卤素离子的检验

卤素离子可以用 $AgNO_3$ 和稀 HNO_3 来检验，或者利用卤素单质的氧化性的差异，采用置换反应也可检验（氟除外）。

五、卤素性质的对比

卤素的性质有很多相似的方面。从 F_2 到 I_2，其氧化性逐渐减弱；从 F^- 到 I^-，其还原性逐渐增强。

思考与练习

一、填空题

1. 卤素位于元素周期表中第______族，包括________________六种元素，其原子的最外层有____个电子，是典型的________元素。从 F 到 I，____________逐渐减弱。其中________是最活泼的非金属元素。

2. 实验室制取氯气的化学反应方程式是______________________________，多余的氯气可以用 NaOH 溶液吸收，其反应为____________________，工业上制取氯气的反应为____________________________。

3. 制取漂白粉的反应方程式为______________________，其中的有效成分是____________________。

4. 常温下 HCl 是____色、有________气味的气体。实验室制备 HCl 的化学方程式是__________________________________。工业上制备 HCl 的化学方程式为_____________________________，其水溶液称为______________。

5. 氢氟酸的重要性质有___________________________________，氢氟酸与 SO_2 的反应方程式为__________________________，所以用____________________盛装氢氟酸。

6. 实验室制取 H_2、Cl_2 时都要用盐酸，制取 H_2 时，盐酸是________________剂；制取 Cl_2 时，盐酸是____________剂。

二、选择题

1. 盐酸的主要化学性质是（　　）。

A. 强酸，无氧化性和还原性　　B. 弱酸，无氧化性和挥发性

C. 强酸，无氧化性，有还原性　　D. 强酸，有氧化性和还原性

2. 检验 Cl^- 的存在，需用的试剂是（　　）。

A. $AgNO_3$　　B. $AgNO_3$、HNO_3、氨水

C. $AgNO_3$ 和稀 HNO_3　　D. 以上三者均可

3. 用 $KClO_3$ 制取氧气时，MnO_2 的作用是（　　）。

A. 氧化剂　　B. 还原剂　　C. 催化剂　　D. 无任何作用

4. 下列物质属于纯净物的是（　　）。

A. 氯水　　B. 液氯　　C. 漂白粉　　D. 盐酸

5. 除去氯气中水蒸气，应选用的干燥剂是（　　）。

A. 浓硫酸　　B. 固体 NaOH

C. NaOH 溶液　　D. 干燥的石灰

6. 下列气体易溶于水的是（　　）。

A. H_2　　B. O_2　　C. HCl　　D. Cl_2

7. 下列物质中存在 Cl^- 的是（　　）。

A. $KClO_3$ 溶液　　B. NaClO 溶液　　C. 液氯　　D. 氯水

8. 与 $AgNO_3$ 溶液反应，产生不溶于稀硝酸的黄色沉淀的物质是（　　）。

A. Na_2CO_3　　B. NaI　　C. NaBr　　D. NaCl

9. $KClO_3$ 或 KClO 都能和浓盐酸反应，生成的还原产物是（　　）。

A. Cl_2 或 Cl^-　　B. Cl^-　　C. Cl_2　　D. 不能确定

10. 下列物质能腐蚀玻璃的是（　　）。

A. 盐酸　　B. 氢溴酸　　C. 氢氟酸　　D. 苛性钠

三、简答题

1. 有四种无色的试剂，分别为 HF、NaCl、KBr、KI 溶液，用化学方法进行鉴别，并写出有关的反应方程式。

2. 为什么钢制品在焊接或电镀前要用盐酸清洗，而金属铸件上的沙子要用氢氟酸除去？

3. 实验室制备 HCl 的方法是否可以用于 HBr、HI 的制备？

4. 湿润的 KI-淀粉试纸用于检验 Cl_2，在实验中会发现试纸继续与 Cl_2 接触，原来产生的蓝色会褪去，试解释原因。

5. 工业盐酸呈黄色，怎样除去颜色？

四、写出下列反应方程式并配平

1. 由盐酸制 Cl_2

2. 由盐酸制次氯酸

3. 由 $KClO_3$ 制 Cl_2

4. 氟气分解水

五、计算题

1. 将 NaCl、NaBr、$CaCl_2$ 的混合物 5g 溶于水，通入 Cl_2 充分反应后，将溶液蒸干、灼烧，得到残留物 4.87g。将残留物溶于水，加入足量 Na_2CO_3 溶液，所得沉淀干燥后为 0.36g。求混合物中各种混合物的质量。

2. 含 80% CaF_2 的萤石 2000g，与足量浓硫酸反应后，能制得质量分数为 40%的 HF 溶液多少克？要消耗浓硫酸（质量分数 96%）多少克？

3. 11.7g NaCl 与 10g 98%的硫酸加热时反应，将所产生的 HCl 通入 45g 10%的 NaOH 溶液中，反应完全后加入石蕊试液，溶液显什么颜色？

4. 有 KBr、NaBr 的混合物 5g，与过量 $AgNO_3$ 溶液反应后，得到 AgBr 8.4g。求混合物中 KBr、NaBr 各是多少克？

第六章思考与练习参考答案

在线互测

第七章

其他重要的非金属元素

学习目标

比较 O_2 和 O_3 的主要性质；掌握 H_2O_2 的主要性质、用途；掌握硫和 H_2S 的性质；掌握 H_2SO_4 的特性；了解亚硫酸钠和硫代硫酸钠的性质；掌握氨、磷酸、硝酸的主要性质；熟知碳、硅及其氧化物的性质；掌握碳酸盐和硅酸盐的主要性质；了解环境污染与防治。

第七章 PPT

第一节　氧　和　硫

元素周期表中第ⅥA族包括氧(O)、硫(S)、硒(Se)、碲(Te)、钋(Po)、　(Lv) 六种元素，统称为氧族元素。

氧和硫的原子有 6 个价电子，反应中容易获得 2 个电子达到稳定结构，表现出非金属元素的特征。与卤素原子相比，它们结合两个电子比卤素原子结合一个电子困难，所以非金属性弱于卤素。

一、氧和臭氧

1. 氧

氧是地壳中分布最广和含量最多的元素，约占地壳总质量的 48%。自然界中氧有 ^{16}O、^{17}O、^{18}O 三种同位素，能形成 O_2、O_3 两种同素异形体。

氧是无色、无臭的气体，20℃时 1L 水中只溶解 $49cm^3$ 的氧气，是水生动植物赖以生存的基础。在 −183℃时凝聚为淡蓝色的液体，−219℃时凝聚为淡蓝色的固体。

氧是活泼的非金属元素，但 O_2 的键能大（498kJ/mol），常温下比较稳定。在加热时，除卤素、少数贵金属（如 Au、Pt）和稀有气体外，几乎能与所有元素直接化合。

工业上采用分离液态空气或电解水的方法来制取氧气。实验室常用 $KClO_3$ 或 $KMnO_4$ 等含氧化合物热分解产生氧气。

2. 臭氧

臭氧是有鱼腥臭味的淡蓝色气体，比氧易溶于水。臭氧不稳定，易分解。空气中放电，如雷击、闪电或电焊时有部分氧气转化为臭氧，可以闻到特殊的腥臭味。

氧和臭氧的化学性质基本相同，但它们的物理性质和化学活泼性有差异（见表7-1）。

常温下，臭氧可分解为氧气，是一个放热过程。

$$2O_3 \rightleftharpoons 3O_2$$

距离地面20～40km的高空处，存在臭氧层。因此，高空大气中就存在臭氧和氧互相转化的动态平衡，臭氧层吸收了大量紫外线，避免了地球上的生物遭受紫外线的伤害。

臭氧是比氧更强的氧化剂，在常温下能氧化不活泼的单质，如Hg、Ag、S等。金属银被氧化为黑色的过氧化银。

表7-1　氧和臭氧性质比较

性　质	氧　气	臭　氧
颜色	气体是无色、液体是蓝色	气体是淡蓝色、液体是深蓝色
气味	无味	腥臭味
熔点/℃	−219	−193
沸点/℃	−183	−112
溶解度(0℃)/(mL/L)	49	494
氧化性	强	很强
稳定性	较稳定	不稳定

$$2Ag + 2O_3 \longrightarrow Ag_2O_2 + 2O_2$$

利用KI-淀粉试纸可以检出O_3。

$$2KI + O_3 + H_2O \longrightarrow I_2 + O_2 + 2KOH$$

利用臭氧的氧化性，用于纸浆、油脂、面粉等的漂白，饮水的消毒和废水的处理。

二、过氧化氢

1. 物理性质

过氧化氢（H_2O_2）俗称为双氧水。纯过氧化氢是淡蓝色黏稠状液体，熔点为−1℃，沸点为152℃，在0℃时的密度为1.465g/cm^3。H_2O_2是极性分子，可以任意比例与水混合，常用3%和35%的水溶液。

2. 化学性质

过氧化氢有弱酸性，能与碱反应生成金属的过氧化物。过氧化氢的水溶液可用过氧化钡和稀H_2SO_4作用来制取。

$$BaO_2 + H_2SO_4 \longrightarrow H_2O_2 + BaSO_4\downarrow$$

过氧化氢的稳定性较差，在低温时分解较慢，加热至153℃以上能剧烈分解，并放出大量的热。MnO_2及许多重金属离子如铁、锰、铜等离子存在时，对其分解起催化作用。

【演示实验7-1】

在盛有3mL 3% H_2O_2溶液的试管中，加入少量MnO_2粉末，观察现象。用带火星的木条检验产生的气体。

通过实验可以观察到：试管里有气体产生，此气体可以使带火星的木条复燃。

$$2H_2O_2 \xrightarrow{MnO_2} 2H_2O + O_2\uparrow$$

加热、曝光会加速过氧化氢的分解。因此，过氧化氢应保存在棕色瓶中，并置于暗处，同时可加入稳定剂（如锡酸钠、焦磷酸钠等）以抑制其分解。

过氧化氢中氧的化合价是－1价，处于零价与－2价之间，所以过氧化氢既有氧化性，又有还原性。在酸性溶液中 H_2O_2 是强氧化剂，而在碱性溶液中是中等还原剂。

$$2KI + H_2O_2 + H_2SO_4 \longrightarrow I_2 + K_2SO_4 + 2H_2O$$

$$2FeSO_4 + H_2O_2 + H_2SO_4 \longrightarrow Fe_2(SO_4)_3 + 2H_2O$$

$$PbS + 4H_2O_2 \longrightarrow PbSO_4 + 4H_2O$$

后一反应能使黑色的 PbS 氧化为白色的 $PbSO_4$，可用于油画的清洗。

在酸性介质中，当 H_2O_2 与更强氧化剂作用时，H_2O_2 就表现出还原性。

$$2KMnO_4 + 5H_2O_2 + 3H_2SO_4 \longrightarrow 2MnSO_4 + K_2SO_4 + 5O_2\uparrow + 8H_2O$$

H_2O_2 是重要的氧化剂、消毒剂、漂白剂，由于其还原产物是水，不会带来杂质，可漂白毛、丝织品、油画等。纯过氧化氢可用作火箭燃料的氧化剂。作为化工原料，它还用于无机、有机过氧化物如过硼酸钠、过氧醋酸的生产。

三、硫和硫化氢

1. 硫

硫是一种分布较广的元素，以单质硫、硫化物、硫酸盐的形式存在。重要的矿物有黄铁矿（FeS_2）、黄铜矿（$CuFeS_2$）、闪锌矿（ZnS）、石膏（$CaSO_4$）、芒硝（$Na_2SO_4\cdot 10H_2O$）等。

单质硫又称硫黄，是淡黄色晶体，不溶于水，微溶于乙醇，易溶于 CS_2。硫有多种同素异形体，重要的有斜方硫、单斜硫、弹性硫。

与氧相比，硫的氧化性较弱。在一定条件下，能与许多金属和非金属反应。

$$2Al + 3S \xrightarrow{\triangle} Al_2S_3$$

$$C + 2S \xrightarrow{\triangle} CS_2$$

硫能与热的浓硫酸、硝酸、碱反应。

$$S + 2HNO_3 \longrightarrow H_2SO_4 + 2NO\uparrow$$

$$3S + 6NaOH \xrightarrow{\triangle} 2Na_2S + Na_2SO_3 + 3H_2O$$

大部分的硫用于制备硫酸，此外在橡胶工业、造纸、硫酸盐、硫化物等产品生产中也要消耗数量可观的硫。

2. 硫化氢

天然硫化氢存在于火山喷出的气体和某些矿泉中，有机物腐烂时，要产生硫化氢。

H_2S 是无色、有臭鸡蛋气味的气体，比空气稍重，有剧毒，是一种大气污染物。吸入微量硫化氢时，会引起头痛、眩晕。吸入较多量硫化氢时，会引起中毒昏迷，甚至死亡。工业生产中规定，空气中硫化氢的含量不得超过 10^{-5} g/L。实验室制取硫化氢时，要在通风橱中进行。

硫化氢能溶于水，常温下，1 体积水能溶解 2.6 体积的硫化氢。

硫化氢具有可燃性，在空气中燃烧时产生淡蓝色火焰，被氧化为 SO_2 或硫。

$$2H_2S+O_2 \xrightarrow{\triangle} 2H_2O+2S$$

将硫化氢与二氧化硫混合，会产生单质硫。

$$2H_2S+SO_2 \longrightarrow 3S+2H_2O$$

工业上利用上述反应，可以从含硫化氢的废气中回收硫，防止大气污染。

硫化氢的水溶液称为氢硫酸，是一种二元弱酸，易挥发，具有酸的通性。由于硫的化合价为 −2 价，氢硫酸具有较强的还原性。氢硫酸放置时，由于被空气中的氧氧化，析出了单质硫而变得浑浊。

$$4Cl_2+4H_2O+H_2S \longrightarrow H_2SO_4+8HCl$$

$$3H_2SO_4(\text{浓})+H_2S \longrightarrow 4SO_2+4H_2O$$

实验室常用硫化亚铁与稀盐酸或稀硫酸反应制取硫化氢。

$$FeS+2H^+ \longrightarrow Fe^{2+}+H_2S\uparrow$$

四、硫的氧化物和硫酸

1. 二氧化硫与三氧化硫

SO_2 是无色、有刺激性臭味的气体，是一种大气污染物，大气中其含量不得超过 $0.10mg/m^3$。常温常压下，1 体积水可溶解约 40 体积 SO_2。SO_2 易液化，液态 SO_2 是很好的溶剂。

SO_2 中硫的化合价是 +4，所以 SO_2 既有氧化性，又有还原性。

$$2SO_2+O_2 \underset{500℃}{\overset{V_2O_5}{\rightleftharpoons}} 2SO_3$$

$$2H_2S+SO_2 \longrightarrow 3S+2H_2O$$

SO_2 能与某些色素结合形成无色的化合物，可用于漂白。主要用于生产硫酸，也是制备亚硫酸盐的原料。

SO_3 是无色、易挥发的固体。它极易吸收水分，在空气中冒烟，溶于水生成硫酸并放出大量的热。

SO_3 是强氧化剂，在高温时能氧化磷、KI、Fe、Zn 等。

$$SO_3+2KI \longrightarrow I_2+K_2SO_3$$

2. 硫酸

(1) 物理性质　纯硫酸是无色、难挥发的油状液体，在 10℃时凝固成晶体。市售浓硫酸的质量分数约为 98%，沸点为 338℃，密度为 $1.84g/cm^3$，浓度约为 18mol/L。溶有过量 SO_3 的浓硫酸，暴露在空气中，因挥发出 SO_3 形成酸雾而“发烟”，称为发烟硫酸。浓硫酸能以任意比例与水混合。浓硫酸溶于水时产生大量的热，若将水倾入浓硫酸中，少量的水在浓硫酸中很快沸腾而溅出硫酸。因此，稀释硫酸时，只能将浓硫酸在搅拌下缓慢加入到水中，绝不可反之。

(2) 化学性质　硫酸是二元强酸。稀硫酸具有酸的一切通性，能与碱性物质发生中和反应，与金属活动顺序表中氢之前的金属反应，产生氢气。

$$Zn + H_2SO_4 \longrightarrow ZnSO_4 + H_2\uparrow$$

浓硫酸有以下特性。

① 氧化性。冷的浓硫酸与铁、铝等金属接触，能使金属表面生成一层致密的氧化物保护膜，可以阻止内部金属与硫酸继续反应，这种现象称为金属的钝化。因此，冷的浓硫酸可以用铁制或铝制容器储存和运输。

浓硫酸是中等强度的氧化剂，加热时浓硫酸几乎能氧化所有金属（除 Au、Pt 外）。

$$2Fe + 6H_2SO_4(浓) \xrightarrow{\triangle} Fe_2(SO_4)_3 + 3SO_2\uparrow + 6H_2O$$

$$4Zn + 5H_2SO_4(浓) \xrightarrow{\triangle} 4ZnSO_4 + H_2S\uparrow + 4H_2O$$

【演示实验 7-2】

在试管中加入一小块铜片，注入浓硫酸，观察现象。加热，用湿润的蓝色石蕊试纸在试管口检验所产生的气体。反应后，将试管中的溶液倒入盛有少量水的试管中，观察溶液的颜色变化。

实验表明，在加热时 Cu 与浓硫酸能反应，产生了 SO_2 和 $CuSO_4$。

$$Cu + 2H_2SO_4(浓) \xrightarrow{\triangle} CuSO_4 + SO_2\uparrow + 2H_2O$$

加热时，浓硫酸还能与碳、硫等一些非金属发生氧化还原反应。如将木炭投入热的浓硫酸中会发生剧烈的反应。

$$C + 2H_2SO_4(浓) \xrightarrow{\triangle} CO_2\uparrow + 2SO_2\uparrow + 2H_2O$$

② 吸水性和脱水性。浓硫酸容易和水结合，形成多种水化物，同时放出大量的热，所以有强烈的吸水性。利用此性质，实验室将浓硫酸用作干燥剂，如干燥 Cl_2、H_2、CO_2 等。

浓硫酸还具有强烈的脱水性，将氢、氧原子以水的组成从许多有机物中脱出，使有机物炭化。所以，浓硫酸能严重地破坏动植物组织，有强烈的腐蚀性，使用时要注意安全。

$$C_{12}H_{22}O_{11} \xrightarrow{浓\ H_2SO_4} 11H_2O + 12C$$

浓硫酸能严重灼伤皮肤，若不小心溅落在皮肤上，先用软布或纸轻轻沾去，并用大量水冲洗，最后用 2％小苏打水或稀氨水浸泡片刻。

（3）用途　硫酸是化工生产中常用的“三酸”之一。主要用于化肥工业、无机化工、有机化工、金属冶炼、石油工业等。在金属、搪瓷工业中，利用浓硫酸作为酸洗剂，以除去金属表面的氧化物。同时，硫酸也是重要的化学试剂。

五、硫酸盐

硫酸可以形成正盐和酸式盐。

酸式盐大都溶于水。正盐中，Ag_2SO_4 微溶，$CaSO_4$、$PbSO_4$、$SrSO_4$、$BaSO_4$ 难溶于水。$BaSO_4$ 不仅难溶于水，也不溶于盐酸和硝酸，此性质可以用于鉴定或分离 SO_4^{2-} 或 Ba^{2+}。

硫酸盐的热稳定性差别较大。活泼金属的硫酸盐，如 Na_2SO_4、K_2SO_4、$BaSO_4$ 等，在高温下稳定。较不活泼金属硫酸盐，如 $CuSO_4$、$FeSO_4$、$Fe_2(SO_4)_3$、$Al_2(SO_4)_3$ 等，在高温下分解为金属氧化物和 SO_3。某些金属氧化物不稳定，进一步分解为金属单质。

$$CuSO_4 \xrightarrow{\triangle} CuO + SO_3 \uparrow$$

$$Ag_2SO_4 \xrightarrow{\triangle} Ag_2O + SO_3 \uparrow$$

$$2Ag_2O \xrightarrow{\triangle} 4Ag + O_2 \uparrow$$

硫酸盐容易形成复盐，复盐中的两种硫酸盐是同晶型的化合物，又称为矾。如 $(NH_4)_2SO_4 \cdot FeSO_4 \cdot 6H_2O$（摩尔盐）、$K_2SO_4 \cdot Al_2(SO_4)_3 \cdot 24H_2O$（明矾）等。

*六、硫的低氧化态含氧酸盐

（1）亚硫酸钠　向 Na_2CO_3 溶液中通入 SO_2，由于 H_2SO_3 的酸性比 H_2CO_3 强，所以可以生成 Na_2SO_3：

$$Na_2CO_3 + SO_2 \longrightarrow Na_2SO_3 + CO_2 \uparrow$$

亚硫酸钠，白色结晶，易氧化。工业上作为重要的还原剂、织物漂白和脱氯剂、照相显影剂、鞣革阻氧剂，还用于食品防腐、脱水蔬菜保鲜、染料和医药合成等。

（2）硫代硫酸钠　在沸腾的 Na_2SO_3 碱性溶液中加入硫黄粉，得硫代硫酸钠：

$$Na_2SO_3 + S \xrightarrow{\triangle} Na_2S_2O_3$$

$Na_2S_2O_3$ 在中性和碱性溶液中很稳定，在酸性溶液中由于生成不稳定的 $H_2S_2O_3$ 而分解：

$$S_2O_3^{2-} + 2H^+ \longrightarrow S \downarrow + SO_2 \uparrow + H_2O$$

$Na_2S_2O_3$ 还原 I_2 生成四硫酸钠（$Na_2S_4O_6$）的反应是尽量定量进行的：

$$2Na_2S_2O_3 + I_2 \longrightarrow Na_2S_4O_6 + 2NaI$$

$Na_2S_2O_3$ 定量测定碘的重要试剂，在分析化学上用于碘量法。

思考题

浓硫酸和稀硫酸都有氧化性，其含义有何不同？

第二节　氮　和　磷

元素周期表中第ⅤA族的氮(N)、磷(P)、砷(As)、锑(Sb)、铋(Bi) 五种元素，统称为氮族元素。氮族元素的原子有 5 个价电子，它们的非金属性比同周期的氧族元素和卤素都弱。氮、磷是典型的非金属元素。

绝大部分的氮以 N_2 的形式存在于空气中，在空气中的体积分数约为 78%。智利的硝石

($NaNO_3$) 是少有的含氮矿物。氮也是构成动植物体中蛋白质的重要元素。

自然界中磷以磷酸盐的形式存在，如磷酸钙 $Ca_3(PO_4)_2$、磷灰石 $Ca_5F(PO_4)_3$ 等。磷是生物体中不可缺少的元素之一。

一、氨

1. 物理性质

氨是无色、有刺激性臭味的气体。在标准状况下，其密度为 0.771g/L。易液化，在常温下冷却至 -34℃时凝结为液体（液氨），当液氨气化时要吸收大量的热，因此液氨是常用的制冷剂。注意，在使用液氨钢瓶时，减压阀不能用铜制品，因为铜会迅速被氨腐蚀。

常温常压下，1 体积水约可溶解 700 体积的氨，形成氨水。一般市售商品浓氨水的密度为 $0.90g/cm^3$，约含 NH_3 25%～28%。

2. 化学性质

氨的性质较活泼，能与许多物质反应。其主要性质表现如下。

(1) 弱碱性　氨极易溶于水，在水中主要以水合物 ($NH_3 \cdot H_2O$) 的形式存在，少量的水合物可以发生电离，所以氨水呈弱碱性。

$$NH_3 + H_2O \rightleftharpoons NH_3 \cdot H_2O \rightleftharpoons NH_4^+ + OH^-$$

(2) 加合反应　氨中的 N 原子上有孤对电子，能与 H^+、Cu^{2+}、Zn^{2+}、Ag^+ 等离子通过加合反应形成氨合物。

$$NH_3 + HCl \longrightarrow NH_4Cl$$

$$NH_3 + HNO_3 \longrightarrow NH_4NO_3$$

$$Ag^+ + 2NH_3 \longrightarrow [Ag(NH_3)_2]^+$$

(3) 还原性　氨中氮处于最低化合价 -3 价，所以具有还原性。在一定条件下可被氧化为 N_2 或 NO。

$$2NH_3 + 3Cl_2 \longrightarrow N_2 + 6HCl$$

$$4NH_3 + 5O_2 \longrightarrow 4NO + 6H_2O$$

前一个反应体现在用浓氨水检查氯气或液溴管道是否漏气。后一个反应是氨的催化氧化，是工业制硝酸的主要反应。

工业上，在高温 (500℃)、高压 (300×10^2 kPa)、有催化剂（铁触媒）的条件下，将氮气与氢气合成为氨。

$$N_2 + 3H_2 \xrightleftharpoons[\text{高温高压}]{\text{催化剂}} 2NH_3 + 92.4kJ$$

在实验室里，常用铵盐与碱加热来制取氨。

$$2NH_4Cl + Ca(OH)_2 \xrightarrow{\triangle} CaCl_2 + 2NH_3\uparrow + 2H_2O$$

氨是一种重要的化工原料和产品。它是氮肥工业的基础，也是制造硝酸、铵盐、尿素等基本原料，还是合成纤维、塑料、染料等工业的常用原料。

二、铵盐

铵盐一般是无色晶体，易溶于水，易水解。

1. 热稳定性

固体铵盐加热时极易分解，分解产物取决于对应酸性质。

形成铵盐的酸有挥发性时，分解为 NH_3 和挥发性酸。

$$NH_4Cl \xrightarrow{\triangle} NH_3\uparrow + HCl\uparrow$$

形成铵盐的酸不挥发，只有氨逸出，酸或酸式盐残留在容器里。

$$(NH_4)_2SO_4 \xrightarrow{\triangle} NH_3\uparrow + NH_4HSO_4$$

形成铵盐的酸有氧化性时，分解的 NH_3 会被氧化。

$$NH_4NO_3 \xrightarrow{\triangle} N_2O\uparrow + 2H_2O\uparrow$$

基于 NH_4NO_3 的这种性质，用于制造炸药，在制备、储存时要格外小心。

2. 水解性

由于氨的弱碱性，铵盐都有一定程度的水解。有强酸形成的铵盐水解显酸性。

$$NH_4^+ + H_2O \rightleftharpoons NH_3\cdot H_2O + H^+$$

所以在铵盐溶液中加入强碱并加热，都会放出氨气，可用于检验铵盐。

三、氮的氧化物和硝酸

1. 氮的氧化物

NO 是无色、难溶于水的气体。

实验室用 Cu 与稀 HNO_3 反应制取 NO。NO 极易与氧化合转化为 NO_2。

$$3Cu + 8HNO_3(稀) \xrightarrow{\triangle} 3Cu(NO_3)_2 + 2NO\uparrow + 4H_2O$$

$$2NO + O_2 \longrightarrow 2NO_2$$

雷雨天，N_2 和 O_2 在电弧作用下，可以产生 NO。

NO_2 是红棕色、有刺激性臭味的有毒气体。实验室用 Cu 与浓 HNO_3 反应制取 NO_2。NO_2 溶于水转化为 HNO_3。

$$Cu + 4HNO_3(浓) \longrightarrow Cu(NO_3)_2 + 2NO_2\uparrow + 2H_2O$$

$$3NO_2 + H_2O \longrightarrow 2HNO_3 + NO\uparrow$$

2. 硝酸

(1) 物理性质　纯硝酸是无色、易挥发、有刺激性气味的液体。密度为 $1.5g/cm^3$，沸点为 83℃。能以任意比例与水混合。86%以上的浓硝酸由于挥发出的 NO_2 遇到空气中的水蒸气形成硝酸液滴而产生发烟现象，称为发烟硝酸。

(2) 化学性质　硝酸是一种强酸，除具有酸的通性外，还有本身的特性。

① 不稳定性。硝酸不稳定，见光、受热易分解。

$$4HNO_3 \xrightarrow{\triangle} 4NO_2\uparrow + O_2\uparrow + 2H_2O$$

硝酸愈浓、温度愈高、愈易分解。分解产生的 NO_2 溶于硝酸中，使硝酸呈黄棕色。为防止硝酸的分解，常将它储于棕色瓶中，保存于低温、阴暗处。

② 氧化性。

【演示实验 7-3】

浓硝酸、稀硝酸与铜反应

在试管中分别加入一小块铜片，再分别加入浓硝酸、稀硝酸，对比两支试管中的反应情况的差异。将盛有稀硝酸的试管加热，情况有何变化。

实验表明，浓、稀硝酸都能与铜反应，但浓硝酸与铜反应更剧烈，产生大量的红棕色气体 NO_2。在加热时，稀硝酸也能与铜反应，可以观察到有黄色的气体产生。

硝酸都是强氧化剂。一般地说，无论浓、稀硝酸都有氧化性，它几乎能与所有的金属（除 Au、Pt 等少数金属外）或非金属发生氧化还原反应。在通常情况下，浓硝酸的主要还原产物是 NO_2；稀硝酸的主要还原产物为 NO。当较活泼的金属与稀硝酸反应时，HNO_3 可被还原为 N_2O。很稀的 HNO_3 与活泼金属反应时，可以被还原为 NH_3。

$$Cu+4HNO_3(浓) \longrightarrow Cu(NO_3)_2+2NO_2\uparrow+2H_2O$$

$$3Cu+8HNO_3(稀) \xrightarrow{\triangle} 3Cu(NO_3)_2+2NO\uparrow+4H_2O$$

$$Fe+4HNO_3(稀) \longrightarrow Fe(NO_3)_3+NO\uparrow+2H_2O$$

$$4Zn+4HNO_3(稀) \longrightarrow 4Zn(NO_3)_2+N_2O\uparrow+5H_2O$$

$$4Zn+10HNO_3(稀) \longrightarrow 4Zn(NO_3)_2+NH_4NO_3+3H_2O$$

必须指出，HNO_3 氧化性的强弱与其浓度有关。HNO_3 愈浓，氧化能力愈强；HNO_3 愈稀，氧化能力愈弱。

某些金属，如 Al、Cr、Fe 等能溶于稀硝酸。但在冷的浓硝酸中，由于金属表面被氧化，形成致密的氧化膜而处于钝化状态。因此，可用铝制或铁制容器盛装浓硝酸。

浓硝酸还能使许多非金属如碳、硫、磷等被氧化。

$$C+4HNO_3 \longrightarrow CO_2\uparrow+4NO_2\uparrow+2H_2O$$

1 体积浓硝酸与 3 体积浓盐酸的混合物称为王水，其氧化能力强于硝酸，能使一些不溶于硝酸的金属，如金、铂等溶解。

$$Au+HNO_3+3HCl \longrightarrow AuCl_3+NO\uparrow+2H_2O$$

工业上主要采用氨氧化法生产硝酸。主要反应过程为：

$$4NH_3+5O_2 \longrightarrow 4NO+6H_2O$$

$$2NO+O_2 \longrightarrow 2NO_2$$

$$3NO_2+H_2O \longrightarrow 2HNO_3+NO$$

为了保护环境，防止污染，生产过程中未被吸收的少量 NO_2、NO 可用碱液吸收。

$$NO+NO_2+2NaOH \longrightarrow 2NaNO_2+H_2O$$

硝酸是重要的化工原料，是重要的“三酸”之一。主要用于生产各种硝酸盐、化肥、炸药等，还用于合成染料、药物、塑料等。

四、磷及其重要化合物

1. 磷

磷有多种同素异形体，常见的是白磷和红磷。白磷见光逐渐变黄，又称黄磷。尽管两者是同一元素构成，但它们的性质差异较大（见表 7-2）。

表 7-2　白磷和红磷性质比较

白　磷	红　磷
白色或黄色蜡状固体	暗红色粉末
剧毒(0.1g 可致死)	无毒
不溶于水，可溶于 CS_2	不溶于水，可溶于 CS_2
蒜臭味	无臭
在空气中自燃(燃点 40℃)	加热至 240℃燃烧
在暗处发光	不发光
化学性质活泼	化学性质较稳定
隔绝空气，浸于水中	密闭保存
磷蒸气迅速冷却得到白磷	白磷在高温下转化为红磷

单质磷的用途广泛，白磷主要用于制备纯度较高的 P_4O_{10}、H_3PO_4、PCl_3 等，少量用于制备红磷，军事上用它制造燃烧弹、烟幕弹等。红磷是生成安全火柴和有机磷的主要原料。

2. 磷酸

磷酸是无色透明的晶体。熔点是 42℃，极易溶于水。商品磷酸是无色黏稠状的浓溶液，约含 H_3PO_4 85%，密度为 1.7g/cm^3。

磷酸是三元中强酸，无挥发性，无氧化性，具有酸的通性，热稳定性强于硝酸。其特点是 PO_4^{3-} 能与许多金属离子形成可溶性的配合物。例如，含高铁离子的溶液通常显黄色，加入磷酸后黄色消失，这是生成了 $[Fe(HPO_4)]^+$ 和 $[Fe(HPO_4)_2]^-$ 等无色离子的缘故。

工业上磷酸是用硫酸与磷灰石反应而制取的。

$$Ca_3(PO_4)_2 + 3H_2SO_4 \longrightarrow 3CaSO_4\downarrow + 2H_3PO_4$$

磷酸用于制造磷酸盐和磷肥、硬水的软化剂、金属抗蚀剂以及有机合成和医药工业，也是常用的化学试剂。

3. 磷酸盐

磷酸可以形成两种酸式盐、一种正盐。所有的磷酸二氢盐都易溶于水，而磷酸一氢盐和磷酸正盐中，除碱金属和铵盐外，几乎都难溶于水。酸式盐与碱反应可以转化为正盐，正盐与酸反应可以转化为酸式盐。

【演示实验 7-4】

在分别盛有 1mL 0.1mol/L Na_3PO_4、NaH_2PO_4、Na_2HPO_4 溶液的试管中，滴加 0.1mol/L $CaCl_2$ 溶液，振荡，观察现象。向有沉淀的试管中分别加入酸或碱，观察沉淀的溶解情况。

磷酸盐及两种酸式盐的性质

$Ca_3(PO_4)_2$ 难溶于水，$CaHPO_4$ 微溶于水，$Ca(H_2PO_4)_2$ 易溶于水。

$$3Ca^{2+} + 2PO_4^{3-} \longrightarrow 3Ca_3(PO_4)_2 \downarrow$$

$$Ca^{2+} + HPO_4^{2-} \longrightarrow CaHPO_4 \downarrow$$

$$Ca_3(PO_4)_2 + 4H^+ \longrightarrow 3Ca^{2+} + 2H_2PO_4^-$$

$$CaHPO_4 + H^+ \longrightarrow Ca^{2+} + H_2PO_4^-$$

$$3Ca^{2+} + 2H_2PO_4{}^- + 4OH^- \longrightarrow Ca_3(PO_4)_2 \downarrow + 4H_2O$$

最重要的磷酸盐是钙盐。工业上用 $Ca_3(PO_4)_2$ 生产磷肥。

$$Ca_3(PO_4)_2 + 2H_2SO_4 + 4H_2O \longrightarrow Ca(H_2PO_4)_2 + 2CaSO_4 \cdot 2H_2O$$

$Ca(H_2PO_4)_2$ 和 $CaSO_4$ 的混合物称为过磷酸钙。比较纯净的磷酸二氢钙叫重过磷酸钙，是工业磷酸和磷酸钙作用而得。

$$Ca_3(PO_4)_2 + 4H_3PO_4 \longrightarrow 3Ca(H_2PO_4)_2$$

这种磷肥含磷是过磷酸钙的两倍以上，是一种高效的磷肥。

应当注意，可溶性磷肥如过磷酸钙等不能和消石灰、草木灰这类碱性物质一起施用。否则，会生成不溶性磷酸盐而降低肥效。

$$Ca(H_2PO_4)_2 + 2Ca(OH)_2 \longrightarrow Ca_3(PO_4)_2 \downarrow + 4H_2O$$

思考题

浓硝酸与稀硝酸的性质有何不同?

第三节　碳　和　硅

碳和硅在周期表中位于ⅣA 族，价电子构型为 $2s^2 2p^2$，得电子和失电子的倾向都不强，因此常常形成共价化合物，常见的化合价是+4、+2。

碳、硅在地壳中的质量分数分别为 0.27%、27.6%。现在发现的化合物种类有近千万种，绝大多数是碳的化合物，所以碳是有机世界的栋梁之材，硅则是无机世界的骨干。

一、碳及其重要化合物

1. 碳

碳有 ^{12}C、^{13}C、^{14}C 三种同位素，有金刚石、石墨和无定形碳三种同素异形体。金刚石的硬度大，大量用于切削和研磨材料。石墨由于导电性能良好，有化学惰性，耐高温，用作电极和高温润滑剂。

金刚石和石墨在空气燃烧都得到 CO_2。

2. 碳的氧化物

碳所形成的氧化物有 CO、CO_2。

CO是无色、无味的气体，有毒，不溶于水。其主要的化学性质是还原性和加合性。CO是金属冶炼的重要还原剂：

$$CuO+CO \xrightarrow{\triangle} Cu+CO_2$$

$$CO+PdCl_2+H_2O \longrightarrow CO_2+Pd\downarrow+2HCl$$

该反应很灵敏，可用于检验CO。

CO能与许多金属加合形成金属羰基化合物，如 $Fe(CO)_5$、$Ni(CO)_4$ 等。

CO_2 是无色、无臭的气体，易液化。常温下，1体积水能溶解0.9体积的 CO_2。溶于水中的 CO_2 仅小部分和水反应生成碳酸（H_2CO_3）。实验室用蒸馏水或去离子水因溶有空气中的 CO_2 而呈微弱的酸性，其pH约为5.6。

碳酸是二元弱酸，在溶液中存在如下平衡：

$$CO_2+H_2O \rightleftharpoons H_2CO_3 \rightleftharpoons H^++HCO_3^- \rightleftharpoons 2H^++CO_3^{2-}$$

实验室用 $CaCO_3$ 和盐酸反应制备 CO_2。

$$CaCO_3+2HCl \longrightarrow CaCl_2+CO_2\uparrow+H_2O$$

3. 碳酸盐

（1）溶解性　酸式碳酸盐均可溶于水。正盐中只有碱金属盐和铵盐易溶于水，其他金属的碳酸盐难溶于水。

碱液吸收 CO_2，也可得到碳酸盐或酸式碳酸盐。

$$Ca(OH)_2+CO_2 \longrightarrow CaCO_3\downarrow+H_2O$$

$$Ca(OH)_2+2CO_2 \longrightarrow Ca(HCO_3)_2$$

所得的产物是正盐还是酸式盐，取决于两种反应物的物质的量之比。

（2）热稳定性　碳酸盐、酸式碳酸盐、碳酸的热稳定性强弱顺序为：

$$M_2CO_3>MHCO_3>H_2CO_3$$

碱金属的碳酸盐相当稳定。碱土金属的碳酸盐的热稳定性强弱顺序为：

$$MgCO_3<CaCO_3<SrCO_3<BaCO_3$$

碳酸盐受热分解为金属氧化物（铵盐例外）和 CO_2。

$$CaCO_3 \xrightarrow{\triangle} CaO+CO_2\uparrow$$

（3）水解性　可溶性碳酸盐在水溶液中易发生水解，碱金属的碳酸盐的水溶液呈碱性。

$$CO_3^{2-}+H_2O \rightleftharpoons H_2CO_3+2OH^-$$

在金属盐溶液（碱金属盐和铵盐除外）中加入可溶性碳酸盐，产物可能是碳酸盐、碱式碳酸盐或氢氧化物。若金属离子不水解，得到碳酸盐沉淀。

$$Ba^{2+}+CO_3^{2-} \longrightarrow BaCO_3\downarrow$$

若金属离子强烈水解，其氢氧化物的溶解度较小，得到氢氧化物沉淀。

$$2Al^{3+}+3CO_3^{2-}+3H_2O \longrightarrow 2Al(OH)_3\downarrow+3CO_2\uparrow$$

有些金属离子的氢氧化物和其碳酸盐的溶解度相差不大，产物为碱式碳酸盐。

$$2Cu^{2+} + 2CO_3^{2-} + H_2O \longrightarrow Cu_2(OH)_2CO_3 \downarrow + CO_2 \uparrow$$

酸式碳酸盐在水溶液中既要水解，又要电离，处于平衡状态。

$$HCO_3^- \rightleftharpoons H^+ + CO_3^{2-}$$

$$HCO_3^- + H_2O \rightleftharpoons OH^- + H_2CO_3$$

如 0.1mol/L Na_2CO_3 溶液的 pH 约为 11.6；0.1mol/L $NaHCO_3$ 溶液的 pH 约为 8.3。

(4) 碳酸盐与酸反应 碳酸盐和酸式碳酸盐都能与酸反应，产生 CO_2 气体。

$$Na_2CO_3 + 2HCl \longrightarrow 2NaCl + CO_2 \uparrow + H_2O$$

$$NaHCO_3 + HCl \longrightarrow NaCl + CO_2 \uparrow + H_2O$$

产生的 CO_2 能使氢氧化钡或石灰水产生白色浑浊。

$$CO_2 + Ba(OH)_2 \longrightarrow BaCO_3 \downarrow + H_2O$$

$$CO_2 + Ca(OH)_2 \longrightarrow CaCO_3 \downarrow + H_2O$$

利用这一性质可以检验碳酸盐。

(5) 碳酸盐与酸式碳酸盐的转化 碳酸盐与酸式碳酸盐能相互转化。碳酸盐在溶液中与 CO_2 反应，转化为酸式盐；酸式盐与碱反应，可转化为碳酸盐。

$$CaCO_3 + CO_2 + H_2O \longrightarrow Ca(HCO_3)_2$$

$$Ca(HCO_3)_2 + Ca(OH)_2 \longrightarrow 2CaCO_3 \downarrow + 2H_2O$$

二、硅及其重要化合物

1. 硅

自然界中无单质硅存在，单晶硅是由石英砂和焦炭在电弧炉中制得粗硅，再经精制而得。

单晶硅的导电性介于金属与非金属之间，是重要的半导体材料。在计算机、自动控制系统等现代科学技术领域里都离不开单晶硅。

2. 二氧化硅

二氧化硅有晶形和非晶形两种。石英是二氧化硅天然晶体，无色透明的石英称为水晶。

晶体二氧化硅的硬度大、熔点高，其性质与 CO_2 差异很大（见表 7-3），是因为两者的晶体结构不同。

表 7-3 SiO_2 和 CO_2 性质的比较

SiO_2	CO_2
原子晶体	分子晶体
不溶于水	可溶于水
与氢氟酸反应	与氢氟酸不反应
化学性质稳定，高温下与碱性物质反应	常温下与碱性物质反应

二氧化硅的化学性质很稳定，除氢氟酸外不与其他酸反应。在高温下能与碱性氧化物或碱反应形成盐。

$$SiO_2 + 4HF \longrightarrow SiF_4 \uparrow + 2H_2O$$

$$SiO_2 + Na_2CO_3 \longrightarrow Na_2SiO_3 + CO_2 \uparrow$$

水晶可以制造光学仪器、石英钟表。石英玻璃膨胀系数小，耐高温，骤冷不破裂。

3. 硅酸及盐

硅酸是二氧化硅的水合物，用 H_2SiO_3 代表硅酸。它是比碳酸还弱的二元酸，从溶液中析出的硅酸逐步聚合形成硅酸溶胶，经干燥得到硅胶。

$$SiO_3^{2-} + 2H^+ \longrightarrow H_2SiO_3 \downarrow$$

硅酸钠是重要的硅酸盐，可溶于水，又称水玻璃、泡花碱，用作黏合剂木材和织物防火处理、肥皂的填充剂。

思考题

碳和硅是同一主族的元素，CO_2 与 SiO_2 相似吗？

*第四节　环境污染与防治简介

环境问题是世界各国人民共同关心的问题。保护环境就是保护人类赖以生存的物质基础。化学科学和化学工业为人类提供了品种繁多的生产和生活用品，为社会的发展做出了重要贡献。但大量的有害化学物质进入地球的各个圈层，降低了环境质量，造成了环境污染。要解决复杂和综合的环境问题，需要多学科共同努力，深入研究，寻找解决问题的办法和途径。

一、环境污染及其危害

1. 环境污染

环境污染是指有害物质或因子进入环境，并在环境中扩散、迁移、转化，使环境系统结构与功能发生变化，对人类以及其他生物的生存和发展产生不利影响的现象。在通常情况下，环境污染主要是指人类活动所引起的环境质量下降而有害于人类及其他生物的正常生存和发展的现象。

环境污染按环境要素划分为水体污染、空气污染、土壤污染；按人类活动划分为工业环境污染、城市环境污染、农业环境污染；按形成污染的性质划分为化学污染、生物污染、物理污染。

2. 环境污染的危害

环境污染的危害是多方面的。严重的环境污染会破坏生态平衡，危害人类健康和生存，影响动植物的生长，甚至改变地球的气候。

二、环境污染的防治

1. 水污染的防治

水是地球上一切生命赖以生存的物质基础，是极其宝贵的自然资源。没有水就没有生命。

水体一般是指河流、湖泊、水库、海洋、沼泽、地下水的总称。水体污染分为自然污染和人为污染，以后者为主要。所以，水污染是指由于人类活动排放的污染物，使水体的物理、化学性质或生物群落组成发生变化，降低了水体使用价值的现象。

水体受到污染后，会对人体的健康，工业生产、农作物生长等都会产生许多危害和不良影响。

水污染的防治包括人工处理和自然净化相结合，防治水污染的重点是控制废水排放，无害化处理和综合利用相结合，以及推行工业闭路循环用水和区域循环用水系统，发展无废水生产工艺等。

污水的处理方法可归纳为物理法、生物法、化学法。各种方法都有各自的特点和适用的条件，往往需要结合使用。

2. 大气污染的防治

大气是环境的重要组成部分，并参与地球表面的各种化学过程，是一切有机体所需氧气的来源。

大气污染是指由于人类活动和自然过程，使某些污染物进入了大气，在污染物性质、浓度、持续时间等综合因素影响下，降低了大气质量，危害人们的健康的现象。

人类的生产、生活活动可能改变大气组成引起大气污染。由于大气的整体性和流动性，大气环境问题常常是全球性的、区域性的。

大气污染的防治就是在一个特定的区域内，把大气环境作为一个整体，统一规划能源结构、工业发展、城市建设布局等，综合运用各种防治污染的技术措施，充分利用环境的自净能力，以改善空气的质量。防治大气污染的根本方法是从污染源着手，通过削减污染物的排放量，促进污染物扩散、稀释等措施来保证大气环境质量。

3. 土壤污染的防治

土壤污染是指人类活动产生的污染物，通过各种途径输入土壤，其数量和速度超过了土壤净化能力，破坏了自然生态平衡，导致土壤正常功能失调，影响了植物的正常生长发育，造成土壤质量降低的现象。

人类的生活、生产活动也对土壤本身产生影响，既包括促进了土壤的形成和发展，也包括使土壤发生退化和污染。

土壤污染具有隐蔽性，从开始污染到导致后果有一个长时间、间接、逐步积累的过程，污染物往往通过农作物吸收、再通过食物链进入人体引发人们的健康变化，才能被认识和发现。进入土壤的污染物移动速度缓慢，土壤污染和破坏后很难恢复，不易采取大规模的治理措施。对于土壤污染，其防止污染比治理污染更具现实意义。为防止土壤污染，首先要消除和控制土壤污染源。对于局部污染，可采用刮除、深埋、灌溉稀释等方法，将污染物转移到深层；对于大面积污染，要采用一切有效措施消除污染物，使其不能进入食物链，以保证人类的身体健康。

思考题

举例谈谈你身边存在的环境污染现象，为了减少环境污染，你个人应从哪些方面努力？

侯氏联合制碱法的问世

纯碱是一种重要的化工原料。远古时期，人们在与自然的斗争中便认识了它的作用，学会了从天然盐湖和草木灰中提取天然纯碱的方法，并用于洗涤和玻璃制造。我国明代著名的药学家李时珍在《本草纲目》中就有纯碱制法和用途的记载。

1862 年，比利时人索尔维（Ernest Solvry，1838—1922）注意到勒布兰制碱法中生产不连续、产品质量不高等问题。他倾其全部家产，在比利时建了一家试验工厂，经过苦心钻研，用 NaCl、NH_3、CO_2 为原料，以新的合成路线制取纯碱，解决了连续生产问题，实现了制碱的工业化生产，提高了钠的转化率（达到 70%以上）和产品的质量。第二年，索尔维又组建了合资公司，扩大了生产规模，接着法、英、德、美、俄等国也相继建立了索尔维制碱厂。从此，索尔维制碱法在世界上获得快速发展，并取代了勒布兰制碱法。

20 世纪前，我国工业用纯碱依赖从英国进口。为了发展民族工业，1917 年爱国实业家范旭东在天津创办了永利碱业公司，决心打破洋人的垄断，由中国自己生产纯碱，并聘请当时在美国留学的侯德榜担任总工程师。1921 年侯德榜博士抱着拳拳爱国之心，回到祖国就任。侯德榜致力于摸索索尔维法的各项技术，进行制碱工艺和设备的改进，终于获得成功。1924 年 8 月，永利碱厂正式投产。1926 年由中国生产的红三角牌纯碱在美国费城的万国博览会上获得金质奖章。从此，产品畅销国内，远销日本、东南亚。

侯德榜先生为了进一步提高 NaCl 的利用率，改进索尔维制碱法中存在的产生大量 $CaCl_2$ 废弃物这一难题，进行了艰苦的工艺探索，并在十分困难的条件下，于 1940 年完成了新的工艺路线。在索尔维制碱法生产过程中，向其滤液中加入 NaCl 固体，并在 30～40℃下，通入 NH_3 和 CO_2，使它达到饱和后冷却到 10℃，结晶析出 NH_4Cl，其母液循环使用。侯德榜提出的新的工艺路线，不仅把 NaCl 原料的利用率从 30%提高到 98%，而且实现了制碱和制氨的结合，大大降低了生产的成本，提高了经济效益。1943 年，这种制碱法被国际正式命名为“侯氏联合制碱法”，侯德榜先生也为祖国赢得了荣誉。

本章小结

一、氧和硫

1. 氧有两种同素异形体，即 O_2 和 O_3，但两者的性质有较大的差异，O_3 更活泼。H_2O_2 又称双氧水，不稳定，具有氧化性和还原性，以氧化性为主。

2. H_2S 的水溶液为氢硫酸，是弱酸，有较强的还原性。

金属硫化物的溶解性有很大的差异，利用此性质可以达到分离和鉴别的目的。

3. 硫酸

（1）硫酸是难挥发的二元强酸，稀硫酸具有酸的通性，可与碱性物质、金属活动顺序表中氢之前的金属反应。

（2）浓硫酸的特性：氧化性、吸水性、脱水性。

浓硫酸是中等强度的氧化剂，加热时浓硫酸几乎能氧化所有金属（除 Au、Pt 外）。

利用浓硫酸的吸水性，实验室将浓硫酸用作干燥剂，如干燥 Cl_2、H_2、CO_2 等。

浓硫酸还具有强烈的脱水性，将氢、氧原子以水的组成从许多有机物中脱出，使有机物碳化。

（3）稀释硫酸的方法。稀释硫酸时，只能将浓硫酸在搅拌下缓慢加入到水中，绝不可反之。

二、氮和磷

1. 氨和铵盐

（1）氨是无色、有刺激性臭味的气体，其水溶液为氨水。氨的性质主要表现为碱性、还原性、加合性。

（2）铵盐的性质表现在溶解性、热稳定性、水解性。

2. 硝酸

（1）纯硝酸是无色、易挥发、有刺激性气味的液体。

（2）硝酸除具有酸的通性外，还表现出两个特性：一是不稳定性，见光受热易分解，所以要保存在棕色瓶中，并置于低温暗处；二是强氧化性，硝酸浓度越大，氧化性越强。

3. 磷、磷酸及磷酸盐

常见的磷的同素异形体有红磷和白磷，白磷剧毒，红磷无毒。常温下，红磷较稳定，白磷却可以自燃。

磷酸是三元中强酸，无挥发性，无氧化性，具有酸的通性。

所有的磷酸二氢盐都易溶于水，而磷酸一氢盐和磷酸正盐中，除碱金属和铵盐外，几乎都难溶于水。

三、碳和硅

1. 在周期表中碳属于ⅣA 族，价电子构型为 $2s^2 2p^2$，其得电子和失电子的倾向都不强，因此常常形成共价化合物。

2. 碳的重要化合物

（1）CO 是无色、无臭、有毒气体。主要性质表现在还原性、加合性。

（2）CO_2 不供给呼吸，可作灭火剂。

（3）碳酸盐的性质主要表现在：溶解性、水解性、热稳定性、与酸反应，以及正盐与酸式盐的转化。

3. 硅及化合物

（1）晶体硅是原子晶体，是半导体材料。

（2）二氧化硅是原子晶体，其化学性质很稳定，除氢氟酸外不与其他酸反应。

（3）硅酸钠是重要的硅酸盐，可溶于水，又称水玻璃，在其水溶液中加入强酸，可以析出硅酸溶胶，硅酸脱水可制得硅胶，用作干燥剂。

思考与练习

一、填空题

1. 氧族元素位于周期表中第____族，包括________________________六种元素，其原子的最外层有____个电子。随着核电荷数的增加，其原子半径逐渐____________，原子核吸引电子的能力依次____________，所以元素的金属性逐渐____________，非金属性逐渐____________。

2. H_2S 在空气中完全燃烧时，发出____色的火焰，其化学反应方程式为________________。

3. 浓硫酸可以干燥 CO_2、H_2 等气体，是利用了浓硫酸的______性；浓硫酸会使蔗糖炭化，表现了浓硫酸的________性。

4. NH_3 是____色的气体，容易____化，极易溶于水，在水溶液中可以少部分电离为____和____，所以氨水显弱____性。

5. 常温下，浓硝酸见光或受热会________，其化学反应方程式为______________________________，所以它应盛放在______瓶中，并储于____________的地方。

6. CO_2 溶于水生成________，这是一种____酸，它可以形成____盐和______盐，这两种盐在一定条件下可以____________。

7. 浓硝酸能用铝或铁制容器盛装，原因是____。

8. SiO_2 的化学性质稳定，但能与____酸反应。

9. 稀释硫酸时，应该在搅拌下将________缓慢加入________中，并且在敞口容器中进行。原因是________________________。

10. 磷酸的稳定性比硝酸____，磷酸的挥发性比硝酸______，硝酸的酸性比磷酸______。

二、选择题

1. 实验室用 FeS 与酸反应制取 H_2S 时，可选用的酸是（　　）。

A. 浓硫酸　　B. 稀硫酸　　C. 浓盐酸　　D. 硝酸

2. 质量相等的 SO_2 和 SO_3，所含氧原子的数目之比是（　　）。

A. 1∶1　　B. 2∶3　　C. 6∶5　　D. 5∶6

3. 既能表现浓硫酸的酸性，又能表现浓硫酸的氧化性的反应是（　　）。

A. 与 Cu 反应　　B. 使铁钝化　　C. 与碳反应　　D. 与碱反应

4. 常温下，可盛放在铁制或铝制容器中的物质是（　　）。

A. 浓硫酸　　B. 稀硫酸　　C. 稀盐酸　　D. $CuSO_4$ 溶液

5. 能将 NH_4Cl、$(NH_4)_2SO_4$、NaCl、Na_2SO_4 溶液区分开的试剂是（　　）

A. $BaCl_2$ 溶液　　B. $AgNO_3$ 溶液

C. NaOH 溶液　　D. $Ba(OH)_2$ 溶液

6. 下列各组离子在溶液中可以共存，加入过量稀硫酸后有沉淀和气体生成的是（　　）。

A. Ba^{2+}、Na^+、Cl^-、NO_3^-　　B. Ba^{2+}、K^+、Cl^-、HCO_3^-

C. Ca^{2+}、Al^{3+}、Cl^-、NO_3^-　　D. K^+、Ba^{2+}、S^{2-}、OH^-

7. 下列金属硫化物不溶于水，也不溶于稀盐酸的是（　　）。

A. FeS　　B. Na_2S　　C. ZnS　　D. HgS

8. 下列物质要影响过磷酸钙肥效的是（　　）。

A. 硝酸铵　　B. 消石灰　　C. 尿素　　D. 盐酸

9. 浓硫酸能与 C、S 反应，显示出浓硫酸的性质有（　　）。

A. 强酸性　　B. 吸水性　　C. 脱水性　　D. 氧化性

10. 对 H_2O_2 性质描述正确是（　　）。

A. 有氧化性　　B. 既有氧化性，又有还原性

C. 有还原性　　D. 稳定性

三、简答题

1. 怎样鉴别 $BaSO_4$ 和 $BaCO_3$？写出有关的反应方程式。

2. 实验室盛放 NaOH 溶液的试剂瓶，为什么不用玻璃塞而用橡皮塞？写出有关的反应方程式。

3. 如何稀释浓硫酸？为什么？

4. 如何区别 NH_4Cl、Na_2CO_3、NaCl、$NaNO_3$、Na_2SiO_3 五种溶液？写出相应的实验现象和反应方程式。

5. 有一瓶无色气体，试用两种方法判断它是 CO 还是 CO_2？

6. 为什么可以用 HNO_3 与 Na_2CO_3 反应制 CO_2，而不能与 FeS 反应制 H_2S?

7. 有五种白色晶体：Na_2CO_3、NaCl、$NaNO_3$、NH_4Cl、Na_2SiO_3，如何鉴别？写出有关的反应方程式。

8. 在 Na_2CO_3 溶液中分别加入 $BaCl_2$、HNO_3、$CuSO_4$、$AlCl_3$ 溶液，是否反应？写出反应方程式。

四、计算题

1. 将 0.53g Na_2CO_3 配成 40mL 溶液，与 20mL 盐酸恰好完全反应。求盐酸的物质的量浓度。

2. Na_2CO_3 和 $NaHCO_3$ 的混合物 146g，在 500℃下加热至恒重时，剩余物有 133.6g。计算混合物中纯碱的质量分数和反应产生的 CO_2 的体积（标准状况）。

3. 将 10.7g $Ca(OH)_2$ 和等质量的 NH_4Cl 混合，可以产生多少升 NH_3（标准状况）？若产生的 NH_3 溶于水，得到 500mL 氨水，计算其物质的量浓度。

4. 66g 硫酸铵与过量的烧碱共热后，放出的气体用 200mL、2.5mol/L H_3PO_4 溶液吸收，通过计算确定生成的磷酸盐的组成。

5. H_2O_2 溶液 20mL（密度为 $1g/cm^3$）与 $KMnO_4$ 酸性溶液作用，若消耗 1g $KMnO_4$。求 H_2O_2 溶液的质量分数？

6. 有 2mol/L 盐酸 50mL，与足量的 FeS 反应，在标准状况下能收集到 H_2S 多少升？（H_2S 的收率为 90%）

7. 要使 20g 铜完全反应，最少需用质量分数为 96%、密度为 $1.84g/cm^3$ 的浓硫酸多少毫升？生成硫酸铜多少克？

8. Na_2CO_3 和 $NaHCO_3$ 的混合物 95g，与足量的浓盐酸反应，在标准状况下产生 22.4L 气体，求 Na_2CO_3 和 $NaHCO_3$ 各是多少克？

第七章思考与练习参考答案

在线互测

第八章

碱金属和碱土金属元素

学习目标

认识碱金属和碱土金属；掌握钠、镁单质及重要化合物的性质、制备和用途；熟知碱金属和碱土金属的通性。

第八章 PPT

元素周期表中第ⅠA族元素包括锂（Li）、钠（Na）、钾（K）、铷（Rb）、铯（Cs）、钫（Fr）六种金属元素，由于它们的氢氧化物都是易溶于水的强碱，所以统称为碱金属。元素周期表中第ⅡA族元素包括铍（Be）、镁（Mg）、钙（Ca）、锶（Sr）、钡（Ba）、镭（Ra）六种金属元素，由于钙、锶、钡的氧化物在性质上介于“碱性的”和“土性的”（以前把黏土的主要成分，既难溶于水又难熔融的 Al_2O_3 称为“土性”氧化物）之间，故称为碱土金属，现习惯上把与其原子结构相似的铍和镁也包括在内。其中，Li、Rb、Cs、Be是稀有金属，Fr和Ra是放射性元素。

第一节 钠

钠约占地壳总质量的2.74%，居元素含量的第六位。它的性质很活泼，在自然界不能以游离态存在，只能以化合态存在。钠的化合物在自然界分布很广，主要以氯化钠的形式存在于海水、井盐、岩盐和盐湖中。钠还以硝酸钠、硫酸钠和碳酸钠的形式存在于自然界中。

一、钠的性质

1. 钠的物理性质

【演示实验8-1】

取一块金属钠，用滤纸吸干表面的煤油后，用刀切去一端的外皮（见图8-1）。观察钠的颜色。

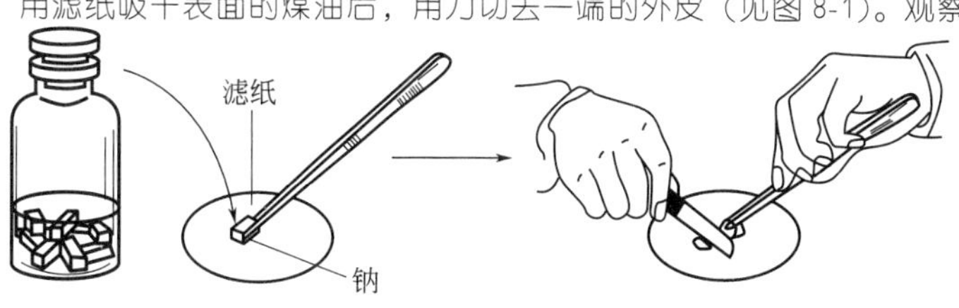

图8-1 切割钠

从实验可知，钠具有银白色的金属光泽，很软，硬度小，为0.4(金刚石的硬度为10)，可以用刀割。熔点为98℃，沸点为883℃，密度0.97g/cm^3，比水轻。钠有良好的导电性、导热性和延展性。

2. 钠的化学性质

钠的最外层只有1个价电子，在化学反应中该电子很容易失去。因此，钠的化学性质非常活泼，能与氧气等许多非金属以及水等起反应。

(1) 钠与非金属的反应

【演示实验8-2】

观察用刀切开的钠表面所发生的变化，把一小块钠放在石棉网上加热。观察发生的现象。

通过实验我们可以看到，新切开的钠的光亮的表面很快就变暗，这是因为钠与氧气发生反应，在钠的表面生成了一薄层氧化物所造成的。钠的氧化物有氧化钠和过氧化钠，氧化钠很不稳定，可以继续在空气中完成如下变化：

$$Na \longrightarrow Na_2O \longrightarrow NaOH \longrightarrow Na_2CO_3 \cdot 10H_2O \longrightarrow Na_2CO_3 (\text{风化})$$

钠可在空气中燃烧，生成黄色的过氧化钠，并发出黄色的火焰，在纯氧中燃烧更剧烈。

$$2Na + O_2 \xrightarrow{\text{点燃}} Na_2O_2$$

钠除了能和氧气直接化合外，还能与卤素、硫、磷等许多非金属直接化合，生成离子化合物，反应剧烈甚至发生爆炸，显示出活泼的金属性。

$$2Na + Cl_2 \longrightarrow 2NaCl$$

$$2Na + S \longrightarrow Na_2S$$

$$3Na + P \longrightarrow Na_3P$$

在加热的条件下，钠可与氢气反应，生成白色的氢化钠。

$$2Na + H_2 \xrightarrow{\text{加热}} 2NaH$$

氢化钠容易水解，生成氢气，所以可作氢气发生剂和强还原剂。

(2) 钠与水的反应

【演示实验8-3】

向一盛水的烧杯中滴加几滴酚酞溶液，然后取一绿豆般大小的金属钠放入烧杯中。观察钠与水起反应的现象和溶液颜色的变化。

通过观察，钠浮在水面上，它遇水剧烈反应，产生大量的热，使钠像一个小火球一样在水面上迅速游动。球逐渐变小，最后完全消失。而烧杯中的溶液由无色变为红色。其化学反应方程式如下：

$$2Na + 2H_2O \longrightarrow 2NaOH + H_2\uparrow$$

由于钠很容易与空气中的氧气或水起反应，是一种危险化学品，所以要使它与空气和水隔绝，妥善保存。大量的钠要密封在钢桶中单独存放，少量的钠通常保存在煤油里。遇其着火时，只能用砂土或干粉灭火，绝不能用水灭火。

由于钠离子得电子能力极弱，工业上采用电解熔融盐的方法来制取金属钠：

$$2NaCl(熔融) \xrightarrow{电解} 2Na + Cl_2\uparrow$$

钠在工业生产和现代科学技术上都有较重要的用途。钠是一种强的还原剂，可用于某些金属的冶炼上。例如，钠可以把钛、锆、铌、钽等金属从它们的熔融卤化物里还原出来。钠和钾的合金（钾的质量分数为50%～80%）在室温下呈液态，是原子反应堆的导热剂。钠也应用在电光源上，高压钠灯发出的黄光射程远，透雾能力强，用作路灯时，照明度比高压水银灯高几倍。

二、钠的重要化合物

1. 氧化物

钠的氧化物有氧化钠和过氧化钠。

（1）氧化钠（Na_2O）　氧化钠是白色固体，属于碱性氧化物。具有碱性氧化物的通性，能与酸起反应生成盐和水；能与水起剧烈的反应生成氢氧化钠；与酸性氧化物起反应生成盐。例如：

$$Na_2O + 2HCl \longrightarrow 2NaCl + H_2O$$

$$Na_2O + H_2O \longrightarrow 2NaOH$$

$$Na_2O + CO_2 \longrightarrow Na_2CO_3$$

氧化钠暴露在空气中，能与空气里的二氧化碳反应，所以应密封保存。

（2）过氧化钠（Na_2O_2）　过氧化钠是淡黄色粉末，易吸潮，热稳定性强，熔融时也不分解，与水或稀酸反应生成过氧化氢（H_2O_2）。H_2O_2 不稳定，易分解放出 O_2。

【演示实验 8-4】

在盛有过氧化钠的试管中滴几滴水，再将火柴的余烬靠近试管口，检验有无氧气放出。

通过观察，火柴复燃，证明产生了氧气。

$$2Na_2O_2 + 2H_2O \longrightarrow 4NaOH + O_2\uparrow$$

$$Na_2O_2 + H_2SO_4 \longrightarrow Na_2SO_4 + H_2O_2$$

$$2H_2O_2 \longrightarrow 2H_2O + O_2\uparrow$$

过氧化钠是一种强氧化剂，工业上用作漂白剂，漂白织物、麦秆、羽毛等，还常用作分解矿石的溶剂。

Na_2O_2 暴露在空气中与二氧化碳反应生成碳酸钠，并放出氧气。因此 Na_2O_2 必须密封保存在干燥的地方。

$$2Na_2O_2 + 2CO_2 \longrightarrow 2Na_2CO_3 + O_2\uparrow$$

利用这一性质，Na_2O_2 在防毒面具、高空飞行和潜艇中用作 O_2 的再生剂。

2. 氢氧化物（NaOH）

氢氧化钠是白色固体，易潮解，是一种常见的干燥剂。极易溶于水，溶解时放出大量的热。氢氧化钠的浓溶液对皮肤、纤维等有强烈的腐蚀作用，因此又称为苛性钠、火碱或烧碱，使用时应特别注意。

氢氧化钠是一种强碱，具有碱的一切通性，能同酸、酸性氧化物、盐类起反应。

氢氧化钠极易吸收二氧化碳，生成碳酸钠和水，因此要密闭保存。

$$2NaOH+CO_2 \longrightarrow Na_2CO_3+H_2O$$

氢氧化钠可腐蚀玻璃，它与玻璃里的主要成分二氧化硅作用生成黏性的硅酸钠，可把玻璃塞与瓶口黏结在一起。

$$2NaOH+SiO_2 \longrightarrow Na_2SiO_3+H_2O$$

因此实验室中盛氢氧化钠溶液的试剂瓶应为塑料瓶，若用玻璃瓶，则用橡皮塞，以免玻璃塞与瓶口黏在一起。在容量分析中，酸式滴定管不能装碱溶液也是这个缘故。

氢氧化钠是重要的化工原料，广泛用于食品、纺织、化工、冶金等工业。在实验室中可用于干燥 NH_3、O_2、H_2 等气体。

3. 钠盐

（1）硫酸钠（Na_2SO_4） 无水 Na_2SO_4 俗称元明粉，为无色晶体，易溶于水。$Na_2SO_4 \cdot 10H_2O$ 俗名芒硝，在干燥的空气中易失去结晶水（称为风化）。硫酸钠是制造玻璃、硫化钠、造纸等的重要原料，也用在制水玻璃、纺织、染色等工业上，在医药上用作缓泻剂。

自然界的硫酸钠主要分布在盐湖和海水里。我国盛产芒硝。

（2）碳酸钠（Na_2CO_3） 碳酸钠俗称纯碱或苏打，有无水物和十水合物（$Na_2CO_3 \cdot 10H_2O$）两种。前者置于空气中因吸潮而结成硬块，后者在空气中易风化变成白色粉末或细粒。易溶于水，其水溶液有较强的碱性。工业上所谓的“三酸两碱”中的两碱是指 NaOH 和 Na_2CO_3，它们都是极为重要的化工原料。由于 NaOH 有强烈的腐蚀性，所以许多用碱的场合，常以 Na_2CO_3 代替 NaOH。

碳酸钠与酸反应，放出二氧化碳气体。

$$Na_2CO_3+2HCl \longrightarrow 2NaCl+H_2O+CO_2\uparrow$$

因此在食品工业中，用它中和发酵后生成的多余的有机酸，除去酸味，并利用反应生成的 CO_2 使食品膨松。

碳酸钠是一种基本的化工原料，大量用于玻璃、搪瓷、肥皂、造纸、纺织、洗涤剂的生产和有色金属的冶炼中，它还是制备其他钠盐或碳酸盐的原料。

（3）碳酸氢钠（$NaHCO_3$） 碳酸氢钠俗称小苏打，白色细小的晶体，可溶于水，但溶解度比碳酸钠小，其水溶液呈碱性，与酸也能放出二氧化碳气体。

$$NaHCO_3+HCl \longrightarrow NaCl+H_2O+CO_2\uparrow$$

【演示实验 8-5】

在盛有碳酸钠和碳酸氢钠的两支试管中，分别加入少量盐酸。比较它们放出二氧化碳的快慢程度。

碳酸氢钠遇盐酸放出二氧化碳的作用要比碳酸钠剧烈的多。

【演示实验 8-6】

把少许 Na_2CO_3 放在硬质试管里，往另一支试管里倒入澄清的石灰水，然后加热。观察石灰水是否起变化。换上一支放入同样多的 $NaHCO_3$ 的硬质试管，加热（见图 8-2）。观察澄清的石灰水的变化。

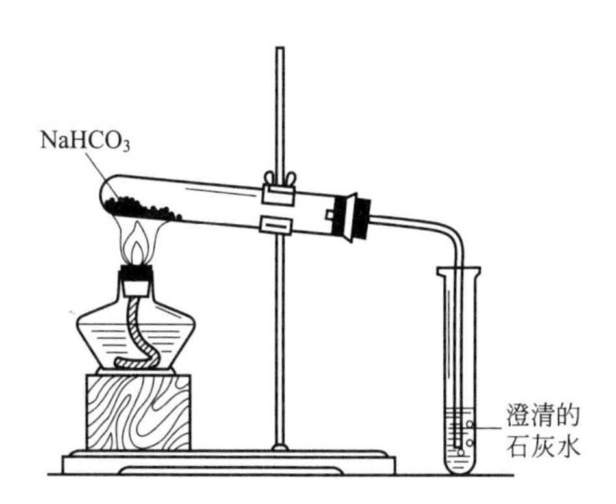

图 8-2　鉴别 Na_2CO_3 和 $NaHCO_3$

通过观察，硬质试管放 Na_2CO_3 的实验中，石灰水无变化；硬质试管放 $NaHCO_3$ 的实验中，石灰水变浑浊。

碳酸钠受热不起变化，而碳酸氢钠则受热分解放出二氧化碳。

$$2NaHCO_3 \xrightarrow{加热} Na_2CO_3 + H_2O + CO_2\uparrow$$

这个反应可用来鉴别碳酸钠和碳酸氢钠。

碳酸氢钠在食品工业上是发酵粉的主要成分，医药上用它来中和过量的胃酸，纺织工业上用作羊毛洗涤剂，它还用作泡沫灭火器的药剂。

> **思考题**
>
> 能否把钠保存在易挥发的汽油里或密度比钠大的四氯化碳（CCl_4）中？

第二节　镁

镁在自然界的分布也很广，占地壳总质量的 2.00%，居元素含量的第八位。镁的化学性质也很活泼，在自然界以化合态的形式存在。主要存在在光卤石（$KCl \cdot MgCl_2 \cdot H_2O$）、白云石（$CaCO_3 \cdot MgCO_3$）和菱镁矿（$MgCO_3$）中，海水中也含有大量的 $MgCl_2$、$MgSO_4$。

一、镁的性质

1. 镁的物理性质

镁是具有银白色金属光泽的轻金属，软金属，密度为 $1.74g/cm^3$，熔点 649℃，沸点 1090℃。镁有良好的导热性和导电性。

2. 镁的化学性质

镁原子的最外层有两个价电子，在反应中容易失去这两个电子而成为+2 价的阳离子，表现出活泼的化学性质和很强的还原性。能与许多非金属、水、酸等起反应。

（1）镁与非金属的反应　常温下，镁在空气里都能被缓慢的氧化，在表面生成一层十分致密的氧化膜，可以保护内层的镁不再被氧化，因此镁无需密闭保存。

【演示实验 8-7】

镁条的燃烧

取一段镁条，用砂纸擦去其表面氧化物，用镊子夹住放在酒精灯上灼烧，观察其现象。

通过实验可以看到，镁条剧烈燃烧，生成白色粉末，同时放出强烈的白光，因此可用它制造焰火、照明弹和照相镁灯。

$$2Mg+O_2 \xrightarrow{\text{燃烧}} 2MgO$$

镁在一定温度下也能与卤素、硫等非金属反应，生成卤化物或硫化物。

$$Mg+Br_2 \xrightarrow{\text{加热}} MgBr_2$$

$$Mg+S \xrightarrow{\text{加热}} MgS$$

镁在空气中燃烧生成氧化物的同时还可生成少量的氮化物。

$$3Mg+N_2 \xrightarrow{\text{高温}} Mg_3N_2$$

（2）镁与水、稀酸的反应

【演示实验 8-8】

在一支试管中加入少量水和几滴酚酞，将一段去掉氧化膜的镁条投入试管中，观察现象。将试管放在酒精灯上加热，观察反应的现象。

镁在常温下与水反应缓慢，不易察觉，但在沸水中反应显著，这是因为反应生成的氢氧化镁在冷水中溶解度较小，覆盖在镁的表面，阻止了反应的继续进行。

$$Mg+2H_2O \xrightarrow{\text{沸水}} Mg(OH)_2+H_2\uparrow$$

镁还能与稀酸反应放出氢气，并生成相应的盐。

$$Mg+H_2SO_4(\text{稀}) \longrightarrow MgSO_4+H_2\uparrow$$

（3）镁与氧化物的反应　镁不仅可以与空气中的氧气起反应，而且能够夺取氧化物中的氧，显示出很强的还原性。

$$2Mg+CO_2 \xrightarrow{\text{高温}} C+2MgO$$

由于镁是活泼的金属，所以工业上通过电解熔融氯化物的方法来制取金属镁。

$$MgCl_2(\text{熔融}) \xrightarrow{\text{电解}} Mg+Cl_2\uparrow$$

镁的主要用途是制造密度小、硬度大、韧性高的合金。如铝镁合金（含10%～30%的镁）、电子合金（含90%的镁），这些合金适用于飞机和汽车的制造。镁还常用作冶炼稀有金属的还原剂，制造照明弹。镁也是叶绿素中不可缺少的元素。

二、镁的重要化合物

1. 氧化镁（MgO）

氧化镁又称苦土，是一种很轻的白色粉末状固体，难溶于水，其熔点较高，为2800℃。硬度也较高，是优良的耐火材料，可以用来制造耐火砖、耐火管、坩埚和金属陶瓷等；医学上将纯的氧化镁用作抑酸剂，以中和过多的胃酸，还可作为轻泻剂。

氧化镁是碱性氧化物，能与水缓慢反应生成氢氧化镁，同时放出热量。

2. 氢氧化镁［$Mg(OH)_2$］

氢氧化镁是一种微溶于水的白色粉末，是中等强度的碱，具有一般碱的通性。它的热稳定性差，加热时分解为 MgO 和 H_2O。

$$Mg(OH)_2 \longrightarrow MgO+H_2O$$

氢氧化镁在医药上常配成乳剂，称“苦土乳”，作为轻泻剂，也有抑制胃酸的作用。氢氧化镁还用于制造牙膏、牙粉。

3. 镁盐

（1）氯化镁（$MgCl_2$）　$MgCl_2\cdot 6H_2O$ 是一种无色晶体，味苦，易溶于水，极易吸水，普通食盐的潮解现象就是其中含有少量氯化镁杂质的缘故。$MgCl_2$ 可从光卤石和海水里提取。

$MgCl_2\cdot 6H_2O$ 受热至527℃以上，分解为氧化镁和氯化镁。

$$MgCl_2\cdot 6H_2O \xrightarrow{527℃} MgO+2HCl\uparrow+5H_2O$$

所以仅用加热的方法得不到无水 $MgCl_2$。欲得到无水 $MgCl_2$，必须在干燥的 HCl 气流中加热 $MgCl_2\cdot 6H_2O$，使其脱水。

氯化镁的用途很广，无水 $MgCl_2$ 是制造 Mg 的原料。纺织工业中用 $MgCl_2$ 来保持棉纱的湿度而使其柔软。氯化镁和氧化镁按一定比例混合，可调制成胶凝材料，俗称镁水泥，这种胶凝材料硬化快、强度高，用于制造建筑上的耐高温水泥。

（2）硫酸镁（$MgSO_4$）　$MgSO_4\cdot 7H_2O$ 是一种无色晶体，易溶于水，有苦味，在干燥空气中易风化而成粉末。在医药上常用作泻药，故又称为泻盐。另外，造纸、纺织等工业也用到硫酸镁。

（3）碳酸镁（$MgCO_3$）　碳酸镁为白色固体，微溶于水。将 CO_2 通入 $MgCO_3$ 的悬浊液中，则生成可溶性的碳酸氢镁。

$$MgCO_3+CO_2+H_2O \longrightarrow Mg(HCO_3)_2$$

思考题

有人说“镁是一种还原性很强的金属，能把铜从硫酸铜溶液中置换出来”。这种说法是否准确？为什么？

第三节　碱金属和碱土金属的性质比较

一、原子结构的比较

碱金属元素原子最外层只有一个价电子，次外层都是稀有气体的稳定结构。碱金属元素原子，按照锂、钠、钾、铷、铯的顺序，随着核电荷数的增加，电子层数随之递增，原子半径越来越大（见表8-1）。

表8-1　碱金属元素的原子结构及单质的物理性质

元素名称	锂	钠	钾	铷	铯
元素符号	Li	Na	K	Rb	Cs
核电荷数	3	11	19	37	55
价电子结构	$2s^1$	$3s^1$	$4s^1$	$5s^1$	$6s^1$
化合价	+1	+1	+1	+1	+1
密度/(g/cm^3)	0.535	0.971	0.862	1.532	1.873
熔点/℃	180	98	63	39	28
沸点/℃	1342	883	760	686	669
硬度	0.6	0.5	0.4	0.3	0.2
颜色和状态	银白色，质软	银白色，质软	银白色，质软	银白色，质软	银白色，质软

碱土金属元素原子最外层有两个价电子，次外层都是稀有气体的稳定结构。碱土金属元素原子，按照铍、镁、钙、锶、钡的顺序，随着核电荷数的增加，电子层数也随之递增，原子半径也越来越大（见表8-2）。

表8-2　碱土金属元素的原子结构及单质的物理性质

元素名称	铍	镁	钙	锶	钡
元素符号	Be	Mg	Ca	Sr	Ba
核电荷数	4	12	20	38	56
价电子结构	$2s^2$	$3s^2$	$4s^2$	$5s^2$	$6s^2$
化合价	+2	+2	+2	+2	+2
密度/(g/cm^3)	1.848	1.738	1.55	2.54	3.5
熔点/℃	1280	651	745	769	725
沸点/℃	2970	1107	1487	1334	1140
硬度	4	2.5	2	1.8	—
颜色	钢灰色	银白色	银白色	银白色	银白色

碱金属元素的原子半径比同周期碱土金属元素的原子半径要大，最外层电子数也少 1 个，所以碱金属元素的原子在化学反应中比同周期的碱土金属元素的原子要容易失去电子。

二、物理性质的比较

碱金属和碱土金属（除铍外）都是银白色的金属，具有一般金属的通性，如有金属光泽、有延展性、导电性、导热性等。

碱金属的密度都很小，是典型的轻金属。硬度也很小，属软金属。熔点、沸点低，其中铯的熔点最低，人体的温度即可使其熔化。而且，随着核电荷数的递增，碱金属的熔点、沸点、硬度都呈现由高到低的变化，密度则略有增大（见表 8-1）。

同周期的碱土金属和碱金属相比，密度、硬度都要大，熔点、沸点也高，但随核电荷数递增的变化规律与碱金属的变化规律一致（见表 8-2）。

三、化学性质的比较

碱金属由于最外层只有一个价电子，在化学反应中很容易失去这个电子而形成+1 价的阳离子，因此，碱金属都具有很强的化学活泼性，能与绝大多数非金属、水、酸等反应，是很强的还原剂。但是，随着核电荷数的增大，碱金属的电子层数依此增加，原子半径依此增大，失去最外层电子的倾向也依次增大，因此，碱金属的化学活泼性，即还原性顺序为：Li＜Na＜K＜Rb＜Cs。

碱土金属由于最外层有两个价电子，比碱金属最外层电子数多 1 个，所以同周期相比，碱土金属的化学性质没有碱金属的化学性质活泼。但碱土金属也是活泼性相当强的金属元素，并且随着核电荷数的增大，碱土金属的化学活泼性变化规律和碱金属一致，即还原性顺序为：Be＜Mg＜Ca＜Sr＜Ba。

下面从碱金属、碱土金属与非金属和水的反应来比较它们的化学性质。

1. 与非金属的反应

碱金属和碱土金属都能与大多数非金属（如氧气、卤素、硫、磷等）起反应，表现出很强的金属性，变化规律符合主族元素的性质递变规律。

例如：在常温时，锂在空气中缓慢氧化生成氧化锂；钠在空气中很快被氧化生成氧化钠；钾在空气中迅速被氧化成氧化钾；铷和铯在空气中能自燃。

同周期的碱金属和碱土金属性质递变也符合同周期元素的性质递变规律。

例如：钠在空气中很快被氧化生成氧化钠，并且要隔绝空气存放；镁在空气中缓慢氧化成氧化镁，并且可以在空气中存放。

碱金属和碱土金属燃烧时火焰呈现出不同的颜色。

【演示实验 8-9】

焰色反应

把装在玻璃棒上的铂丝（也可用光亮的铁丝、镍丝或钨丝）用纯净的盐酸洗净，放在酒精灯上灼烧，当火焰与原来灯焰的颜色一致时，用铂丝分别蘸上氯化钠、氯化钾、氯化锂溶液或晶体，放在灯的外焰上灼烧，观察火焰的颜色（如图 8-3 所示）。

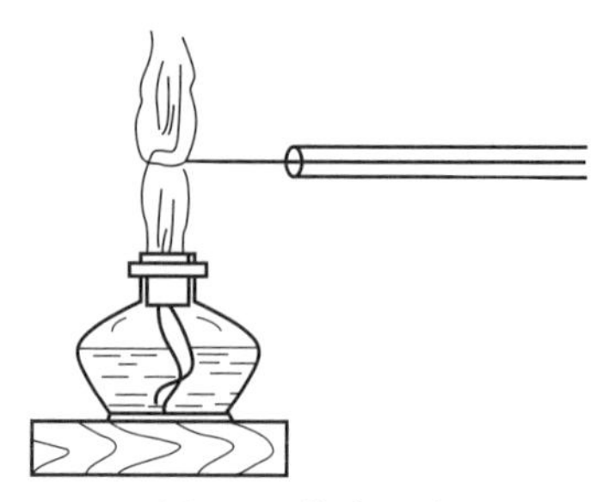

图 8-3　焰色反应

每次实验完毕，都要用盐酸将铂丝小环清洗干净。在做钾的实验时，要透过蓝色的钴玻璃片（滤去黄光）。

许多金属或它们的挥发性盐在无色火焰上灼烧时会产生特殊的颜色，这种现象称为焰色反应。根据焰色反应所呈现的特殊颜色，常用在分析化学上鉴别这些金属元素的存在；另外还可以制造各色焰火。一些金属或金属离子的焰色反应颜色见表 8-3。

表 8-3　一些金属或金属离子的焰色反应颜色

金属或金属离子	锂	钠	钾	铷	铯	钙	钡	铜
焰色反应的颜色	紫红色	黄色	紫色	紫红色	紫红色	砖红色	黄绿色	绿色

2. 与水的反应

碱金属在常温时都能与水反应，生成氢氧化物和氢气。碱金属的氢氧化物易溶于水，其水溶液都呈强碱性，都能使无色的酚酞试液变红色，且从氢氧化锂到氢氧化铯碱性依次增强。

例如：常温下，锂与水反应时比较缓慢，不熔化；钠与水能起剧烈反应；钾与水的反应比钠与水的反应更剧烈，常使生成的氢气燃烧，并发生轻微爆炸；铷和铯遇水剧烈反应，并发生爆炸。

碱土金属与水的反应比同周期的碱金属弱，生成的氢氧化物的碱性也弱。

例如：常温下，钠与水能起剧烈反应，生成的氢氧化钠是强碱，镁只能与水缓慢反应，而生成的氢氧化镁是中等强度的碱。

思考题

说说焰色反应都有哪些实际用途？金属钠没有腐蚀性，为什么不能用手拿？

镁、钙元素与人体健康

镁在人体新陈代谢过程中承担了举足轻重的作用，是人体一切生长过程，如骨骼、细胞、核糖核酸、脱氧核糖核酸、心脏及各种生物膜形成的重要物质。人体中还有数百种不同的酶需要镁元素的给养。如果人体缺镁，会使有毒物质在体内积聚引起多种疾病，包括癌症。

镁能与钙相辅相成，有效预防及改善骨质疏松、巩固骨骼和牙齿，没有镁参与的补钙，其效果甚微。镁有助于血液循环及舒缓神经、维持正常的肌肉（包括心肌）及神经活动。镁有利于蛋白质制造、脂肪代谢以及遗传基因的组成。镁还可防止肝、胆、肾等身体内的结石形成，以及减少软组织的钙化机会。

对一般人来说，比较适合的含镁丰富的食品具体有：蔬菜中的绿叶菜、慈姑、茄子、萝卜等；水果中的葡萄、香蕉、柠檬、橘子等；粮食中的糙米、小米、新鲜玉米、小麦胚等；豆类中的黄豆、豌豆、蚕豆；水产中的紫菜、海参、苔条、鲍鱼、墨鱼、鲑鱼、沙丁鱼、贝类等。另外，零食中松子、榛子、西瓜子也是高镁食品。而脂肪类食物、富强面、白糖则含镁较少。因此，多吃粗粮、蔬菜、坚果和水果，就可以有效增加镁的摄入量。如果每天摄入的镁超过生理需要，一般情况下，过剩的镁绝大多数会从肾脏排出，随粪便排出的较少。

钙是构成植物细胞壁和动物骨骼的重要成分。人体内钙的 99%存在于骨骼和牙齿中，其余主要分布于体液内，以参与某些重要的酶反应。在维持心脏正常收缩、神经肌肉兴奋性、凝血和保持细胞膜完整性等方面起重要作用。钙最重要的生物功能是信使作用，细胞内的信号传递依靠细胞内外钙离子的浓度差。如细胞兴奋时，钙离子内流，使其浓度升高。当钙离子的转运调节发生异常时，就产生病理性反应。在研究硅肺病的成因时，就发现巨噬细胞内钙离子升高和硅肺病的发生有平行关系。

幼儿及青少年缺钙会引起生长迟缓、骨骼变形，出现佝偻病、牙齿发软，易患龋齿等症状。幼儿、青少年处于生长发育阶段，需要摄入比成年人更多的钙。我国营养学会 1998 年对每日膳食中的钙供给量提出建议：婴幼儿 400～800mg，青少年 1000～1200mg，成年人 800mg，老年人 1000～1200mg。

本章小结

一、碱金属

包括锂(Li)、钠(Na)、钾(K)、铷(Rb)、铯(Cs)、钫(Fr) 六种金属元素，位于元素周期表的第ⅠA 族。

碱土金属　包括铍(Be)、镁(Mg)、钙(Ca)、锶(Sr)、钡(Ba)、镭(Ra) 六种金属元素，位于元素周期表中第ⅡA 族。

二、重要的碱金属元素钠

1. 钠的性质　钠的最外层只有 1 个电子，在化学反应中该电子很容易失去。因此，钠的化学性质非常活泼，能与氧气等许多非金属以及水等起反应。

2. 钠的重要化合物　钠的氧化物有 Na_2O 和 Na_2O_2；钠的氢氧化物有 NaOH；重要的钠盐有 Na_2SO_4、Na_2CO_3 和 $NaHCO_3$。

三、重要的碱土金属元素镁

1. 镁的性质　镁原子的最外层有两个电子，在反应中容易失去这两个电子而成为＋2 价的阳离子，表现出活泼的化学性质和很强的还原性。能与许多非金属、水、酸等起反应。

2. 镁的重要化合物　镁的氧化物有 MgO；镁的氢氧化物有 $Mg(OH)_2$；重要的镁盐有 $MgCl_2$、$MgSO_4$、$MgCO_3$。

四、金属和碱土金属的性质比较

思考与练习

一、填空题

1. Na 的原子序数为____，位于周期表____周期，____族，最外层有______个电子，容易____电子，成为____价离子。因此 Na 具有很强的______性。

2. 钠在自然界里不能以______态存在，只能以______态存在，这是因为__________________________。

3. 钠的密度比水的密度____，将钠投入水中，立即在______与水剧烈反应，有______放出，钠熔成__________向各个方向游动，发出______的响声，__________逐渐缩小，最后________________，钠与水起反应的化学方程式是____________________。

4. 在潜艇和消防员的呼吸面具中，Na_2O_2 所起反应的化学方程式为____________________________。在这个反应中，Na_2O_2 ______剂。某潜艇上有 50 人，如果每人每分钟消耗 0.80LO_2（标准状况），则一天需 Na_2O_2 ________ kg。

5. 检验 Na_2CO_3 粉末中是否混有 $NaHCO_3$ 的方法是______，除去 Na_2CO_3 中混有的少量 $NaHCO_3$ 的方法是______。

6. 把 40.6g $MgCl_2 \cdot H_2O$ 溶于水，配成 500mL 溶液，溶液中 $MgCl_2$ 的物质的量浓度为________，Cl^- 的物质的量浓度为__________。

7. 和相邻的碱金属比较，碱土金属原子的最外层多了______个电子，原子核对电子的吸引力______，所以碱土金属的活泼性比相邻的碱金属较________。

8. 镁是活泼金属，但在空气中很稳定，原因是____。

二、选择题

1. 金属钠比钾（　　）。

A. 金属性强　　B. 原子半径大　　C. 还原性弱　　D. 性质活泼

2. 在盛有氢氧化钠溶液的试剂瓶口，常看到有白色的固体物质，它是（　　）。

A. $NaOH$　　B. Na_2CO_3　　C. Na_2O　　D. $NaHCO_3$

3. 下列关于镁的说法正确的是（　　）。

A. 金属镁是活泼的金属，但在空气中很稳定，不必密封保存。

B. 镁极易与水反应，生成可溶性碱。

C. 由于二氧化碳可阻燃，燃着的镁条放进二氧化碳中，火很快熄灭。

D. 镁和许多非金属单质如卤素等不反应。

4. 钠与水起反应的现象与钠的性质无关的是（　　）。

A. 钠的熔点较低　　B. 钠的密度较小

C. 钠的硬度较小　　D. 钠是强还原剂

5. 在空气中放置少量金属钠，最终的产物是（　　）。

A. Na_2CO_3　　B. $NaOH$　　C. Na_2O　　D. Na_2O_2

6. 正在燃烧的镁条，放入下列气体中时，不能继续燃烧的是（　　）。

A. CO_2　　B. Cl_2　　C. He　　D. O_2

7. 下列离子中，用来除去溶液中的镁离子效果最好的是（　　）。

A. CO_3^{2-}　　B. OH^-　　C. SO_4^{2-}　　D. Cl^-

三、简答题

1. 写出下列反应的化学方程式，属于离子反应的，写出相应的离子方程式。

⑥

（1）$Na \xrightarrow{①} Na_2O_2 \xrightarrow{②} NaOH \underset{④}{\overset{③}{\rightleftharpoons}} Na_2CO_3 \xleftarrow{⑤} NaHCO_3$

⑦

（2）$Mg \longrightarrow MgO \longrightarrow MgCl_2 \longrightarrow MgCO_3 \longrightarrow MgSO_4 \longrightarrow Mg(OH)_2 \longrightarrow MgCl_2 \longrightarrow Mg$

2. 有四种钠的化合物 A、B、C、D，根据下列反应式判断它们的化学式。

（1）$A \longrightarrow B + CO_2\uparrow + H_2O$　　（2）$D + CO_2 \longrightarrow B + O_2$

（3）$D + H_2O \longrightarrow C + O_2\uparrow$　　（4）$B + Ca(OH)_2 \longrightarrow C + CaCO_3\downarrow$

3. 在实验室里加热 $NaHCO_3$，生成 Na_2CO_3、CO_2 和 H_2O，并用澄清石灰水检验生成的 CO_2。

（1）图 8-4 是某学生设计的装置图，有哪些错误？应该怎样改正？

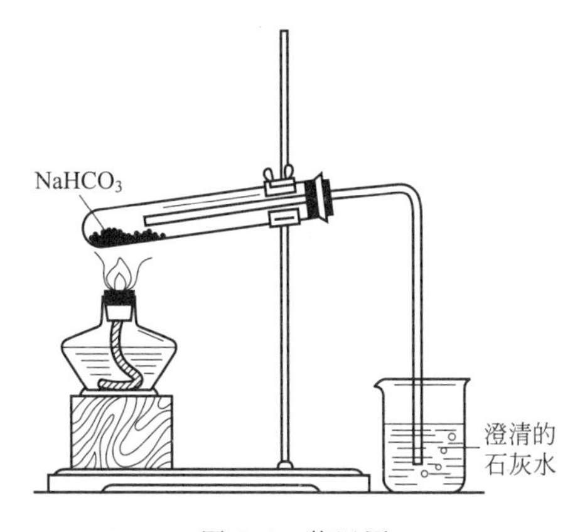

图 8-4　装置图

（2）停止加热时，应该怎样操作？为什么？

四、计算题

Na_2O 和 Na_2O_2 均能与 CO_2 反应，但 Na_2O 与 CO_2 反应不生成 O_2（$Na_2O + CO_2 \longrightarrow Na_2CO_3$）。现有一定量的 Na_2O 和 Na_2O_2 的混合物，使其与 CO_2 充分反应时，每吸收 17.6g CO_2，即有 3.2gO_2 放出。计算该混合物中 Na_2O 和 Na_2O_2 的质量分数。

第八章思考与练习参考答案

在线互测

第九章

其他重要的金属元素

学习目标

第九章 PPT

掌握单质铝、铁及其重要化合物的性质；掌握金属的物理性质和化学性质；熟知金属在自然界的分布及存在形式；了解金属冶炼的原理；初步掌握合金的概念。

金属元素是指那些原子半径较大，最外层电子数较少，在化学反应中较易失去电子的元素。到目前为止，自然界存在及人工合成的金属元素已达 90 余种。

金属是现代工业、农业和国防的重要结构材料，在经济建设和日常生活中广泛应用。本章将介绍几种重要的金属及其化合物。

第一节　铝

铝是自然界中分布极广的元素之一，地壳中铝的丰度为 7.35%，仅次于氧和硅，居第三位。铝的原子序数为 13，位于元属周期表第三周期，第ⅢA 族。它的最外层电子构型为 $3s^2 3p^1$。在铝的化合物中，铝的化合价一般为+3 价，是比较活泼的金属元素。因此，自然界中不存在单质铝，主要以硅酸盐的形式存在于各种矿物岩石中，如长石、云母、高岭土等。重要的铝矿石有铝土矿（$Al_2O_3 \cdot 2H_2O$）、冰晶石（Na_3AlF_6），它们都是提炼铝的重要原料。

一、铝的性质和用途

1. 物理性质

铝是银白色有光泽的金属，熔点 660℃，密度 2.7g/cm³，具有良好的延展性、导热性和导电性，能代替铜用来制造电线、高压电缆、发电机等电器设备。

2. 化学性质

（1）与氧反应　铝是一种相当活泼的金属，容易与氧发生反应，一旦与空气中的氧接触，表面立即被氧化，生成一层致密的氧化膜保护金属铝。但在高温下，铝与氧反应生成氧化铝，并放出大量的热：

$$4Al + 3O_2 \xrightarrow{\text{高温}} 2Al_2O_3 + 3339kJ$$

利用这个反应的高反应热，铝常被用来从其他金属氧化物中置换出金属单质，这种冶炼金属的方法称为铝热还原法，铝和金属氧化物的混合物叫铝热剂。由于铝和氧在反应过程中释放出大量的热量，可以将反应混合物加热至很高温度，致使产物金属熔化同氧化铝熔渣分层。铝热还原法常用来还原那些难以还原的高熔点金属氧化物如 MnO_2，Cr_2O_3 等。

$$Cr_2O_3+2Al \longrightarrow 2Cr+Al_2O_3$$

如果将铝粉与四氧化三铁按一定比例混合组成铝热剂，用镁粉和氯酸钾组成的混合物去引燃，反应立即发生：

$$8Al+3Fe_3O_4 \longrightarrow 4Al_2O_3+9Fe+3326kJ$$

由于该反应热高达 3000℃，因此常用这一反应来焊接损坏的铁路钢轨，而不需要把钢轨拆除。

（2）与非金属反应　铝在高温下也容易与卤素、硫等非金属反应。

$$2Al+3Cl_2 \xrightarrow{\text{高温}} 2AlCl_3$$

$$2Al+3S \xrightarrow{\text{高温}} Al_2S_3$$

（3）与酸、碱反应

【演示实验 9-1】

取四支试管，分别加入 2mL 的 2mol/L 硫酸、2mol/L 盐酸、浓硫酸和浓硝酸，然后在每支试管中加入铝箔。观察四支试管有何现象并填写下表。

酸及其浓度	HCl 2mL 2mol/L	H_2SO_4 2mL 2mol/L	浓 H_2SO_4	浓 HNO_3
现　象				

由此可看到，铝与稀酸反应可放出氢气：

$$2Al+6HCl \longrightarrow 2AlCl_3+3H_2\uparrow$$

$$2Al+3H_2SO_4 \longrightarrow Al_2(SO_4)_3+3H_2\uparrow$$

而冷的浓硫酸、浓硝酸能使铝表面被氧化，生成致密的氧化膜，这种现象叫钝化。因此可用铝制的容器盛放和装运浓硫酸和浓硝酸。

铝是两性金属。它能溶于稀酸中，形成铝盐；也能溶于强碱中，形成偏铝酸盐。

$$2Al+2NaOH+2H_2O \longrightarrow 2NaAlO_2+3H_2\uparrow$$

用 AlO_2^- 只是为了表达方便而采用的简写形式。实际上偏铝酸盐溶液中不存在 AlO_2^-，而是以 $[Al(OH)_4]^-$ 为主要存在形式。但在脱水产物或高温熔融产物可以写成 AlO_2^-。

3. 铝的用途

铝已成为世界上最为广泛应用的金属之一。特别是近年来，铝及铝合金作为节能、降耗的环保材料，无论应用范围还是用量都在进一步扩大。尤其是在建筑业、交通运输业和包装业，这三大行业的铝消费一般占当年铝总消费量的 60%左右。在其他领域，如电子电气、家用电器（冰箱、空调）、日用五金等方面的使用量和使用前景也越来越广阔。

二、铝的重要化合物

1. 氧化铝

氧化铝 Al_2O_3 俗称矾土，是一种不溶于水的白色粉末，密度 3.97g/cm^3 熔点 2045℃，具有两性，既能溶于酸，又能溶于强碱：

$$Al_2O_3+6HCl \longrightarrow 2AlCl_3+3H_2O$$

$$Al_2O_3+2NaOH \longrightarrow 2NaAlO_2+H_2O$$

在自然界中以晶体状态存在的氧化铝称为刚玉。人工高温灼烧的氧化铝称为人造刚玉。刚玉的硬度很大（8.8），仅次于金刚石，熔点也很高，可作高硬度材料、研磨材料及耐火材料。刚玉由于含有不同的杂质而呈现不同的颜色。含有极微量铬的氧化物呈红色，称红宝石，含有微量铁和钛的氧化物呈蓝色，称蓝宝石。它们均是优良的抛光剂和磨料。

2. 氢氧化铝

氢氧化铝 $Al(OH)_3$ 是白色的固态物质。在铝盐溶液中加入氨水或适量的碱所得到的凝胶状白色沉淀则是无定形 $Al(OH)_3$。只有在偏铝酸盐的溶液$[Al(OH)_4]^-$ 中通入 CO_2 才得到真正的氢氧化铝白色晶体。

$$2Na[Al(OH)_4]+CO_2 \longrightarrow 2Al(OH)_3\downarrow+Na_2CO_3+H_2O$$

【演示实验 9-2】

氢氧化铝的两性性质

取一支试管，加入 10mL 0.5mol/L $Al_2(SO_4)_3$ 溶液，逐滴加入 6mol/L $NH_3\cdot H_2O$，生成 $Al(OH)_3$ 沉淀。将此浑浊液分装在两个试管里，分别滴加 2mol/L HCl 和 6mol/L NaOH。观察沉淀是否溶解。

通过观察，两支试管的沉淀均溶解。说明氢氧化铝是一种具有两性的氢氧化物，$Al(OH)_3$ 既能与酸反应，又能与强碱反应：

$$Al(OH)_3+3HCl \longrightarrow AlCl_3+3H_2O$$

$$Al(OH)_3+NaOH \longrightarrow NaAlO_2+2H_2O$$

【演示实验 9-3】

按照［演示实验 9-2］的步骤，将生成的 $Al(OH)_3$ 沉淀分别装在另外两支洁净的试管中，一支继续滴加 6mol/L NH_3H_2O，另一支通入 CO_2，观察沉淀是否溶解。

思考题

［演示实验 9-3］的实验现象说明了什么？

氢氧化铝的两性，是由于氢氧化铝在水溶液中，可以按酸的形式电离，又可按碱的形式电离：

$$H_2O+AlO_2^-+H^+ \rightleftharpoons Al(OH)_3 \rightleftharpoons Al^{3+}+3OH^-$$

在加酸的条件下，平衡向右移动，发生碱式电离而生成铝盐，$Al(OH)_3$ 表现为碱性；

在加碱的条件下，平衡向左移动，发生酸式电离而生成偏铝酸盐。

3. 铝盐

（1）氯化铝　无水 $AlCl_3$ 是无色透明的晶体，但常常因含有 $FeCl_3$ 而呈浅黄色。它易挥发，能溶于有机溶剂如乙醇、乙醚等，在水中溶解度也较大。无水 $AlCl_3$ 极易水解，甚至在潮湿的空气里也因强烈的水解而发烟。

无水 $AlCl_3$ 是一重要触媒，广泛地用作石油化工、有机合成工业的催化剂。还可用于合成药物、染料、橡胶、洗涤剂、塑料、香料等方面。

（2）硫酸铝　无水 $Al_2(SO_4)_3$ 是白色粉末。常温下从水溶液中析出的铝盐晶体是 $Al_2(SO_4)_3 \cdot 18H_2O$。它易溶于水，由于 Al^{3+} 的水解作用，使溶液呈酸性。将等物质的量的硫酸铝和硫酸钾溶于水，蒸发、结晶，可得到一种水合复盐，称为铝钾矾［$KAl(SO_4)_2 \cdot 12H_2O$］，俗称明矾，它在水溶液中可电离出两种金属阳离子：

$$KAl(SO_4)_2 \longrightarrow K^+ + Al^{3+} + 2SO_4^{2-}$$

$$Al^{3+} + 3H_2O \rightleftharpoons Al(OH)_3 + 3H^+$$

硫酸铝主要用于造纸工业和用作水处理的絮凝剂，也可用于白皮革的鞣剂，染色的媒染剂，油脂的澄清剂，石油的除臭脱色剂以及防火材料等。

氯化铝和硫酸铝都是铝的强酸盐，由于 Al^{3+} 的水解作用，使得溶液呈酸性；而铝的弱碱盐（如 Al_2S_3），水解更加明显，甚至达到几乎完全的程度。

$$2Al^{3+} + 3S^{2-} + 6H_2O \longrightarrow 2Al(OH)_3(s)\downarrow + 3H_2S(g)\uparrow$$

所以，铝的弱酸盐不能用湿法制取。保存时应密封，谨防受潮变质。

思考题

硫酸铝与碳酸钠反应有什么现象？并解释。

第二节　铁

铁在地壳中的含量居第四位，丰度为 4.65%，在金属中仅次于铝。铁的原子序数为 26，位于周期表第四周期，第ⅧB 族。铁元素分布很广，主要矿石有：赤铁矿 Fe_2O_3、磁铁矿 Fe_3O_4、褐铁矿 $Fe_2O_3 \cdot 3H_2O$、菱铁矿 $FeCO_3$、黄铁矿 FeS_2。我国的东北、华北、华中地区都有丰富的铁矿。

一、铁的性质和用途

1. 物理性质

纯铁是银白色有光泽的金属，密度 $7.68g/cm^3$，熔点 1535℃，它除了有导电性、导热性、延展性外，还能被磁铁吸引，具有铁磁性。

2. 化学性质

铁属于中等活泼的金属。当铁参加化学反应时，不但容易失去最外层的 2 个电子，而且还能失去次外层的 1 个电子。所以，铁的化合价有 +2 价和 +3 价。

（1）与非金属的反应　常温下，铁在干燥的空气中与氧、氯、硫等典型的非金属不起显著的作用。因此，工业上常用钢瓶储藏干燥的氯气和氧气。但加热时，铁容易与氧、氯、硫、等非金属反应：

$$2Fe+3Cl_2 \xrightarrow{\triangle} 2FeCl_3$$

$$Fe+S \xrightarrow{\triangle} FeS$$

思考题

铁与氯、硫反应时，为什么生成物中铁的化合价不一样呢？

通过讨论，我们知道在铁与硫的反应里，铁原子失去最外层的 2 个电子变成 +2 价的铁；在铁与氯的反应里，铁原子不仅失去最外层的 2 个电子，还失去次外层的 1 个电子，变成 +3 价的铁。这是因为氯气是一个很强的氧化剂，它夺取电子的能力比硫强的缘故。因此，铁与强氧化剂反应生成三价铁，于弱氧化剂反应生成二价铁。

（2）与酸的反应

【演示实验 9-4】

铁与酸的反应

取三支试管，分别加入 5mL 2mol/L 的硫酸、2mol/L 的盐酸和浓硫酸，然后在每支试管中分别加入铁丝。观察三支试管有何现象，并填写下表。

酸及其浓度	HCl 2mL 2mol/L	H_2SO_4 2mL 2mol/L	浓 H_2SO_4 2mL
现　象			

通过对现象的分析，说明铁能与稀盐酸、稀硫酸发生置换反应，放出氢气。而在常温下铁与浓硫酸或浓硝酸不起反应，这是由于铁与浓硫酸或浓硝酸产生钝化现象，在铁的表面生成了一层致密的保护膜。因而可用铁制品盛装和运输浓硫酸和浓硝酸。

思考题

根据现象，写出铁与稀盐酸、稀硫酸发生反应的离子方程式。

（3）与水的反应　常温下，铁与水不反应。但高温时，铁能与水反应，生成四氧化三铁并放出氢气。

$$3Fe+4H_2O \xrightarrow{高温} Fe_3O_4+4H_2\uparrow$$

3. 铁的用途

铁是最重要的基本结构材料。其主要的用途是制造合金，铁合金的用途十分广泛，而纯铁在工业上用途甚少。

二、铁的重要化合物

1. 铁的氧化物

铁有三种氧化物，氧化亚铁（FeO）、氧化铁（Fe_2O_3）、四氧化三铁（Fe_3O_4）。

氧化亚铁是一种黑色粉末，呈碱性，不溶于水，易溶于非氧化性酸形成亚铁盐。

氧化铁是一种红色粉末，俗称铁红。它是两性偏碱性的氧化物，不溶于水，与酸反应生成铁盐。Fe_2O_3 有很强的着色力，广泛用作陶瓷、涂料的颜料。还可以作为磨光剂和某些反应的催化剂。

四氧化三铁是黑色具有磁性的物质，故又称磁性氧化铁。Fe_3O_4 不是铁的氧化物，经 X 射线研究证明，它是一种铁酸盐：$Fe(FeO_2)_2$。

2. 铁的氢氧化物

在亚铁盐和铁盐的溶液中分别加入碱，能得到相应的氢氧化物沉淀。下面做一实验，请仔细观察沉淀的颜色以及形状。

【演示实验 9-5】

在编号为Ⅰ的试管中加入 3mL 的 $FeSO_4$ 溶液，再用滴管逐滴加入少量 NaOH 溶液；在编号为Ⅱ的试管中加入 3mL 的 $FeCl_3$ 溶液，再用滴管逐滴加入少量 NaOH 溶液。

观察实验现象，填写下表。

编　号	试管Ⅰ	试管Ⅱ
现　象		
离子方程式		

$Fe(OH)_2$ 是白色絮状沉淀，极不稳定，在空气中，立即被氧化为红色的 $Fe(OH)_3$。其反应式为：

$$4Fe(OH)_2+O_2+2H_2O \longrightarrow 4Fe(OH)_3$$

氢氧化亚铁和氢氧化铁沉淀都能与酸反应，分别生成亚铁盐和铁盐。氢氧化铁加热后，会失去水而生成红棕色的 Fe_2O_3 粉末。

$$2Fe(OH)_3 \xrightarrow{\triangle} Fe_2O_3+3H_2O$$

3. 硫酸亚铁

硫酸亚铁（$FeSO_4\cdot 7H_2O$）是浅绿色晶体，俗称绿矾。易溶于水，因水解而使溶液显酸性。硫酸亚铁在空气中逐渐失去结晶水而风化，变为白色粉末。并且表面容易氧化为黄褐色碱式硫酸铁 $Fe(OH)SO_4$。

$$4FeSO_4+O_2+2H_2O \longrightarrow 4Fe(OH)SO_4$$

因此，绿矾在空气中不稳定而变为黄褐色，其溶液久置也常有棕色沉淀。因而保存 Fe^{2+} 盐溶液应加铁钉来防止氧化。由于 Fe^{2+} 盐溶液能被氧化，说明 Fe^{2+} 具有还原性。当 Fe^{2+} 遇见如 Cl_2、HNO_3 等氧化剂时，往往被氧化成 Fe^{3+}。

$$2Fe^{2+}+Cl_2 \longrightarrow 2Fe^{3+}+2Cl^-$$

$$6Fe^{2+} + 8H^+ + 2NO_3^- \longrightarrow 6Fe^{3+} + 2NO\uparrow + 4H_2O$$

硫酸亚铁能与碱金属或铵的硫酸盐形成复盐，最重要的复盐就是硫酸亚铁铵，俗称摩尔盐[$FeSO_4 \cdot (NH_4)SO_4 \cdot 6H_2O$]。它比绿矾稳定得多，是分析化学中常用的还原剂，用于标定 $Cr_2O_7^{2-}$、MnO_4^-。

硫酸亚铁用途很广，它可用作木材防腐剂、织物染色时的媒染剂、净水剂及制造蓝黑墨水。在医药上可以治疗贫血。在农业上用作杀虫剂，防止大麦的黑穗病和条纹病。

4. 氯化铁

无水氯化铁是用氯气和铁粉在高温下直接合成的。在 300℃以上升华。熔点 282℃沸点 315℃，易溶于水，也容易溶解在有机溶剂（如乙醚、丙酮）中，具有明显的共价性。

带有结晶水的 $FeCl_3 \cdot 6H_2O$ 是黄棕色的层状晶体。它是将铁屑溶于盐酸，再通入氯气，经浓缩、冷却、结晶得到的。它易潮解。

氯化铁主要用于有机染料的生产中；在某些反应中用作催化剂；因为它能引起蛋白质的迅速凝聚，所以在医药上用作伤口的止血剂；在酸性溶液中，Fe^{3+} 是较强的氧化剂，它能把 KI、H_2S、$SnCl_2$、Fe、Cu 等氧化成 I_2、S、Sn^{4+}、Fe^{2+}、Cu^{2+}。

$$2Fe^{3+} + 2I^- \longrightarrow 2Fe^{2+} + I_2$$

$$2Fe^{3+} + H_2S \longrightarrow 2Fe^{2+} + S\downarrow + 2H^+$$

$$2Fe^{3+} + Sn^{2+} \longrightarrow 2Fe^{2+} + Sn^{4+}$$

$$2Fe^{3+} + Fe \longrightarrow 3Fe^{2+}$$

$$2Fe^{3+} + Cu \longrightarrow 2Fe^{2+} + Cu^{2+}$$

氯化铁溶于水后易水解，其水解平衡如下：

$$Fe^{3+} + 3H_2O \rightleftharpoons Fe(OH)_3 + 3H^+$$

由于 Fe^{3+} 水解程度大，在配制 Fe^{3+} 溶液时，往往需要加入一定量的酸抑制水解。增大溶液的 pH，水解倾向就会增大，最后形成胶状的 $Fe(OH)_3$。在实际生产中，常利用水解的方法除去杂质铁。

思考题：

1. 为什么保存 $FeSO_4$ 溶液要加入铁钉？
2. 为什么 $FeCl_3$ 在工业上用作净水剂？
3. 怎样实现 Fe^{2+} 和 Fe^{3+} 的相互转化？

三、Fe^{3+} 的检验

【演示实验 9-6】

在两支试管里分别加入 2mL 0.1mol/L $FeCl_2$ 和 2mL 0.1mol/L $FeCl_3$ 溶液，各滴入几滴 0.5mol/L KSCN 溶液。观察发生的现象。

通过实验看到，在 $FeCl_3$ 的试管中，溶液由无色变成了血红色溶液，而另一支试管没有变化。因此，可利用 Fe^{3+} 遇 KSCN 溶液显血红色来检验 Fe^{3+} 的存在。

$$Fe^{3+} + 3SCN^- \longrightarrow \underset{(血红色)}{Fe(SCN)_3}$$

第三节　金属的通性

金属元素是指那些价层电子数较少、在化学反应中较易失去电子的元素。到目前为止，自然界存在及人工合成的金属元素已达 90 余种。金属在经济建设中应用十分广泛。只有掌握了金属的性质，才能合理选择和使用金属材料。

金属一般分为黑色金属和有色金属。黑色金属是指铁、锰、铬及其合金，有色金属是指除铁、锰、铬及其合金以外的所有金属。

有色金属按其密度、价格、性质、在地壳中的储量及分布情况又有多种分类方法。如按密度大小可将密度大于 $4.5g/cm^3$ 的称为重金属，包括铜、镍、铅、锌、钴、锡、锑、汞等；密度小于 $4.5g/cm^3$ 的称为轻金属，包括钠、钾、镁、钙、锶等。也可按储量及分布分为稀有金属和常见金属。

一、金属的物理性质

金属具有许多独特的物理性能，如特殊的金属光泽、良好的导电性、导热性及延展性。这些特征与金属的紧密堆积结构及金属中自由电子的存在有关。

1. 金属的光泽

金属晶体中的自由电子吸收了可见光，使金属具有不透明性。当电子因吸收能量而被激发到较高能级再回到低能级时，又把一定波长的光放射出来，因而具有金属光泽。如金为黄色，铜为赤红色，铋为粉红色，铯为淡黄色，铅为灰蓝色，其他大多数金属都呈现银白色或银灰色。金属光泽只有在整块时才能表现出来。在粉末状时，金属的晶面取向杂乱，晶格排列的不规则，吸收可见光后辐射不出去，因而显黑色。

2. 金属的传热导电

在外电场作用下，金属晶体中的自由电子可以定向流动而形成电流，这就是金属能导电的原因。不同的金属，其导电性能有差异。以下就是常见金属的导电性能由强到弱的排列顺序：

Ag、Cu、Au、Al、Zn、Pt、Sn、Fe、Pb、Hg

可以看出，银、铜、金、铝的导电性居于前列。但由于银、金较贵，因而工农业生产和生活中常用铜和铝作导线。

金属的导电能力随温度的升高而降低。这是因为在金属晶体内，金属阳离子和金属原子不是静止的，而是在一定的小范围内振动，这种振动会阻碍自由电子的流动。当温度升高时，金属晶体中的金属阳离子和金属原子的振动加快，振幅加大，造成自由电子的运动阻力加大，所以导电能力减弱。

金属的传热性则是由于运动的电子不断地与金属原子和金属阳离子碰撞，进行能量交换，将能量迅速传到整个晶体使整块金属的温度趋于一致。

3. 金属的延展性

当金属受到外力作用时，金属晶体内各原子层间做相对移动而不破坏金属键（如图 9-1）。因此金属并没有断裂，表现出良好的变形性，即具有延展性。所以，金属可以压成薄片或拉成细丝，最细的金属丝直径可达 0.2μm，最薄的金属片只有 0.1μm。金属的延展性，大都随温度的升高而增大。因此，金属的锻造、拉轧等工艺往往在炽热时进行。金有很好的延展性，铂也有很好的延展性，但有少数金属如锑、铋、锰等延展性不好。

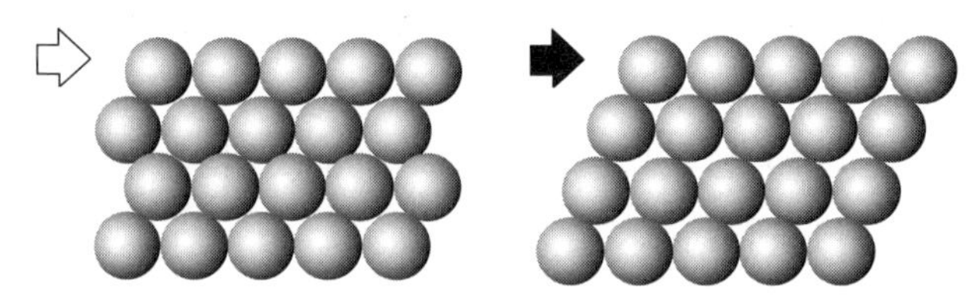

图 9-1　金属延展性示意图

金属除了有以上的共性以外，由于不同的金属其金属键强弱不同，各种金属的性质又表现出较大的差异。碱金属由于其原子半径大，成键电子数少，金属键较弱，因而熔点低、密度和硬度也较小。但第六周期的过渡金属，如钨、铼、锇、铱、铂，它们有较强的金属键，因此，这些金属的熔点高，密度和硬度均较大。其中钨的熔点最高，为 3365℃，锇的密度最大，在 20℃时起密度为 $22.57g/cm^3$。

二、金属的化学性质

金属的原子半径一般都比非金属的原子半径大，且最外层电子数也较少，因此金属元素的原子比非金属元素的原子容易失去电子，变成带有正电荷的离子。金属原子失去电子的能力各不相同。金属越容易失电子，金属越活泼，则金属性越强，还原性也越强；反之，金属越难失电子，金属越不活泼，则金属性越弱，还原性也越弱。

如碱金属中的钾、钠在空气中迅速被氧化，铜、汞在加热的条件下才能与空气中的氧反应，而金和铂在高温下也不能被氧氧化。

$$Na+O_2 \longrightarrow Na_2O$$

$$2Cu+O_2 \xrightarrow{\triangle} 2CuO$$

$$Au+O_2 \xrightarrow{\text{高温}} \text{不反应}$$

从钠、铜、金与氧的反应，得出钠失电子能力最强，金属性最强，还原性也最强；金的金属性最弱，即还原性最弱。因此可以根据金属原子失去电子的难易程度，来确定金属活性的相对强弱。按金属活性的相对大小依次排列的表叫金属活动顺序表。

$$\xrightarrow[\text{金属活性逐渐减小}]{\text{K、Ca、Na、Mg、Al、Mn、Zn、Fe、Ni、Sn、Pb、H、Cu、Hg、Ag、Pt、Au}}$$

根据此顺序可以知道，排在 H 以前的金属单质都能与非氧化性酸发生置换反应，放出氢气；排在 H 以后的金属单质则不能与非氧化性酸发生置换反应。另外，根据金属活动顺序表还可以知道，排在金属活动顺序表前边的金属能将其后边的金属从它们的盐溶液中置换出来。如 Zn 与 Pb^{2+} 盐、Sn 与 Cu^{2+} 盐都能发生置换反应：

$$Zn + Pb^{2+} \longrightarrow Zn^{2+} + Pb$$

$$Sn + Cu^{2+} \longrightarrow Sn^{2+} + Cu$$

以上反应说明，金属锌的还原性（失电子能力）比铅的强，锡的还原性（失电子能力）比铜的强；而铅离子的氧化性（得电子能力）比锌离子的强，铜离子的氧化性（得电子能力）比亚锡离子的强。由此可得以下结论。

① 金属越活泼，就越容易失去电子，也就越容易被氧化，而它的离子就越不容易获得电子，也就越不容易被还原。

② 金属越不活泼，就越不易失去电子，也就越不容易被氧化。而它的离子就越容易获得电子，也就越容易被还原。

思考题

1. 写出镁、铁与稀盐酸的反应。分别指出氧化剂和还原剂。

2. 将锌片放入硫酸铜溶液中，有何现象发生？将铜片放入硫酸锌溶液中，又有何现象发生？

三、金属的存在和冶炼

1. 金属的存在

金属在自然界中的分布很广，无论是矿物，还是动植物体内，或多或少的都含有金属元素。它们在自然界中的存在状态和金属的化学性质密切相关。金、铂等少数化学性质不活泼的金属，在自然界中以游离态存在。其他大多数金属都以化合态存在于矿石中。

自然界中，轻金属主要以氯化物、硫酸盐、碳酸盐或磷酸盐等盐类形式存在，重金属主要以氧化物、硫化物或碳酸盐的形式存在。

重要的氧化物矿石有：赤铁矿（Fe_2O_3）、磁铁矿（Fe_3O_4）、软锰矿（MnO_2）等。

重要的硫化物矿石有：黄铁矿（FeS_2）、方铅矿（PbS）、辉铜矿（Cu_2S）、辰砂（HgS）等。

重要的碳酸盐矿石有：石灰石（$CaCO_3$）、菱铁矿（$FeCO_3$）、菱镁矿（$MgCO_3$）等。

*2. 金属的冶炼

从自然界索取金属单质的过程称为金属的冶炼。一般说来，提炼金属分为三个过程：

首先是矿石的富集，除去矿石中大量的脉石（石灰石、长石等），以提高矿石有效成分的含量；其次是冶炼，采用适当的还原方法使呈正氧化态的金属元素得到电子变为金属原子；最后是精炼，将冶炼出的粗金属，采用一定的方法，再进行精制，提炼纯金属。

从矿石中提炼金属的过程，就是金属离子获得电子从化合物中被还原成中性原子的过程。由于金属的化学活性不同，它的离子获得电子还原成金属原子的能力也就不同。根据金属离子获得电子的难易，工业上冶炼金属的方法有：热分解法、热还原法、电解法。

（1）热分解法　有些不活泼金属，可通过直接加热使其化合物分解就能制得。排在金属活动顺序表铜以后的几种不活泼金属，可用强热的方法将其从它们的氧化物或硫化物中分解出来。例如：

$$2HgO \xrightarrow{\text{强热}} 2Hg + O_2\uparrow$$

$$2Ag_2O \xrightarrow{\text{强热}} 4Ag + O_2\uparrow$$

（2）热还原法　这是最常见的从矿石提取金属的方法。金属矿石在冶炼时，通常加入还原剂共热，使金属还原。常用的还原剂有焦炭、一氧化碳、氢气和活泼金属等。

对一些氧化物如 CuO 等，直接用碳作还原剂：

$$CuO + C \xrightarrow{\text{加热}} Cu + CO\uparrow$$

在炼铁时，主要是用 CO 作还原剂：

$$Fe_2O_3 + 3CO \xrightarrow{\text{加热}} 2Fe + 3CO_2$$

（3）电解法　此法主要用于从化合物中制取活泼金属，如铝、镁、钙、钠等。因为一般的化学还原剂不能使活泼金属离子得到电子被还原，只有采用电解这种最强有力的氧化还原手段。通常是电解熔融盐来制取的。例如：

$$2NaCl(\text{熔融}) \xrightarrow{\text{电解}} 2Na + Cl_2\uparrow$$

$$Al_2O_3(\text{熔融}) \xrightarrow{\text{电解}} 2Al + 3O_2\uparrow$$

对于某些不活泼金属，如铜、银、金等，也常用电解其盐溶液的方法进行精炼，但要消耗大量的电能，因此成本较高。

思考题

不同的金属元素，将其由化合态还原为游离态的难易程度是否相同？简要分析其中的原因。

四、合金

在工业中直接使用纯金属是很少的，因为纯金属一般质软，强度不大。如铝质轻，用于制造飞机或运输工具，但硬度不够，易变形，不能承受重量。随着生产和科学技术的不断发展，对金属材料的很多力学性能如耐高温、耐高压、耐腐蚀、高硬度、易熔等都提出一定的标准和要求，而纯金属的性能是很难满足的。所以工业上使用的金属材料绝大多数是合金。如黄铜是铜和锌的合金，钢是铁和碳的合金。

合金是由两种或两种以上的金属（或金属与非金属）熔合而成的具有金属特性的物质。由于合金的内部结构和化学组成较纯金属复杂得多，因此它比纯金属具有更多优良的物理、化学或力学性能。

合金的硬度和强度一般比组成它的各成分金属的大，例如，在铜中加入1%的铍所得到的合金，硬度比纯铜达7倍。多数合金的熔点低于组成它的任何一种金属的熔点，例如锡、铋、镉、铅，熔点分别是232℃、271℃、321℃、327℃，而由这四种金属按1∶4∶1∶2的质量比组成的伍德合金的熔点只有67℃。合金的化学性质也与各组分纯金属不同，如镁铝性质都活泼，而组成的合金就比较稳定。

合金中各组分的比例能够在很大范围内变化，以此来调节合金的性能，这样合金才能满足工业上的各种需要，因此合金在现代工业中广泛得到应用。表9-1列出了几种合金的组成、性质和用途。

表9-1　几种合金的组成、性质和用途

合金的名称	成　分	特　性	用　途
黄铜	含铜60%，锌40%	有良好的强度和塑性、易加工、耐腐蚀	制造仪器、机器零件、日用品
青铜	含铜90%，锡10%	有良好的强度和塑性、耐磨、耐腐蚀	制造轴承、齿轮
镁铝合金	含铝70%～90%，含镁10%～30%	质轻，强度和硬度较大	用于火箭、飞机等航空制造业
钛合金	含钛90%，含铝6%，含钒4%	耐高温、耐腐蚀、强度高	用于宇航、飞机、造船、化学工业
镍铬合金	含镍80%，含铬20%	电阻大，高温下不易氧化	制电阻丝
合金钢	加入硅、锰、镉、镍、铝、钨、钒、钛、铜、稀土金属等	许多优良性能	工农业中广泛应用

五、金属的回收与环境、资源保护

地球上的金属矿产资源是有限的，而且是不能再生的，随着人类的不断开发利用，矿产资源将会越来越少，解决这个难题最好的办法就是将废旧金属回收利用。回收的废旧金属，大部分可以重新制成金属或他们的化合物。这样做，既可以将废旧金属作为一种资源，同时又减少了废旧金属带来的环境污染。例如，在工业用的结构金属中，铝的可回收性是最高的，再生效益也是最大的。再生铝不是矿物原料，所以其冶炼加工可以节省大量的能源消耗。废铝回收再生能耗仅相当于从铝土矿开采→氧化铝提取→原铝电解→铸成锭块这一过程所需总能源的5%。也就是说，与原铝生产相比，每生产1t再生铝可以节约95%的能源，同时可节水10.05t，少用固体材料11t，少排放二氧化碳0.8t、二氧化硫0.6t。再生铝产业具有明显的节能、环保优势，是一项效益巨大的节能工程。

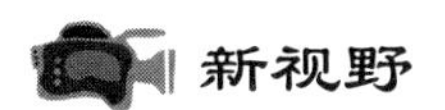
新视野

超导材料

电流通过金属（或合金）而使金属发热是由于金属内部存在电阻，它阻碍电流的通过。金属材料的电阻通常随温度的降低而减小。1911年荷兰物理学家卡麦琳·翁纳斯（Kamerling Onners）在研究低温下金属的电阻率时发现，汞冷却到－268.8℃时，电阻突然消失，导电性几乎是无限大，当外加磁场接近固态汞随之又撤去后，电磁感应产生的电流会在金属汞内部长久地流动而不会衰减，这种现象称为超导现象。具有超导性质的物体成为超导体。

超导体有三个重要的参数——临界温度T_c、临界磁场H_c和临界电流I_c。临界温度是指物质有常导体变为超导体的转变温度。既在T_c以上时物质呈常导状态，有电阻电流通过时有能量的损耗；而在T_c以下时则呈超导状态，电阻为零，电流通过时无能量的损耗。临界磁场是指物质有常导体转变为超导体时的最低磁场强度。当物体有常导体转变为超导状态时，其内部完全失去磁通，成为完全的抗磁性物质。临界电流是指由超导体变为常导体的最小电流。

超导材料大致分为纯金属、合金和化合物三类。就临界温度而言，具有最高临界温度的纯金属是镧，其T_c＝－260.5℃；合金性的有铌钛合金，T_c＝－263.5℃；化合物性的有铌三锡（Nb_3Sn），T_c＝－254.7℃，钒三镓（V_3Ga），T_c＝－256.5℃。1986年以来，高温超导材料的研究取得了重大突破。1988年，中国科学院获得了超导转变温度为－153℃的钛钡钙铜氧化物（Ti—Ba—Ca—Ba—O），1993年，瑞士的科学家发现含汞化合物在－140℃具有超导性，最近又有T_c高达－117℃的超导材料合成。

研制高临界温度超导材料将为人类的生产和生活的各个方面产生重大影响。超导材料可制成大功率的超导发电机、磁流发电机、超导储能器、超导电缆和超导磁悬浮列车等，可以大大缩小装置和器件的体积，提高使用性能，降低成本等优点。

本章小结

一、铝

1. 铝是比较活泼的金属，有亲氧性。在常温下与氧化合生成一层致密的保护膜；在高温下与氧化合放出大量的热。铝能与某些非金属反应，还能与水、酸、强碱反应放出氢气。

2. 氧化铝和氢氧化铝都是典型的两性化合物，碱性略强于酸性。

3. 可溶性的铝盐都易发生水解。硫酸铝与钾、铵的硫酸盐可形成复盐，称为矾。

二、铁

1. 铁单质是中等活泼的金属。在加热时能与活泼非金属反应，还能与酸反应，生成化合价为＋2、＋3的化合物。

2. 铁的氧化物和氢氧化物都不溶于水，易溶于酸。

3. 铁能形成铁盐（Fe^{3+}）和亚铁盐（Fe^{2+}）。Fe^{2+}具有还原性，遇见如Cl_2、HNO_3等氧化剂时，往往被氧化成Fe^{3+}；Fe^{3+}具有较强的氧化性，遇KI、H_2S等还原剂时，Fe^{3+}被还原成Fe^{2+}。Fe^{3+}遇KSCN溶液生成血红色的$Fe(KSCN)_3$，利用此现象来鉴定Fe^{3+}。

三、金属的通性

1. 固态金属都是晶体，它是由中性原子、阳离子和自由电子按一定规律排列形成的金属晶体。

2. 金属有共同的物理性质如导电性、导热性和延展性等，这些通性均与金属晶体中自由电子的存在有密切关系。金属的化学性质，是金属单质容易失去电子变为金属阳离子。金属失电子能力越强，其化学性质越活泼，还原性也就越强。

3. 金属的冶炼是从自然界索取金属单质的过程。其本质是使矿石中的金属离子获得电子，还原成金属单质。根据金属离子获得电子的难易，工业上冶炼金属的方法有：热分解法、热还原法、电解法等。

4. 合金是由两种或两种以上的金属（或金属与非金属）熔合而成的具有金属特性的物质。合金的内部结构和化学组成较纯金属复杂得多，因此它比纯金属具有更多优良的物理、化学或力学性能。

5. 废旧金属是一种固体废弃物，会污染环境。将废旧金属作为一种资源，加以回收。既可以减少固体垃圾，防止污染，又能缓解地球上有限的矿产资源。

思考与练习

一、填空题

1. 在元素周期表中，金属元素位于每一周期的________________。金属原子的最外层电子数一般比较____，和同周期非金属相比，其原子半径较______，在化学反应中容易______电子生成______，金属发生______反应，是______剂。

2. 配制氯化亚铁溶液时，常加入一些____________，其目的是____________________________；配置氯化铁溶液时，需加入少量______，其目的是______________________。

3. 冶炼金属常用以下几种方法，这些方法各适宜用来冶炼那些金属。

（1）以 C 或 CO、H_2 作还原剂的热还原法，此法适用于______________________________。

（2）电解法，此法适用于________________________________。

（3）热分解法，此法适用于________________________________。

（4）铝热还原法，此法适用于________________________________。

4. 在含有 20mL 1mol/L $MgCl_2$ 和 20mL 1mol/L $AlCl_3$ 的混合溶液中，主要存在____离子，向此混合溶液中加入 100mL 1mol/L NaOH 溶液，溶液中_____离子增加，__________离子减少，继续加入 50mL 1mol/L NaOH 溶液后，溶液中主要存在____________离子。

5. 某科研小组用高岭土（主要成分是 $Al_2O_3 \cdot SiO_2 \cdot 2H_2O$，并含有少量 CaO，$Fe_2O_3$）研制新型净水剂（铝的化合物）。其实验步骤如下：将土样和纯碱混匀，加热熔融，冷却后用冷水浸取熔块，过滤，弃取残渣，滤液用盐酸酸化，经过滤，分别得沉淀和溶液，溶液即为净水剂。

（1）写出熔融时主要成分与纯碱反应的化学方程式____________________________。

（2）最后的沉淀物是____________________；生成该沉淀的离子方程式是____________________。

二、选择题

1. 下列关于金属特征的叙述正确的是（　　）。

A. 金属元素的原子只有还原性，离子只有氧化性

B. 金属元素在化合物中一定显正价

C. 金属元素在不同化合物中的化合价不同

D. 金属单质在常温下均是固体

2. 把镁粉中混有的少量铝粉除去，应选用的试剂是（　　）。

A. 稀盐酸　　B. 新制氯水

C. 烧碱溶液　　D. 纯碱溶液

3. 下列有关纯铁的描述正确的是（　　）。

A. 熔点比生铁的低

B. 与相同浓度的盐酸反应生成氢气的速率比生铁的快

C. 在潮湿空气中比生铁容易被腐蚀

D. 在冷的浓硫酸中发生钝化

4. 实验室中要在坩埚内加热熔化氢氧化钠，下列坩埚中不可采用的是（　　）。

A. 氧化镁坩埚　　B. 黏土坩埚

C. 镍坩埚　　D. A、B、C 都可以

5. 下列物质中属于合金的是（　　）。

A. 金　　B. 银　　C. 钢　　D. 水银

6. 用一定物质的量浓度的 NaOH 溶液，使相同体积的 $FeSO_4$ 溶液和 $Fe_2(SO_4)_3$ 溶液中的 Fe^{2+}、Fe^{3+} 完全沉淀。如果所用的 NaOH 溶液的体积相同，$FeSO_4$ 溶液和 $Fe_2(SO_4)_3$ 溶液中溶质的物质的量浓度之比为（　　）。

A. 1∶1　　B. 1∶3　　C. 3∶1　　D. 3∶2

7. 铝在人体中积累可使人慢性中毒，1989 年，世界卫生组织正式将铝确定为“食品污染源之一”而加以控制。铝在下列使用场合须加以控制的是（　　）。

（1）制铝锭；（2）制易拉罐；（3）制电线电缆；（4）制牙膏皮；（5）用明矾净水；（6）制炊具；（7）用明矾和苏打作食物膨化剂；（8）用 $Al(OH)_3$ 制成药片治胃病；（9）制防锈油漆

A. (2)(4)(5)(6)(7)(8)

B. (2)(5)(6)(7)(9)

C. (1)(2)(4)(5)(6)(7)(8)

D. (3)(4)(5)(6)(7)(8)

8. 将表面已完全钝化的铝条，插入下列溶液中，不会发生反应的是（　　）。

A. 稀盐酸　　B. 稀硝酸　　C. 硝酸铜　　D. 氢氧化钠

9. 下列叙述中，可以说明金属甲的活动性比金属乙的活动性强的是（　　）。

A. 在氧化还原反应中，甲原子失去的电子比乙原子失去的电子多

B. 同价态的阳离子，甲比乙的氧化性强

C. 甲能跟稀盐酸反应放出氢气而乙不能

D. 甲对应的碱为弱碱，乙对应的碱为强碱

10. 下列各物质中，不能由组成它的两种元素的单质直接化合得到的是（　　）。

A. FeS　　B. $FeCl_2$　　C. $FeCl_3$　　D. Fe_3O_4

11. 某溶液中有 Al^{3+}、Ca^{2+}、Mg^{2+}、Fe^{2+} 四种离子，若向其中加入过量的氢氧化钠溶液，微热并搅

拌，再加入过量的盐酸，溶液中大量减少的阳离子是（　　）。

A. Al^{3+}　　B. Ca^{2+}　　C. Mg^{2+}　　D. Fe^{2+}

12. bL 硫酸铝溶液中含有 agAl^{3+}，则溶液中 SO_4^{2-} 的物质的量浓度为（　　）。

A. $\frac{3a}{2b}$mol/L　　B. $\frac{a}{27b}$mol/L

C. $\frac{a}{18b}$mol/L　　D. $\frac{2a}{27\times 3b}$mol/L

13. 检验实验室配制的 $FeCl_2$ 溶液是否氧化变质，应选用的最适宜的试剂是（　　）。

A. 稀硝酸　　B. KSCN 溶液

C. 溴水　　D. 酸性 $KMnO_4$ 溶液

14. 把一块铁和铝合金溶于足量的盐酸中，通入足量氯气，再加入过量的氢氧化钠溶液，过滤，把滤渣充分灼烧，得到的固体残留物恰好跟原来的合金的质量相等，则此合金中，铁、铝质量之比约为（　　）。

A. 1∶1　　B. 3∶1　　C. 7∶3　　D. 1∶4

15. 含有 23.2g 铁的氧化物，被还原剂完全还原后可生成 16.8g 铁，则该铁的氧化物是（　　）。

A. FeO　　B. Fe_2O_3　　C. Fe_3O_4　　D. $Fe_3O_4 \cdot H_2O$

三、完成下列反应

1. 选择适当的试剂和反应条件，完成下列图示中各种物质间的转化，写出全部反应的方程式。

（1）

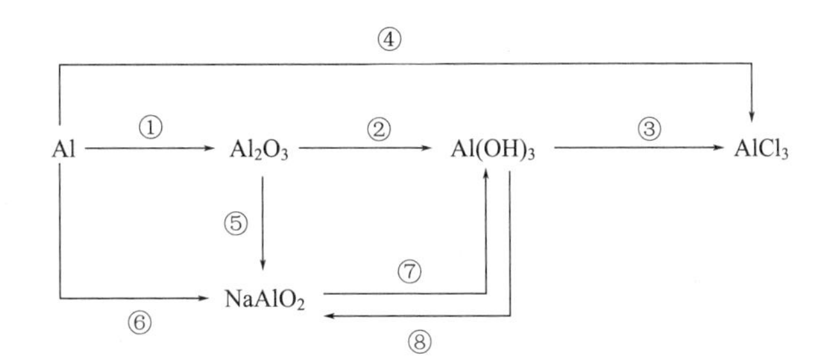

（2）

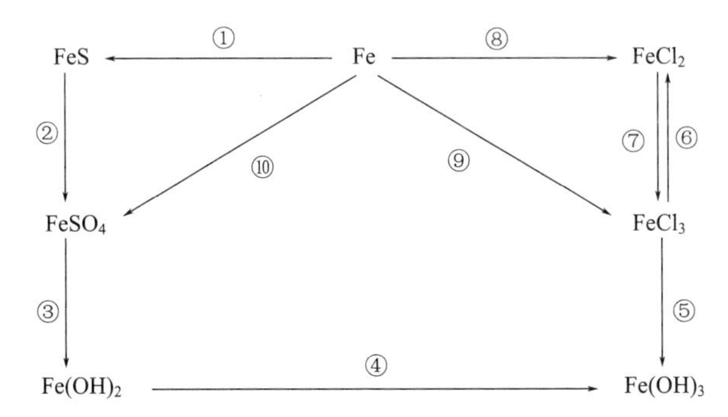

2. 按要求写化学反应方程式

（1）向明矾溶液中逐滴加入过量的氢氧化钡溶液，有何现象产生？用化学方程式表示。

（2）向氢氧化钡溶液中逐滴加入过量的明矾溶液，有何现象产生？用化学方程式表示。

四、简答题

1. 为什么不能在水溶液中由 Fe^{3+} 盐和 KI 制得 FeI_3？

2. 为什么在硫酸铝溶液中加入硫化钠得不到 Al_2S_3？

3. Fe 与 Cl_2 反应可得到 $FeCl_3$，而 Fe 与 HCl 作用只得到 $FeCl_2$？

4. 在 $FeCl_2$ 溶液里，加入几滴 KSCN 溶液，有何现象？如果再加入少量氯水振荡，会发生什么现象？为什么？

5. 为什么铜不与稀盐酸和稀硫酸反应？但能与浓硫酸和浓硝酸反应？

6. 铁的金属性比铜强，为什么在常温下，铁不能与浓硫酸反应而铜能反应呢？

7. 什么是合金？它与纯金属比较，有哪些不同的特点？

8. 金属冶炼的主要原理是什么？金属冶炼一般有哪些步骤？

9. 用氯化铝溶液制取氢氧化铝，不慎将氢氧化钠溶液滴入过量，结果是析出的絮状物又溶解了。采用什么办法再使氢氧化铝析出？写出有关的离子方程式。

10. 金属回收有什么意义？

五、计算题

1. 把 100g 重的铁片浸在硫酸铜的溶液里，过一会儿取出覆盖有铜的铁片，经洗涤、干燥、重新称量，发现重量增加了 1.3g，计算铁片上覆盖有铜多少克？

2. 现有镁铝合金共 7mol，溶于足量的盐酸，所生成的氢气在标准状况下体积为 179.2L，则合金中镁铝的物质的量之比为多少？

3. 某高炉每天生产含铁 96%的生铁 70t，计算需要用含 20%杂质的赤铁矿石多少吨？

4. 某种磁铁矿样品中含 Fe_2O_3 76.0%，SiO_2 11.0%，其他不含铁的杂质 13.0%。计算这种矿石中铁的质量分数。

第九章思考与练习参考答案

在线互测

第十章

配位化合物简介

学习目标

第十章 PPT

理解有关配位化合物的基本概念；掌握配位化合物的组成和命名；了解螯合物的基本知识；理解配位化合物的应用。

配位化合物（简称配合物）是一类组成复杂的化合物。配合物的存在极为广泛，就配合物的数量来说超过一般无机化合物。历史上有记载的人类第一个发现的配合物，就是亚铁氰化铁（普鲁士蓝——1704 年普鲁士人在染料作坊中，为了寻找蓝色染料，用捕获的野兽的皮毛等与碳酸钠一起放在大铁锅中强烈煮沸，最后得到了一种蓝色的物质），化学式为 $Fe_4[Fe(CN)_6]_3$。

配合物的研究在分析化学、生物化学、有机化学、催化动力学、电化学及结构化学等方面都有着重要的理论意义和实际意义。目前配位化学已经发展成为一门独立的学科。本章将对配合物的有关知识做一简单的介绍。

第一节　配位化合物的基本概念

一、配合物的定义

我们通过演示实验来了解配位化合物。

【演示实验 10-1】

$[Cu(NH_3)_4]SO_4$ 配合物

取 2 支试管分别加入 2mL $CuSO_4$ 溶液。

在第一支试管中滴加少量 1mol/L 的 NaOH 溶液，立即出现蓝色沉淀。这表明溶液中有 Cu^{2+} 存在。离子方程式为：

$$Cu^{2+} + 2OH^- \longrightarrow Cu(OH)_2 \downarrow$$

在第二支试管中，先加入适量的 2mol/L $NH_3 \cdot H_2O$ 溶液，出现蓝色沉淀，继续滴加 $NH_3 \cdot H_2O$ 溶液至沉淀消失，继续加入 $NH_3 \cdot H_2O$ 至溶液呈深蓝色溶液。这种深蓝色溶液是什么？溶液中是否还有 Cu^{2+} 存在？

将上述深蓝色溶液分成两份，一份滴加少量 0.1mol/L 的 $BaCl_2$ 溶液，立即出现白色沉淀，这表明溶液中有大量的 SO_4^{2-} 存在；一份滴加少量 1mol/L 的 NaOH 溶液，没有出现蓝色 $Cu(OH)_2$ 沉淀，这表明溶液中没有 Cu^{2+} 存在。

经过分析证实，在这种深蓝色的溶液中，生成了一种稳定的复杂离子：

$$Cu^{2+} + 4NH_3 \longrightarrow [Cu(NH_3)_4]^{2+}$$

这种复杂离子叫铜氨配离子，为深蓝色，它在溶液和晶体中都能稳定存在。在 $[Cu(NH_3)_4]^{2+}$ 中，Cu^{2+} 和 NH_3 分子之间是靠配位键结合而成的。配位键是一种特殊的共价键。共用电子对是由一个原子或离子单方面提供而与另一个原子或离子共用所形成的化学键，称为配位键。能形成配位键的双方，一方能提供孤对电子，而另一方能接受这一对孤对电子。配位键用“→”表示，例如 Cu^{2+} 与 NH_3 分子形成的配位键可表示为：

$$\left(\begin{array}{ccc} & NH_3 & \\ & \downarrow & \\ NH_3 \rightarrow & Cu & \leftarrow NH_3 \\ & \uparrow & \\ & NH_3 & \end{array} \right)^{2+}$$

这种由阳离子（或原子）和一定数目的中性分子或阴离子以配位键结合形成的能稳定存在的复杂离子或分子，叫做配离子或配分子。配离子有配阳离子和配阴离子。如 $[Cu(NH_3)_4]^{2+}$ 是配阳离子，$[HgI_4]^{2-}$ 是配阴离子，$[Ni(CO)_4]$ 是配分子。

含有配离子的化合物称为配位化合物，简称配合物。如 $[Cu(NH_3)_4]SO_4$、$K_2[HgI_4]$、$H_2[PtCl_6]$ 等都是配合物。

二、配合物的组成

配合物一般由内界和外界组成。内界是配合物的特征部分，它是由中心离子（或原子）和配位体组成的配离子（或配分子），写化学式时，要用方括号括起来；外界为一般离子。配分子只有内界，没有外界。例如：

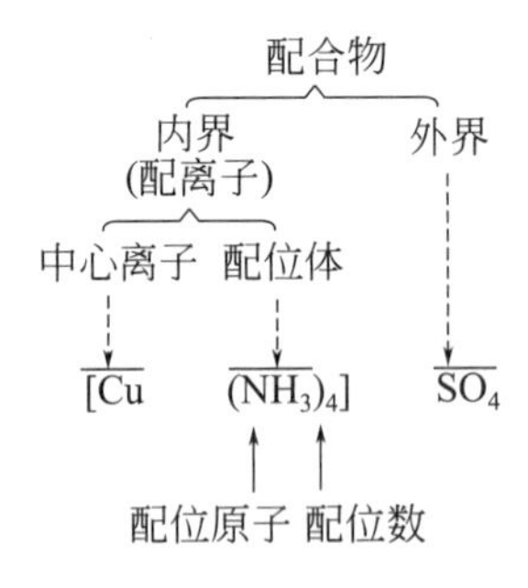

1. 中心离子（或原子）

中心离子（或原子）也叫配合物的形成体，是配合物的核心部分，是孤对电子的接受体。常见的中心离子大都是过渡金属离子，如 Fe^{2+}、Fe^{3+}、Cr^{3+}、Co^{3+}、Ni^{2+}、Cu^{2+}、Ag^{+}、Zn^{2+}、Hg^{2} 等。

2. 配位体

配位体（简称配体）是配离子内与中心离子结合的负离子或中性分子。配位体中直接与中心离子（或原子）结合的原子叫做配位原子。如 $[Cu(NH_3)_4]^{2+}$ 中的 NH_3 是配位体，NH_3 中的 N 原子是配位原子；$[CoCl_2(NH_3)_4]^+$ 中的 NH_3、Cl^- 是配位体，N、Cl 是配位原子。

在形成配合物时，由配位原子提供孤对电子与中心离子（或原子）形成配位键。因此，配位原子是孤对电子的直接给予者。常见的配位原子有 N、O、S 等。常见的配位体有 NH_3、H_2O、Cl^-、I^-、CN^-、SCN^- 等。

3. 配位数

在配合物中，配位原子的个数，叫做该中心离子的配位数。如 $[Cu(NH_3)_4]^{2+}$ 的配位数为 4，$[CoCl_2(NH_3)_4]^+$ 的配位数为 6。

目前已知，配位数有 2,3,4,…,12。最常见的是 2,4,6。每一种金属离子都有其特征的配位数，一些离子的常见配位数见表 10-1。

表 10-1 一些离子的常见配位数

配位数	金属阳离子
2	Ag^+、Cu^+、Au^+
4	Cu^{2+}、Zn^{2+}、Hg^{2+}、Ni^{2+}、Co^{2+}、Pt^{2+}
6	Fe^{2+}、Fe^{3+}、Co^{2+}、Co^{3+}、Cr^{3+}、Al^{3+}、Ca^{2+}

4. 配离子的电荷

配离子的电荷数是中心离子的电荷数和配位体电荷数的代数和。例如：

$$[Cu(NH_3)_4]^{2+} \text{配离子的电荷数}=(+2)+0\times4=+2$$

$$[CoCl_2(NH_3)_4]^{+} \text{配离子的电荷数}=(+3)+(-1)\times2+0\times4=+1$$

由于整个配合物是电中性的，因此，也可从配合物外界离子的电荷来确定配位离子的电荷。这种方法对于有变价的中心离子所形成的配离子电荷的推算更为方便。

三、配合物的命名

配合物的命名主要是遵循系统命名法。系统命名法包括两部分：内界（配离子）与外界。内界的命名是关键，其顺序是：

配位体数（用一、二、三……表示）→配位体名称→“合”→中心离子（或原子）名称→中心离子化合价［用（Ⅰ）、（Ⅱ）、（Ⅲ）等罗马数字表示］→“离子”。例如：

$[Cu(NH_3)_4]^{2+}$　四氨合铜（Ⅱ）离子（俗称铜氨配离子）

$[Ag(NH_3)_2]^+$　二氨合银（Ⅰ）离子（俗称银氨配离子）

$[Al(OH)_4]^-$　四羟基合铝（Ⅲ）离子

$[Fe(CN)_6]^{3-}$　六氰合铁（Ⅲ）离子（俗称铁氰根配离子）

$[Fe(CN)_6]^{4-}$　六氰合铁（Ⅱ）离子（俗称亚铁氰根配离子）

配分子是电中性，命名时不必写“离子”二字。例如：

$[Ni(CO)_4]$ 四羰基合镍

配合物按组成特征不同也有“酸”“碱”“盐”之分。其命名方法遵循一般无机化合物的命名原则，如表 10-2 所示。

表 10-2 配合物的命名原则

配合物	命名	配合物的组成特征
配位酸	某酸	内界为配阴离子，外界为氢离子
配位碱	氢氧化某	内界为配阳离子，外界为氢氧根
配位盐	某化某	内界为配阳离子，酸根为简单离子
	某酸某	酸根为复杂离子或配离子

如 $H_2[PtCl_6]$ 命名为六氯合铂（Ⅳ）酸；$[Zn(NH_3)_4](OH)_2$ 命名为氢氧化四氨合锌（Ⅱ）；$[Ag(NH_3)_2]Cl$ 命名为氯化二氨合银（Ⅰ）。

有的配合物至今还沿用一些历史流传下来的习惯命名和俗名，如 $K_4[Fe(CN)_6]$ 命名为六氰合铁（Ⅱ）酸钾，习惯叫亚铁氰化钾，俗名黄血盐；$K_3[Fe(CN)_6]$ 命名为六氰合铁（Ⅲ）酸钾，习惯叫铁氰化钾，俗名赤血盐。

思考题

金属离子形成配离子后，有哪些改变？

*四、螯合物

只含一个配位原子的配体称为单齿配体，如 X^-（卤素离子），OH^-，SCN^-，CN^- 等。由单齿配体与中心离子直接配位形成的配合物，称为简单配合物。例如，$[Cu(NH_3)_4]SO_4$，$H_2[SiF_6]$、$[Ni(CO_4)]$。含两个或两个以上配位原子的配体称为多齿配体，如二乙胺 $NH_2CH_2CH_2NH_2$(en)、草酸根 $C_2O_4^{2-}$ 均为双齿配体，乙二胺四乙酸（EDTA）为六齿配体。中心离子与多齿配体形成的具有环状结构的配合物，称为螯合物，螯合即成环之意，又称内配合物。例如，Ni^{2+} 可与两分子乙二胺形成具有 2 个五元环（即五个原子参与成环）的配合物 $[Ni(en)_2]^{2+}$。

$$Ni^{2+} + 2\begin{array}{l}CH_2-NH_2\\ |\\ CH_2-NH_2\end{array} = \left[\begin{array}{ccccc} & H_2N & & H_2N & \\ CH_2 & & \searrow\ \ \swarrow & & CH_2 \\ | & & Ni & & | \\ CH_2 & & \nearrow\ \ \nwarrow & & CH_2 \\ & NH_2 & & NH_2 & \end{array}\right]^{2+}$$

环状结构是螯合物最基本的特征，理论和实践均证明具有五元环或六元环的螯合物最稳定，而且环数越多，螯合物越稳定，这种由于成环作用导致配合物稳定性剧增的现象称为螯合效应。

能和中心离子形成螯合物的多齿配位体称为螯合剂，相应的反应称为螯合反应。根据螯合物的特征，螯合剂中的 2 个配位原子之间要间隔 2～3 个原子，而像联氨（NH_2NH_2）这样的配位体，尽管也有两个配位原子，但因距离较近，在与同一中心离子配位时，因分子张力太大，不能成环形成螯合物。

极少数的无机物也有螯合能力，如三聚磷酸钠能与 Ca^{2+}、Mg^{2+}、Fe^{2+} 等形成稳定的螯合物，因此，常用做锅炉用水的除垢剂，也是汽车水箱内壁高效快速除垢剂的主要成分。由于 Na_3PO_4 能与钢铁反应生成磷酸铁保护膜，因而对锅炉等金属材料又有一定的防腐作用。

螯合物的环状结构决定其具有特殊的性质。螯合物的稳定性极强，难以解离，许多螯合物不易溶于水，而易溶于有机溶剂，且多具有特征颜色，因此被广泛应用于金属离子的溶剂萃取分离、提纯及比色测定、容量分析等方面。

第二节 配合物的应用

自然界中的大多数化合物是以配合物的形式存在的。目前，配位化学已经渗透到自然科学的多个领域，配合物在生产、科研、和生活中的应用也越来越广泛。在此，我们只做简单的介绍。

一、配合物在工业上的应用

1. 冶金工业方面

配合物在冶金方面的主要应用是湿法冶金。这种方法是使用配位剂把金属从矿石中浸取出来，然后再用适当的还原剂还原成金属。它比火法冶金经济、方便，广泛用于矿石中提取稀有金属和有色金属。例如，在一般情况下，黄金是不能被空气氧化的，但将 Au 浸入 NaCN 溶液中，并通入空气，能发生如下反应：

$$4Au+8CN^- +2H_2O+O_2 \longrightarrow 4[Au(CN)_2]^- +4OH^-$$

利用此法，可以从含金量很低的矿石中将金几乎全部“浸出”，再加 Zn 于浸出液中，即可得单质金。

$$Zn+2[Au(CN)_2]^- \longrightarrow 2Au+[Zn(CN)_4]^{2-}$$

利用这一原理，用浓盐酸处理电解铜的阳极泥，使其中的 Au、Pt 等贵金属能形成配合物而得以充分的回收。

2. 电镀工业方面

许多金属制件，经常使用电镀法镀上一层既耐腐蚀又美观的锌、铜、镍、铬、银等金属。为使金属镀层均匀、光亮、致密，往往需要降低镀层金属离子的浓度，延长放电时间，使镀层金属在镀件上缓慢的析出。为此，生产中经常采用的方法是，向电镀液中加入某种配位剂，使镀层金属离子形成配合物。因为在配合物溶液中，简单金属离子的浓度低，金属在镀件上析出速率慢，从而可得到晶粒小、光滑、细致、牢固的镀层。例如，镀 Ag、Cu 时，在电镀液中加入 NaCN，可形成 $[Ag(CN)_2]^-$ 和 $[Cu(CN)_4]^{2-}$，并存在下列平衡：

$$[Ag(CN)_2]^- \rightleftharpoons Ag^+ + 2CN^-$$

$$[Cu(CN)_4]^{2-} \rightleftharpoons Cu^{2+} + 4CN^-$$

CN^- 的配合能力强，镀层质量好，但 NaCN 剧毒，严重污染环境。现在提倡无氰电镀，已收到满意的效果。

二、配合物在生物化学中的应用

配合物在生物化学中具有广泛和重要的作用。生物体中的许多金属元素都是以配合物的形式存在的，在植物生长中起光合作用的叶绿素是镁的配合物；能够固定空气中 N_2 的植物固氮酶，实际上是铁钼蛋白，它能在常温、常压下将空气中的 N_2 转化为 NH_3 等，为植物直接吸收；在人体生理过程中起重要作用的各种酶也都是配合物。例如，人体中的血红素就是典型的金属配合物。氧以血红蛋白配合物的形式，被红细胞吸收，并担任输送氧的任务。某些分子或阴离子，如 CO 和 CN^- 等，能与血红蛋白形成比氧合血红蛋白更为稳定的配合物，使血红蛋白中断送氧，造成组织缺氧而中毒。这就是煤气（含 CO）及氰化物（含 CN^-）中毒的基本原理。

随着配位化学研究的不断发展和深入，配合物将在人类的生产和生活中起到更加重要的作用。

思考题

配合物中配离子是带电荷的，是不是说明配离子中的中心离子或配位体也一定带有电荷？为什么？

中国配位化学的奠基人——戴安邦

戴安邦先生（1901－1999）是我国著名的无机化学家，化学教育家，配位化学的开拓者和奠基者，是中国化学会和《化学》杂志（《化学通报》前身）的创始人之一，担任《化学》杂志的总编辑兼总经理达 17 年之久，1938 年担任金陵大学化学研究所主任 、化学系主任，新中国成立后任南京大学化学系主任，先后兼任南京大学络合物研究室主任、配位化学研究所所长，并负责创建南京大学配位化学国家重点实验室。他 1980 年当选为中国科学院学部委员（院士）。

戴安邦先生在国内开拓配位化学研究领域，建立配位化学研究所和配位化学国家重点实验室，培养了众多配位化学人才。他治学严谨。“勤学习、深思考、自强不息”是他的治学格言；“立身首先是品德，人生价值在奉献”是他的为人准则；“解决实际问题，推动科学发展”，是他的科研思想。他为我国配位化学的发展奉献了一生。

本章小结

一、配位化合物的基本概念

1. 配合物的定义　含有配离子的化合物称为配位化合物，简称配合物。

配离子或配分子：由阳离子（或原子）和一定数目的中性分子或阳离子以配位键结合形成的能稳定存在的复杂离子或分子，叫做配离子或配分子。配离子有配阳离子和配阴离子。

2. 配合物的组成　配合物一般由内界和外界组成。内界是配合物的特征部分，它是由中心离子（或原子）和配位体组成的配离子（或配分子）。配分子只有内界，没有外界。

中心离子（或原子）　配合物的形成体。

配位体（简称配体）　配离子内与中心离子结合的负离子或中性分子。

配位原子　配位体中直接与中心离子（或原子）结合的原子。

配位数　配合物中配位原子的个数。

3. 配合物的命名　关键是配离子的命名。配合物的命名也有“酸”“碱”“盐”之分。

4. 螯合物　螯合物是指中心离子与多齿配体形成的具有环状结构的配合物，环状结构是螯合物最基本的特征。

二、配合物的应用

配合物的应用在工业生产、科学技术等方面都有着广泛的应用。

思考与练习

一、填空题

1. 配合物通常由__________和__________以离子键结合而成。__________能在晶体和水溶液中稳定存在。配离子由__________和__________组成，有配________离子和配________离子。

2. 配离子的电荷等于____________________。

3. 在 $AgNO_3$ 溶液中加入 NaCl 溶液，产生__________沉淀，反应的离子方程式为____________________。静置片刻，弃去上层清液，在沉淀中加入过量氨水，沉淀溶解，生成了__________，反应的离子方程式为____________________。

4. 在配离子中与中心离子直接结合的__________数目叫__________的配位数。

5. 填充下表

化学式	名称	中心离子	配位体	配位原子	配位数
$[Ag(NH_3)_2]NO_3$					
$[CoCl_2(H_2O)_4]Cl$					
$[Fe(CO)_5]$					
$[Al(OH)]^-$					
$[Cr(NH_3)_6]Cl_3$					
$Na_2[SiF_6]$					

二、写出下列配合物（或配离子）的化学式

1. 硫酸四氨合铜（Ⅱ）

2. 一氯·五水合铬（Ⅱ）离子

3. 氯化二氯·三氨·一水合钴（Ⅲ）

4. 二（硫代硫酸根）合银（Ⅰ）酸钠

5. 四氯合汞（Ⅱ）酸钾

三、简答题

1. 硝酸银能从 $Pt(NH_3)_6Cl_4$ 溶液中将所有的氯沉淀为氯化银，但在 $Pt(NH_3)_4Cl_4$ 溶液中仅能沉淀 1/2 的氯。试根据这个事实，推测这两种配合物的内界、外界的结合方式。

2. 配合物中配离子的电荷可用哪两种方法确定其值？试举例说明。

3. 下列化合物中哪些是配合物？哪些是复盐？并列表说明配合物的中心离子、配离子、配位体、配位数和外界离子。

（1）K_2PtCl_6　　（2）$Co(NH_3)_6Cl_3$　　（3）$KCl \cdot MgCl_2 \cdot 6H_2O$

（4）$Zn(NH_3)_4SO_4$　　（5）$(NH_3)_2SO_4 \cdot FeSO_4 \cdot 6H_2O$

第十章思考与练习参考答案

在线互测

学生实验

实验一　配制一定物质的量浓度的溶液

一、实验目的

1. 学会配制一定物质的量浓度溶液的方法。

2. 初步学会电子天平和量筒的使用。

3. 初步学会浓硫酸稀释的操作方法。

二、实验仪器和药品

1. 实验仪器

电子天平、量筒（10mL 50mL）、容量瓶（250mL）、烧杯、滴管、药匙。

2. 实验药品

固体氢氧化钠、浓硫酸、蒸馏水。

三、实验内容和步骤

1. 配制 100mL 2mol/L 的氢氧化钠溶液

（1）计算溶质的量　计算配制 100mL 2mol/L 的氢氧化钠溶液所需氢氧化钠的质量。

（2）称量氢氧化钠　取一个 100mL 干燥而洁净的烧杯，用托盘天平先称量一下烧杯的质量，然后将氢氧化钠放入烧杯（见实验图-1），再称出它们的总质量。从总质量减去烧杯的质量便等于所需的氢氧化钠质量。

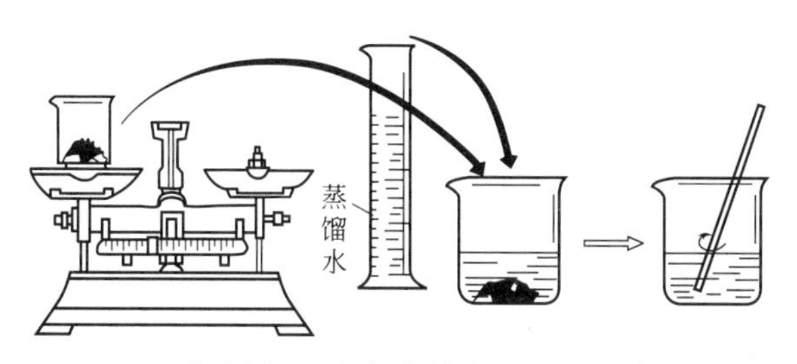

实验图-1　氢氧化钠溶液的配制

（3）配制溶液　用量筒量取 100mL 蒸馏水，缓慢地倒入上述烧杯中，用玻璃棒搅拌使其溶解并冷却。即得到 2mol/L 的氢氧化钠溶液，贴好标签。

2. 配制 100mL 2mol/L 的硫酸溶液

(1) 计算溶质的量　根据浓硫酸密度（1.84g/mL）和溶质的质量分数（98%），计算配制 100mL 2mol/L 的硫酸所需浓硫酸的体积。

(2) 量取　用量筒量取所需体积的浓硫酸待用。用另一支量筒量取 100mL 的蒸馏水倒入一干燥而洁净的烧杯中。

(3) 稀释　将上述量取的浓硫酸慢慢地沿烧杯内壁倒入盛有蒸馏水的烧杯中（切记不能将水倒入浓硫酸中），边倒边搅拌。冷却，静置，即得到 100mL 2mol/L 的硫酸溶液，贴好标签。

老师检查完毕后，将上面配成的溶液倒入指定的容器里。

四、问题和讨论

1. 称量氢氧化钠为什么要用烧杯?

2. 稀释浓硫酸应注意哪些方面?

实验二　钠、镁及其化合物的性质

一、实验目的

1. 了解钠、镁单质的性质。

2. 了解钠、镁化合物的性质。

3. 学会焰色反应的操作方法。

二、实验仪器和药品

1. 实验仪器

烧杯、试管、硬质试管、镊子、玻璃片、小刀、坩埚、砂纸、铁架台、带塞直角玻璃导管、酒精灯、铂丝、钴玻璃、火柴、木条、药匙、胶头滴管、试管架。

2. 实验药品

金属钠、碳酸氢钠（固体）、酚酞、石灰水、镁条、$MgCl_2$（0.5mol/L）、Na_2CO_3（0.5mol/L）、Na_2SO_4（0.5mol/L）、NaCl（0.5mol/L）、KCl（0.5mol/L）、$CaCl_2$（0.5mol/L）、$SrCl_2$（0.5mol/L）、$BaCl_2$（0.5mol/L）、HCl(2mol/L)、浓硝酸、浓盐酸。

三、实验内容

1. 钠的性质

(1) 用镊子从煤油中夹取一小块金属钠，用滤纸吸干其表面的煤油，用小刀切开，观察新断面的颜色，并观察新断面颜色的变化。写出反应方程式。

除去金属钠表面的氧化层，立即放入坩埚中加热。当钠开始燃烧时，停止加热。观察反应情况和产物的颜色、状态，写出反应方程式。产物保留供后续实验用。

(2) 取绿豆大小的金属钠用滤纸吸干表面的煤油，放入盛有水的小烧杯中（事先滴入一滴酚酞)，观察现象。写出反应方程式。

2. 过氧化钠的性质

将实验步骤（1）中的反应产物转入干燥的试管中，加入少量水（反应放热，需将试管放在冷水中)。并用带有火星的木条检验产生的气体，该气体是什么物质？以酚酞检验水溶液是否呈碱性。写出反应方程式。

3. 碳酸氢钠的性质

在一个干燥的硬质试管里放入碳酸氢钠粉末，大约占试管体积的 1/6，试管口用带有导管的塞子塞紧，把试管用铁夹固定在铁架台上（铁夹应夹在试管口约 1/3 处)，使试管口略微向下倾斜，导管的一端浸在石灰水里（见实验图-2)。

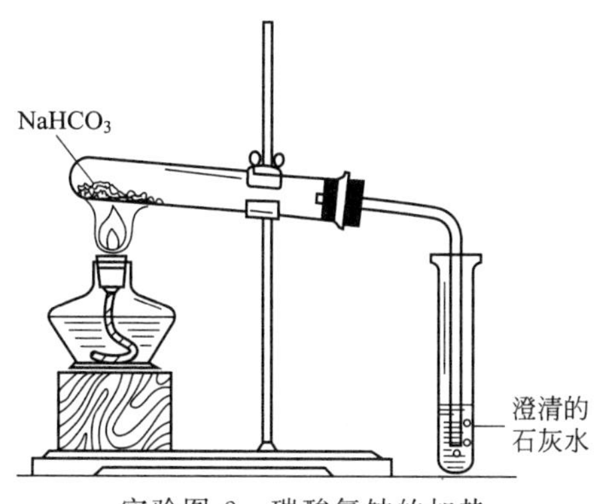

实验图-2　碳酸氢钠的加热

加热碳酸氢钠，观察到了什么现象？为什么？写出化学方程式。当产生的气泡已经很少时先提高试管，使导管口露出石灰水面，移去装有石灰水的试管，再把酒精灯熄灭。为什么要这样操作？

4. 镁的性质

(1) 取一小段镁条，用砂纸擦去表面的氧化膜，点燃，观察燃烧的情况和产物的颜色、状态。将产物收集于试管中，试验其在水中和在 2mol/L HCl 溶液中的溶解性。写出有关反应方程式。

(2) 取一小段镁条，用砂纸擦去表面的氧化膜，放入试管中，加入少量冷水，观察反应情况。然后将试管加热，观察镁条在沸水中的反应情况。写出反应方程式。

5. 镁难溶盐的生成和性质

取两支试管，分别加入 0.5mL 0.5mol/L $MgCl_2$ 溶液，在各加入 0.5mL 0.5mol/L Na_2CO_3 溶液和 0.5mL 0.5mol/L Na_2SO_4 溶液，观察产物颜色和状态。然后在两支试管中逐滴滴入浓硝酸，观察现象。写出反应方程式。

6. 焰色反应

取一根顶端弯成小圈的铂丝（或镍丝)，蘸以浓盐酸，在酒精灯上灼烧至无色；再分别蘸 0.5mol/L NaCl、0.5mol/L KCl、0.5mol/L $CaCl_2$、0.5mol/L $SrCl_2$ 和 0.5mol/L $BaCl_2$

溶液，放在氧化焰中灼烧。观察、比较它们的焰色有何不同。观察钾盐火焰时，应该透过钴玻璃观察。注意，每做完一个试样，都要用浓盐酸清洗铂丝，并在火焰上灼烧至无色。

四、问题和讨论

1. 钠不慎失火，应如何扑灭？

2. 加热装有碳酸氢钠的试管，为什么试管口略向下倾斜？

实验三　卤素及其化合物的性质

一、实验目的

1. 了解卤素单质的溶解性。

2. 了解卤素单质间的置换反应，比较卤素单质的氧化性和卤离子的还原性。

3. 掌握氯的含氧酸及其盐的氧化性。

4. 掌握卤离子的鉴定。

二、实验仪器和药品

1. 实验仪器

试管、试管架、胶头滴管。

2. 实验药品

KBr(0.1mol/L)、KI（0.1mol/L，新制)、NaOH(2mol/L)、HCl(2mol/L)、H_2SO_4(0.1mol/L、2mol/L、3mol/L)、$KClO_3$(饱和溶液)、NaCl(0.1mol/L)、$AgNO_3$(0.1mol/L)、HNO_3(3mol/L)、氯水(新制)、溴水、碘水、CCl_4、淀粉试液（新制)、pH 试纸、淀粉-KI 试纸、品红溶液。

三、实验内容

1. Cl_2、Br_2、I_2 的溶解性

(1) 取三支试管加入分别加入 2mL 新制氯水、溴水、碘水，观察三支试管中溶液的颜色。

(2) 在上述三支试管中，各加入 10 滴 CCl_4，振荡试管，静置分层后观察试管中水相、CCl_4 相的颜色。

2. 卤素间的置换反应

(1) 在试管中加入 1mL 0.1mol/L KBr 溶液和 5 滴 CCl_4，然后滴加氯水，边滴加边振荡。观察 CCl_4 层的颜色。写出反应方程式。

(2) 在试管中加入 1mL 0.1mol/L KI 溶液和 5 滴 CCl_4，然后滴加氯水，边滴加边振荡。观察 CCl_4 层的颜色。写出反应方程式。

(3) 在试管中加入 1mL 0.1mol/L KI 溶液和 1～2 滴淀粉溶液，然后滴加溴水，边滴加边振荡。观察溶液的颜色。写出反应方程式。

根据以上结果，说明卤素的置换次序，并卤素单质的氧化性和卤离子的还原性。

3. 氯的含氧酸及其盐的氧化性

(1) 次氯酸及其次氯酸盐的氧化性　取 3mL 新制氯水，加入 2mol/L NaOH 溶液至溶液呈碱性（用 pH 试纸检验），将反应后的溶液分为两份。

在第一支试管中滴加 2mol/L HCl，用 KI-淀粉试纸检验放出的气体。

在第二支试管中逐滴加入品红溶液，观察品红是否褪色。

(2) 在试管中加入 1mL 饱和 $KClO_3$ 溶液，滴加 0.1mol/L KI 溶液，观察有无现象发生。再加入 3～5 滴 3mol/L H_2SO_4，观察现象。最后加入 3 滴淀粉溶液，根据实验现象，确定反应产物。写出反应方程式。

4. 卤离子的检验

(1) 在试管中加入 1mL 0.1mol/L NaCl 溶液，滴加 2 滴 0.1mol/L $AgNO_3$ 溶液，观察沉淀滴颜色。继续滴加 5 滴 3mol/L HNO_3 溶液，振荡试管，观察沉淀是否溶解。写出反应方程式。

(2) 在试管中加入 1mL 0.1mol/L KBr 溶液，滴加 2 滴 0.1mol/L $AgNO_3$ 溶液，观察沉淀滴颜色。继续滴加 5 滴 3mol/L HNO_3 溶液，振荡试管，观察沉淀是否溶解。写出反应方程式。

(3) 在试管中加入 1mL 0.1mol/L KI 溶液，滴加 2 滴 0.1mol/L $AgNO_3$ 溶液，观察沉淀滴颜色。继续滴加 5 滴 3mol/L HNO_3 溶液，振荡试管，观察沉淀是否溶解。写出反应方程式。

四、问题和讨论

1. 卤素单质的氧化性和卤离子的还原性有什么递变规律?

2. 在饱和 $KClO_3$ 溶液中，加入浓盐酸，应有什么现象? 如何检验反应产物?

3. 有 NaCl、$CaBr_2$、KI 三种固体，如何区别?

实验四　氧、硫、氮化合物的性质

一、实验目的

1. 掌握 H_2O_2 的不稳定性、氧化性、还原性。

2. 了解氢硫酸的性质和金属硫化物的溶解性。

3. 掌握硫酸的特性。

4. 了解 NH_3 的实验室制备方法和性质。

5. 掌握硝酸的主要性质。

二、实验仪器和药品

1. 实验仪器

带塞直角玻璃导管、大试管、坩埚、电子天平、离心机、小号胶塞、铁架台、酒精灯、小木条、试管夹、火柴、大烧杯。

2. 实验药品

溴水、H_2S 饱和水溶液、硫酸（浓，2mol/L）、$NH_3 \cdot H_2O$（浓）、H_2O_2（3%）、KI（0.1mol/L）、$KMnO_4$（0.01mol/L）、NaCl（0.1mol/L）、$ZnSO_4$（0.1mol/L）、$FeSO_4$（0.1mol/L）、$MnSO_4$（0.1mol/L）、$CuSO_4$（0.1mol/L）、HNO_3（3mol/L、浓）、HCl（6mol/L，浓）、$Ca(OH)_2$（固体）、NH_4Cl（固体）、MnO_2 粉末、铜片、蓝色石蕊试纸、pH 试纸、淀粉溶液（新制）。

三、实验内容

1. H_2O_2 的不稳定性

在试管中加入 1mL 3% H_2O_2 溶液，观察是否有气泡产生。再向试管中加入少量 MnO_2 粉末。观察实验现象，并检验产生的气体是否是氧气。

2. H_2O_2 的氧化性和还原性

（1）在试管中加入 1mL 0.1mol/L KI 溶液、1mL 2mol/L H_2SO_4 溶液和 3～5 滴淀粉溶液，然后滴加 3%H_2O_2 溶液，观察溶液颜色变化。写出反应方程式。

（2）在试管中加入 1mL 2mol/L H_2SO_4 溶液和 1mL 0.01mol/L $KMnO_4$ 溶液，然后滴加 3%H_2O_2 溶液，观察溶液颜色变化。写出反应方程式。

3. 氢硫酸的性质和金属硫化物的溶解性

（1）用 pH 试纸测定饱和 H_2S 溶液的 pH。

（2）在饱和 H_2S 溶液中，滴加溴水，观察溶液颜色的变化。写出反应方程式。

（3）在五支离心试管中，分别加入 1mL 0.1mol/L 的 NaCl、$ZnSO_4$、$FeSO_4$、$MnSO_4$、$CuSO_4$ 溶液，滴加 H_2S 水溶液，在离心机上离心分离后，观察是否有沉淀以及沉淀的颜色。写出相应的方程式。

4. 浓硫酸的特性

（1）在试管中放入一小块铜片，加入 2～3mL 浓硫酸，加热，观察现象。用湿润的蓝色石蕊试纸检验试管口放出的气体。写出反应方程式。溶液冷却后用水稀释，观察溶液的颜色。

（2）在试管中加入了少量浓硫酸，投入火柴梗大小的小木条，观察现象。

5. NH_3 的制备和性质

（1）称取 3g $Ca(OH)_2$ 固体和 3g NH_4Cl 固体，研细后混合均匀，装入一支干燥的大试管中，加热。用瓶口向下排空气法收集一试管 NH_3，塞好塞子，待用。写出制备 NH_3 的反应方程式。

（2）将盛有 NH_3 的试管倒置于盛水的大烧杯中，在水下打开塞子，观察现象，并加以说明。写出反应方程式。

用手指堵住试管口，将试管从水中取出，用 pH 试纸测定其中溶液的酸碱性。

（3）在坩埚中滴几滴浓氨水，在小烧杯内壁滴入几滴浓盐酸，然后将烧杯倒扣在坩埚上，观察现象。写出反应方程式。

6. HNO_3 的性质

在试管中加入一小块铜片，加入 1mL 浓硝酸，观察产生的气体和溶液的颜色。

在试管中加入一小块铜片，加入 1mL 3mol/L 稀硝酸并加热，观察气体的颜色变化。写出铜与浓硝酸、稀硝酸的反应方程式。

四、问题和讨论

1. H_2O_2 作为氧化剂时，其还原产物是什么？H_2O_2 作为还原剂时，其氧化产物是什么？

2. 浓硫酸有哪些特性？

3. 硝酸的主要性质有哪些？

实验五　铝、铁及其化合物的性质

一、实验目的

1. 认识铝、铁单质的性质。

2. 了解铝、铁氢氧化物及其盐的性质。

3. 认识氧化膜的保护作用。

4. 了解 Fe^{3+} 的检验。

二、实验仪器和药品

1. 实验仪器

离心机、试管、试管架、试管夹、烧杯、砂纸、镊子、酒精灯。

2. 实验药品

HCl(2mol/L)、NaOH(6mol/L)、$Al_2(SO_4)_3$(0.1mol/L)、$NH_3 \cdot H_2O$(6mol/L)、$(NH_4)_2S$(0.1mol/L)、$CuSO_4$(0.5mol/L)、H_2SO_4(2mol/L)、$FeCl_3$(0.1mol/L)、$KMnO_4$(0.1mol/L)、KI(0.1mol/L)、KSCN(0.1mol/L)、$FeSO_4 \cdot 7H_2O$ 晶体、浓硝酸、淀粉溶液（新制）、铝片、铁粉、铁丝、pH 试纸。

三、实验内容

1. 铝、氢氧化铝及其铝盐的性质

(1) 铝与酸、碱、水的反应

① 取两支试管，分别加入一小块用砂纸打磨了的铝片，然后再分别加入 2mL 2mol/L HCl 和 2mL 6mol/L NaOH，观察有何现象发生，写出反应方程式。

② 取一小块铝片，用砂纸擦去其表面的氧化膜后放入试管，加入少量水，观察现象，加热后又有何现象。解释现象并写出反应方程式。

(2) 氢氧化铝的生成和性质

① $Al(OH)_3$ 的生成　在两支试管里分别加入 5mL0.1mol/L $Al_2(SO_4)_3$ 溶液，然后分

别滴加 6mol/L $NH_3 \cdot H_2O$ 和 6mol/L NaOH，振荡，观察沉淀的颜色和形状；再继续分别滴加 6mol/L $NH_3 \cdot H_2O$ 和 6mol/L NaOH，观察现象。写出反应方程式。

② $Al(OH)_3$ 的性质　将①的沉淀等分于两支离心试管中，离心分离，弃取上层清液，在一份沉淀中加入几滴 2mol/L HCl，另一份沉淀中加入 6mol/L NaOH，振荡，观察沉淀是否溶解。解释现象并写出反应方程式。

(3) 铝盐的水解

① 用 pH 试纸检验 0.1mol/L $Al_2(SO_4)_3$ 溶液的酸碱性，并解释之。

②在试管中加入 2mL 0.1mol/L $Al_2(SO_4)_3$ 溶液，再加入 3～5mL 0.1mol/L $(NH_4)_2S$ 溶液，振荡，观察现象。写出反应方程式。

2. 氧化膜的作用

在一个 50mL 烧杯中放入一块铝片，再加入适量的浓硝酸，使铝片浸没在酸液中，观察有何现象。稍等片刻，用镊子取出铝片，用水洗净铝表面的酸液。将这块铝片放入盛有 0.5mol/L $CuSO_4$ 溶液的烧杯中，浸泡一会儿，观察现象。然后又取出铝片，将铝片的一半用砂纸打磨干净，再放入 0.5mol/L $CuSO_4$ 溶液中，观察发生的现象并加以解释。

取一段纯净的铁丝代替铝片，将上面的实验再做一次。

3. 铁的氢氧化物及其铁盐的性质

(1) 铁与酸、碱、水的反应

① 在 2 支试管里各加入少量铁粉，再分别加入 2mL 2mol/L HCl 和 2mL 2mol/L H_2SO_4，振荡，观察现象。写出反应方程式。生成的 $FeSO_4$ 溶液保留待用。

② 取一支试管，加少许铁粉，在滴加 6mol/L NaOH，振荡，观察有何现象？

③ 在一支加有少量铁粉的试管中，加少许水，观察现象，加热有变化吗？

(2) 铁的氢氧化物的制备

① $Fe(OH)_2$ 的生成　在试管中加入 2mL 蒸馏水，加 1～2 滴 2mol/L H_2SO_4，酸化。煮沸片刻，然后在其中溶解几粒 $FeSO_4 \cdot 7H_2O$ 晶体。同时在另一支试管中煮沸 1mL 2mol/L NaOH，迅速加到 $FeSO_4$ 溶液的试管中去（注意：不要摇匀），观察现象。然后摇匀，静置片刻，观察沉淀颜色的变化。解释现象，并写出反应方程式。

② $Fe(OH)_3$ 的生成　取一支试管，加入 2mL 0.1mol/L $FeCl_3$ 溶液，再加数滴 2mol/L NaOH，观察沉淀的颜色和形状，写出反应方程式。

(3) 铁盐的性质

① 铁盐的水解　取一支试管，加入 1mL 0.1mol/L $FeCl_3$ 溶液，用 pH 试纸检验溶液的酸碱性。然后再将此溶液加热，观察现象，解释并写出水解方程式。

② Fe^{2+} 的还原性　将实验 3(1) 保留的 $FeSO_4$ 溶液 2mL 放入试管中，加 2 滴 2mol/L H_2SO_4 酸化，然后加入 0.1mol/L $KMnO_4$ 溶液，振荡，观察现象，并解释之，写出反应方程式。

③ Fe^{3+} 的氧化性　在试管里加入 1mL 0.1mol/L $FeCl_3$ 溶液，滴加 0.1mol/L KI 溶液，

振荡，观察现象。然后滴入一滴淀粉溶液，观察现象，解释并写出反应方程式。

4. Fe^{3+}的检验

（1）在试管中加入几滴0.1mol/L $FeCl_3$ 溶液，再加1mL水，然后滴入几滴0.1mol/L KSCN溶液，观察现象，解释并写出反应方程式。

（2）取一支试管，加入数滴0.1mol/L $FeCl_3$ 溶液和数滴2mol/L HCl，然后加入适量的铁粉，振荡稍等片刻后，再滴加几滴0.1mol/L KSCN溶液，观察现象，解释并写出反应方程式。

四、问题和讨论

1. 如何分离 Fe^{3+} 和 Al^{3+} 的混合物？

2. 用 $Al_2(SO_4)_3$ 溶液和 Na_2CO_3 溶液反应，能否得到 $Al_2(CO_3)_3$，为什么？

3. 如何通过实验证明 Fe^{2+} 的还原性和 Fe^{3+} 的氧化性。

4. 用实验说明，往 $Al_2(SO_4)_3$ 溶液里逐滴加入NaOH溶液直至过量，与往NaOH溶液里逐滴加入 $Al_2(SO_4)_3$ 溶液直至过量，这两种过程的现象是否相同？为什么？

附　　录

一、国际单位制（SI）

量的名称	单位名称	单位符号	量的名称	单位名称	单位符号
长度	米	m	热力学温度	开[尔文]	K
质量	千克或公斤	kg	物质的量	摩[尔]	mol
时间	秒	s	发光强度	坎[德拉]	Cd
电流	安[培]	A			

二、常见弱酸、弱碱的电离常数（25℃）

弱电解质	化学式	电离常数	弱电解质	化学式	电离常数
次氯酸	HClO	3.2×10^{-8}	甲酸	HCOOH	1.77×10^{-4}
氢氰酸	HCN	6.2×10^{-10}	乙酸	CH_3COOH	1.8×10^{-5}
氢氟酸	HF	6.6×10^{-4}	草酸	$(COOH)_2$	$K_{a_1}=5.4\times10^{-2}$
碳酸	H_2CO_3	$K_{a_1}=4.2\times10^{-7}$			$K_{a_2}=5.4\times10^{-5}$
		$K_{a_2}=5.61\times10^{-11}$	氯乙酸	$ClCH_2COOH$	1.40×10^{-3}
氢硫酸	H_2S	$K_{a_1}=5.70\times10^{-8}$	苯甲酸	C_6H_5COOH	6.46×10^{-5}
		$K_{a_2}=7.10\times10^{-15}$	氨水	$NH_3\cdot H_2O$	1.8×10^{-5}
亚硫酸	H_2SO_3	$K_{a_1}=1.26\times10^{-2}$	羟胺	NH_2OH	9.12×10^{-9}
		$K_{a_2}=6.3\times10^{-8}$	苯胺	$C_6H_5NH_2$	4.27×10^{-10}

三、酸、碱、盐溶解性表

阳离子＼阴离子	OH^-	NO_3^-	Cl^-	SO_4^{2-}	S^{2-}	SO_3^{2-}	CO_3^{2-}	SiO_3^{2-}	PO_4^{3-}
H^+		溶、挥	溶、挥	溶	溶、挥	溶、挥	溶、挥	微	溶
NH_4^+	溶、挥	溶	溶	溶	溶	溶	溶	溶	溶
K^+	溶	溶	溶	溶	溶	溶	溶	溶	溶
Na^+	溶	溶	溶	溶	溶	溶	溶	溶	溶
Ba^{2+}	溶	溶	溶	不	—	不	不	不	不
Ca^{2+}	微	溶	溶	微	—	不	不	不	不

续表

阳离子 \ 阴离子	OH^-	NO_3^-	Cl^-	SO_4^{2-}	S^{2-}	SO_3^{2-}	CO_3^{2-}	SiO_3^{2-}	PO_4^{3-}
Mg^{2+}	不	溶	溶	溶	—	微	微	不	不
Al^{3+}	不	溶	溶	溶	—	—	—	不	不
Mn^{2+}	不	溶	溶	溶	不	不	不	不	不
Zn^{2+}	不	溶	溶	溶	不	不	不	不	不
Cr^{3+}	不	溶	溶	溶	—	—	—	不	不
Fe^{2+}	不	溶	溶	溶	不	不	不	不	不
Fe^{3+}	不	溶	溶	溶	—	—	不	不	不
Sn^{2+}	不	溶	溶	溶	不	—	—	—	不
Pb^{2+}	不	溶	微	不	不	不	不	不	不
Bi^{3+}	不	溶	—	溶	不	不	不	—	不
Cu^{2+}	不	溶	溶	溶	不	不	不	不	不
Hg^{+}	—	溶	不	微	不	不	不	—	不
Hg^{2+}	—	溶	溶	溶	不	不	不	—	不
Ag^{+}	—	溶	不	微	不	不	不	不	不

注：“溶”表示那种物质可溶于水，“不”表示不溶于水，“微”表示微溶于水，“挥”表示具有挥发性，“—”表示那种物质不存在或遇到水就分解。

参考文献

［1］ 武汉大学，吉林大学等校编．无机化学．3版．北京：高等教育出版社，1994.

［2］ 傅献彩主编．大学化学．北京：高等教育出版社，1999.

［3］ 高职高专化学教材编写组编．无机化学．5版．北京：高等教育出版社，2019.

［4］ 旷英姿主编．化学基础．2版．北京：化学工业出版社，2008.

［5］ 武汉大学，吉林大学等校编．无机化学：上册，下册．2版．北京：高校教育出版社，1998.

［6］ 大连理工大学无机化学教研室编．无机化学．4版．北京：高校教育出版社，2004.

［7］ 北京师范大学，华中师范大学，南京师范大学无机化学教研室编．无机化学：上册，下册．4版．北京：高等教育出版社，2003.

［8］ 董敬芳主编．无机化学．4版．北京：化学工业出版社，2007.

［9］ 人民教育出版社化学室编．化学：第1册，第2册，第3册．2版．北京：人民教育出版社，2003.

［10］ 赵燕主编．无机化学．北京：化学工业出版社，2002.

［11］ 戴大模主编．实用化学基础．上海：华东师范大学出版，2002.

［12］ 王宝仁主编．无机化学．3版．北京：化学工业出版社，2018.

［13］ 王秀芳主编．无机化学．2版．北京：化学工业出版社，2005.

［14］ 刘同卷主编．化学．北京：化学工业出版社，2001.

［15］ 人民教育出版社化学室，课程教材研究所，化学课程教材研究开发中心编．普通高中课程标准实验教科书．化学．北京：人民教育出版社，2007.

元素周期表

IUPAC 2013

95 Am 镅▲ $5f^77s^2$ 243.06138(2)✦	说明
+2 +3 +4 +5 +6	氧化态(单质的氧化态为0，未列入；常见的为红色)
95	原子序数
Am	元素符号(红色的为放射性元素)
镅▲	元素名称(注▲的为人造元素)
$5f^77s^2$	价层电子构型
243.06138(2)✦	以 $^{12}C=12$ 为基准的原子量(注✦的是半衰期最长同位素的原子量)

s区元素　p区元素　d区元素　ds区元素　f区元素　稀有气体

族 周期	1 ⅠA	2 ⅡA	3 ⅢB	4 ⅣB	5 ⅤB	6 ⅥB	7 ⅦB	8 Ⅷ B(Ⅷ)	9 Ⅷ B(Ⅷ)	10 Ⅷ B(Ⅷ)	11 ⅠB	12 ⅡB	13 ⅢA	14 ⅣA	15 ⅤA	16 ⅥA	17 ⅦA	18 ⅧA(0)	电子层
1	−1 +1 1 H 氢 $1s^1$ 1.008																	2 He 氦 $1s^2$ 4.002602(2)	K
2	+1 3 Li 锂 $2s^1$ 6.94	+2 4 Be 铍 $2s^2$ 9.0121831(5)											+3 5 B 硼 $2s^22p^1$ 10.81	−4 +2 +4 6 C 碳 $2s^22p^2$ 12.011	−3 −2 −1 +1 +2 +3 +4 +5 7 N 氮 $2s^22p^3$ 14.007	−2 −1 8 O 氧 $2s^22p^4$ 15.999	−1 9 F 氟 $2s^22p^5$ 18.998403163(6)	10 Ne 氖 $2s^22p^6$ 20.1797(6)	L K
3	−1 +1 11 Na 钠 $3s^1$ 22.98976928(2)	+2 12 Mg 镁 $3s^2$ 24.305											+3 13 Al 铝 $3s^23p^1$ 26.9815385(7)	−4 +2 +4 14 Si 硅 $3s^23p^2$ 28.085	−3 +1 +3 +5 15 P 磷 $3s^23p^3$ 30.973761998(5)	−2 +2 +4 +6 16 S 硫 $3s^23p^4$ 32.06	−1 +1 +3 +5 +7 17 Cl 氯 $3s^23p^5$ 35.45	18 Ar 氩 $3s^23p^6$ 39.948(1)	M L K
4	−1 +1 19 K 钾 $4s^1$ 39.0983(1)	+2 20 Ca 钙 $4s^2$ 40.078(4)	+3 21 Sc 钪 $3d^14s^2$ 44.955908(5)	−1 0 +2 +3 +4 22 Ti 钛 $3d^24s^2$ 47.867(1)	0 +1 +2 +3 +4 +5 23 V 钒 $3d^34s^2$ 50.9415(1)	−3 0 +1 +2 +3 +4 +5 +6 24 Cr 铬 $3d^54s^1$ 51.9961(6)	−2 0 +1 +2 +3 +4 +5 +6 +7 25 Mn 锰 $3d^54s^2$ 54.938044(3)	−2 0 +1 +2 +3 +4 +5 +6 26 Fe 铁 $3d^64s^2$ 55.845(2)	0 +1 +2 +3 +4 +5 27 Co 钴 $3d^74s^2$ 58.933194(4)	0 +1 +2 +3 +4 28 Ni 镍 $3d^84s^2$ 58.6934(4)	+1 +2 +3 +4 29 Cu 铜 $3d^{10}4s^1$ 63.546(3)	+1 +2 30 Zn 锌 $3d^{10}4s^2$ 65.38(2)	+1 +3 31 Ga 镓 $4s^24p^1$ 69.723(1)	+2 +4 32 Ge 锗 $4s^24p^2$ 72.630(8)	−3 +3 +5 33 As 砷 $4s^24p^3$ 74.921595(6)	−2 +2 +4 +6 34 Se 硒 $4s^24p^4$ 78.971(8)	−1 +1 +3 +5 +7 35 Br 溴 $4s^24p^5$ 79.904	+2 +4 36 Kr 氪 $4s^24p^6$ 83.798(2)	N M L K
5	−1 +1 37 Rb 铷 $5s^1$ 85.4678(3)	+2 38 Sr 锶 $5s^2$ 87.62(1)	+3 39 Y 钇 $4d^15s^2$ 88.90584(2)	+1 +2 +3 +4 40 Zr 锆 $4d^25s^2$ 91.224(2)	0 +1 +2 +3 +4 +5 41 Nb 铌 $4d^45s^1$ 92.90637(2)	0 +1 +2 +3 +4 +5 +6 42 Mo 钼 $4d^55s^1$ 95.95(1)	0 +1 +2 +3 +4 +5 +6 +7 43 Tc 锝▲ $4d^55s^2$ 97.90721(3)✦	0 +1 +2 +3 +4 +5 +6 +7 +8 44 Ru 钌 $4d^75s^1$ 101.07(2)	0 +1 +2 +3 +4 +5 +6 45 Rh 铑 $4d^85s^1$ 102.90550(2)	0 +1 +2 +3 +4 46 Pd 钯 $4d^{10}$ 106.42(1)	+1 +2 +3 47 Ag 银 $4d^{10}5s^1$ 107.8682(2)	+1 +2 48 Cd 镉 $4d^{10}5s^2$ 112.414(4)	+1 +3 49 In 铟 $5s^25p^1$ 114.818(1)	+2 +4 50 Sn 锡 $5s^25p^2$ 118.710(7)	−3 +3 +5 51 Sb 锑 $5s^25p^3$ 121.760(1)	−2 +2 +4 +6 52 Te 碲 $5s^25p^4$ 127.60(3)	−1 +1 +3 +5 +7 53 I 碘 $5s^25p^5$ 126.90447(3)	+2 +4 +6 +8 54 Xe 氙 $5s^25p^6$ 131.293(6)	O N M L K
6	−1 +1 55 Cs 铯 $6s^1$ 132.90545196(6)	+2 56 Ba 钡 $6s^2$ 137.327(7)	57~71 La~Lu 镧系	+1 +2 +3 +4 72 Hf 铪 $5d^26s^2$ 178.49(2)	0 +1 +2 +3 +4 +5 73 Ta 钽 $5d^36s^2$ 180.94788(2)	0 +1 +2 +3 +4 +5 +6 74 W 钨 $5d^46s^2$ 183.84(1)	0 +1 +2 +3 +4 +5 +6 +7 75 Re 铼 $5d^56s^2$ 186.207(1)	0 +1 +2 +3 +4 +5 +6 +7 +8 76 Os 锇 $5d^66s^2$ 190.23(3)	0 +1 +2 +3 +4 +5 +6 77 Ir 铱 $5d^76s^2$ 192.217(3)	0 +2 +3 +4 +5 +6 78 Pt 铂 $5d^96s^1$ 195.084(9)	+1 +2 +3 +5 79 Au 金 $5d^{10}6s^1$ 196.966569(5)	+1 +2 +3 80 Hg 汞 $5d^{10}6s^2$ 200.592(3)	+1 +3 81 Tl 铊 $6s^26p^1$ 204.38	+2 +4 82 Pb 铅 $6s^26p^2$ 207.2(1)	−3 +3 +5 83 Bi 铋 $6s^26p^3$ 208.98040(1)	−2 +2 +4 +6 84 Po 钋 $6s^26p^4$ 208.98243(2)✦	−1 +1 +3 +5 +7 85 At 砹 $6s^26p^5$ 209.98715(5)✦	+2 86 Rn 氡 $6s^26p^6$ 222.01758(2)✦	P O N M L K
7	+1 87 Fr 钫▲ $7s^1$ 223.01974(2)✦	+2 88 Ra 镭 $7s^2$ 226.02541(2)✦	89~103 Ac~Lr 锕系	104 Rf 𬬻▲ $6d^27s^2$ 267.122(4)✦	105 Db 𬭊▲ $6d^37s^2$ 270.131(4)✦	106 Sg 𬭳▲ $6d^47s^2$ 269.129(3)✦	107 Bh 𬭛▲ $6d^57s^2$ 270.133(2)✦	108 Hs 𬭶▲ $6d^67s^2$ 270.134(2)✦	109 Mt 鿏▲ $6d^77s^2$ 278.156(5)✦	110 Ds 𫟼▲ 281.165(4)✦	111 Rg 𬬭▲ 281.166(6)✦	112 Cn 鿔▲ 285.177(4)✦	113 Nh 鿭▲ 286.182(5)✦	114 Fl 𫓧▲ 289.190(4)✦	115 Mc 镆▲ 289.194(6)✦	116 Lv 𫟷▲ 293.204(4)✦	117 Ts 鿬▲ 293.208(6)✦	118 Og 鿫▲ 294.214(5)✦	Q P O N M L K

★ 镧系	+3 57 La★ 镧 $5d^16s^2$ 138.90547(7)	+2 +3 +4 58 Ce 铈 $4f^15d^16s^2$ 140.116(1)	+2 +3 +4 59 Pr 镨 $4f^36s^2$ 140.90766(2)	+2 +3 +4 60 Nd 钕 $4f^46s^2$ 144.242(3)	+3 61 Pm 钷▲ $4f^56s^2$ 144.91276(2)✦	+2 +3 62 Sm 钐 $4f^66s^2$ 150.36(2)	+2 +3 63 Eu 铕 $4f^76s^2$ 151.964(1)	+3 64 Gd 钆 $4f^75d^16s^2$ 157.25(3)	+3 +4 65 Tb 铽 $4f^96s^2$ 158.92535(2)	+3 +4 66 Dy 镝 $4f^{10}6s^2$ 162.500(1)	+3 67 Ho 钬 $4f^{11}6s^2$ 164.93033(2)	+3 68 Er 铒 $4f^{12}6s^2$ 167.259(3)	+2 +3 69 Tm 铥 $4f^{13}6s^2$ 168.93422(2)	+2 +3 70 Yb 镱 $4f^{14}6s^2$ 173.045(10)	+3 71 Lu 镥 $4f^{14}5d^16s^2$ 174.9668(1)
★ 锕系	+3 89 Ac★ 锕 $6d^17s^2$ 227.02775(2)✦	+3 +4 90 Th 钍 $6d^27s^2$ 232.0377(4)	+3 +4 +5 91 Pa 镤 $5f^26d^17s^2$ 231.03588(2)	+2 +3 +4 +5 +6 92 U 铀 $5f^36d^17s^2$ 238.02891(3)	+3 +4 +5 +6 +7 93 Np 镎 $5f^46d^17s^2$ 237.04817(2)✦	+3 +4 +5 +6 +7 94 Pu 钚 $5f^67s^2$ 244.06421(4)✦	+2 +3 +4 +5 +6 95 Am 镅▲ $5f^77s^2$ 243.06138(2)✦	+3 +4 96 Cm 锔▲ $5f^76d^17s^2$ 247.07035(3)✦	+3 +4 97 Bk 锫▲ $5f^97s^2$ 247.07031(4)✦	+2 +3 +4 98 Cf 锎▲ $5f^{10}7s^2$ 251.07959(3)✦	+2 +3 99 Es 锿▲ $5f^{11}7s^2$ 252.0830(3)✦	+2 +3 100 Fm 镄▲ $5f^{12}7s^2$ 257.09511(5)✦	+2 +3 101 Md 钔▲ $5f^{13}7s^2$ 258.09843(3)✦	+2 +3 102 No 锘▲ $5f^{14}7s^2$ 259.1010(7)✦	+3 103 Lr 铹▲ $5f^{14}6d^17s^2$ 262.110(2)✦